# GB/T 5750.1~5750.13—2023
# 《生活饮用水标准检验方法》
# 释义

姚孝元　张岚　等◎编著

中国标准出版社

北　京

**图书在版编目（CIP）数据**

GB/T 5750.1～5750.13—2023《生活饮用水标准检验方法》释义 / 姚孝元，张岚等编著 . —北京：中国标准出版社，2023.8

ISBN 978 - 7 - 5066 - 6251 - 2

Ⅰ.①G… Ⅱ.①姚… ②张… Ⅲ.①饮用水—水质标准—水质监测 Ⅳ.①R123.1

中国国家版本馆 CIP 数据核字（2023）第 138116 号

中国标准出版社 出版发行

北京市朝阳区和平里西街甲 2 号（100029）

北京市西城区三里河北街 16 号（100045）

网址：www.spc.net.cn

总编室：(010) 68533533 发行中心：(010) 51780238

读者服务部：(010) 68523946

中国标准出版社秦皇岛印刷厂印刷

各地新华书店经销

\*

开本 787×1092 1/16 印张 13.25 字数 246 千字

2023 年 8 月第一版 2023 年 8 月第一次印刷

\*

定价 68.00 元

# 编著委员会

主　　编　姚孝元　张　岚

副 主 编　岳银玲　吕　佳

编著人员　(按姓氏笔画排序)

丁　珵　邢方潇　吕　佳

李　霞　张　岚　张　晓

陈永艳　岳银玲　赵　灿

姚孝元　唐　宋　韩嘉艺

# 前　言

安全的饮用水是人体健康的最基本保障，是关系国计民生的重要公共健康资源。GB/T 5750（所有部分）《生活饮用水标准检验方法》对我国实施 GB 5749《生活饮用水卫生标准》、开展饮用水卫生监测和管理、保障饮用水安全具有重要意义。GB/T 5750.1～5750.13—2006《生活饮用水标准检验方法》于 2006 年 12 月由卫生部和国家标准化管理委员会联合发布，自 2007 年 7 月 1 日开始实施，至今已有十余年。标准应用群体覆盖了我国各省各级疾病预防控制机构、供水系统水质检验机构、科研院所及高校，影响力广泛。

随着我国经济和科学技术的迅猛发展，人民的生活水平不断提高，国家对生活饮用水安全高度重视，加大了对公共卫生领域的投入，促进了饮用水检测实验室先进仪器设备的配备与升级，供水企业实验室和卫生健康部门水质检验实验室技术水平都得到明显提高。根据《中华人民共和国标准化法》和《中华人民共和国标准化法实施条例》有关规定，随同 GB 5749—2006《生活饮用水卫生标准》修订项目的立项，国家卫生健康委员会于 2019 年启动了 GB/T 5750.1～5750.13—2006《生活饮用水标准检验方法》的修订项目（项目编号为 20190704），中国疾病预防控制中心环境与健康相关产品安全所作为标准修订起草牵头单位，总体负责 GB/T 5750.1～5750.13—2006《生活饮用水标准检验方法》的修订工作，中国科学院生态环境研究中心、中国环境科学研究院等多家科研院所以及复旦大学等高校共同参与了修订工作，整个工作历时 5 年。

为便于贯彻落实饮用水安全监测与管理、开展饮用水与健康研究等工作，我们编写了此书。在查阅了大量国内外资料的基础上，较翔实地介绍了生活饮用水标准检验方法体系的历史传承，阐述了我国饮用水水质检验方法标准的制定依据和实际应用指导，助力从事饮水安全、水质检验及相关研究工作的科研、技术和管理人员更加深入地理解我国生活饮用水检验标准方法，提高标准的应用效率和贯彻执行效果。

编　者

2023 年 8 月

# 目　录

第一章
CHAPTER 1

# 概　述

# 第一节　发展历程

水是生命之源，是自然界一切生命的重要物质基础。饮用水安全是公众健康的最基本保障，是关系国计民生的重要公共健康资源。生活饮用水标准检验方法是我国生活饮用水卫生标准的配套检验方法，是我国开展生活饮用水卫生安全保障工作的重要技术基础。

GB/T 5750—1985《生活饮用水标准检验法》自 1985 年颁布以来为 GB 5749—1985《生活饮用水卫生标准》的执行和实施提供了统一的方法，在全国城乡饮用水监测和监督中起到了重要的作用。随着我国经济的迅速发展，工农业污染频发，饮用水水源污染物种类急速增加。为了保障城乡居民生活饮用水安全卫生，贯彻执行《中华人民共和国传染病防治法》，加强对生活饮用水和涉及生活饮用水卫生安全产品的监测和监督，亟需一套适合当前形势发展的监测方法和手段。20 世纪 90 年代初，世界卫生组织颁布第一版《饮用水水质准则》，代替了于 1958 年首次发布并先后于 1963 年和 1971 年修订的《饮用水国际标准》，指标从原来的 57 项增加到 132 项。此后，各国相继更新并出台了新版饮用水标准。

2005 年 5 月，国家标准化管理委员会召开了生活饮用水系列标准研讨会，决定由卫生部组织修订 GB 5749—1985 和 GB/T 5750—1985，并由卫生部、国家标准化管理委员会于 2006 年 12 月 29 日正式颁布 GB 5749—2006《生活饮用水卫生标准》和 GB/T 5750.1～5750.13—2006《生活饮用水标准检验方法》。GB/T 5750.1～5750.13—2006 是贯彻执行 GB 5749—2006、进行生活饮用水卫生监测和监督的有力工具。自 GB/T 5750.1～5750.13—2006 颁布以来，提供了统一的饮用水水质检验方法，在全国城乡饮用水监测和监督中起到了重要的作用。经过多年的实施证明，各检验方法的设备条件要求较简单、操作简便，符合我国的国情。GB/T 5750.1～5750.13—2006 包括总则、水样的采集与保存、水质分析质量控制、感官性状和物理指标、无机非金属指标、金属指标、有机物综合指标、有机物指标、农药指标、消毒副产物指标、消毒剂指标、微生物指标、放射性指标 13 个部分。

近年来，随着我国经济和科学技术的迅猛发展，人民的生活水平不断提高，国家对生活饮用水安全高度重视，加大了对公共卫生领域的投入，饮用水水质检测技术也在不断进步，供水企业实验室与卫生健康部门水质检验实验室技术水平明显提高，GB/T 5750.1～5750.13—2006 已不能完全满足生活饮用水水质检验需求，亟需对标准进行补充和修改。按照《中华人民共和国标准化法》和《中华人民共和国标准化法实施条例》的有关规定，2017 年，根据我国科学技术的发展和经济建设的需要，对现行标准进行了复审，国家卫生健康委员会确定于 2018 年启动国家饮用水标准及配套标准检验方法的修订工作。GB/T 5750.1～5750.13—2023《生活饮用水标准检验方法》于 2023 年 3 月 17 日正式颁布，2023 年 10 月 1 日实施，为落实 GB 5749—2022《生活饮用水卫生标准》及完善国家生活饮用水卫生监测体系提供了标准检验方法和技术保障。

# 第二节　标准起草过程

2011 年，根据《卫生部关于印发〈2011 年卫生标准制（修）订项目计划〉的通知》（卫政法函〔2011〕101 号）要求，中国疾病预防控制中心环境与健康相关产品安全所组织开展对 GB/T 5750.4—2006《生活饮用水标准检验方法　感官性状和物理指标》、GB/T 5750.5—2006《生活饮用水标准检验方法　无机非金属指标》、GB/T 5750.8—2006《生活饮用水标准检验方法　有机物指标》、GB/T 5750.9—2006《生活饮用水标准检验方法　农药指标》、GB/T 5750.10—2006《生活饮用水标准检验方法　消毒副产物指标》、GB/T 5750.11—2006《生活饮用水标准检验方法　消毒剂指标》的修订工作，立项编号为 20110101。2019 年，根据《国家卫生健康委办公厅关于下达 2019 年度卫生健康标准项目计划的通知》（国卫办法规函〔2019〕714 号）要求，中国疾病预防控制中心环境与健康相关产品安全所组织开展对 GB/T 5750.1～5750.13—2006 的修订工作，立项编号为 20190704。

## 一、立项编号为 20110101 的标准修订工作起草过程

2011 年 4 月—6 月，通过资料查询，了解国内外的标准检验方法，综合考虑我国经济技术的可行性、标准的先进性及与国际标准的可比性等，确定方法研制的技术路线。

2011 年 7 月—8 月，购置方法研制所需的标准品、试剂、耗材等，进行方法研制的前期准备工作。

2011 年 9 月—12 月，进行方法研制。从试剂保存时间、试验条件的选择、仪器参

数的优化、方法的线性范围、检出限、精密度、准确度等方面开展试验研究，整理试验结果，形成初稿。

2012 年 1 月—3 月，进行方法验证。在全国范围内组织不同地区的 3 家～5 家单位进行方法验证，主要对方法的线性范围、检出限、精密度、准确度等进行验证，形成征求意见稿。

2012 年 4 月—5 月，在全国范围内广泛征求意见，标准起草组对照意见对 GB/T 5750.4—2006、GB/T 5750.5—2006、GB/T 5750.8—2006、GB/T 5750.9— 2006、GB/T 5750.10—2006、GB/T 5750.11—2006 进行修改和进一步完善，并起草了编制说明（草稿）。标准起草组组织召开预评审会议，对标准文本、编制说明等相关资料进行审核，并根据评审专家意见修改相关资料，形成标准送审稿、编制说明（送审稿）及相关资料，上报国家卫生健康标准委员会环境健康标准专业委员会秘书处。国家卫生健康标准委员会环境健康标准专业委员会秘书处组织召开会审会议，并通过了专家评审。

## 二、立项编号为 20190704 的标准修订工作起草过程

2017 年 5 月—12 月，开展 GB/T 5750.1～5750.13—2006 的追踪评价。

2018 年 5 月，开展修订工作专家研讨会，研讨修订方向。

2018 年 6 月—8 月，在全国范围内组织开展标准使用情况的调查工作，汇总收集省、市、县三级疾病预防控制中心、供水单位、科研院所和高校以及社会第三方实验室等 385 家单位的意见及建议。

2018 年 9 月—12 月，开展国内外的标准检验方法研究，综合考虑我国经济技术的可行性、标准的先进性及与国际标准的可比性等，确定方法研制的技术路线。

2019 年 1 月—3 月，购置方法研制所需的标准品、试剂、耗材等，进行方法研制的前期准备工作。

2019 年 4 月—9 月，开展相关方法研制工作。从样品采集及保存要求、试剂配制及使用要求、试验条件的选择、仪器参数的优化、方法的线性范围、检出限、精密度、准确度等方面开展试验研究。整理试验结果，形成初稿。

2019 年 10 月—12 月，开展方法验证工作。在全国范围内组织不同地区的 3 家～5 家单位进行方法验证，主要对方法的线性范围、检出限、精密度、准确度等进行验证。汇总检验方法，形成征求意见稿。

2020 年 1 月—9 月，标准起草组在全国范围内广泛征求意见，对标准文本进行修改和进一步完善，并起草了编制说明（草稿）。标准起草组组织召开预评审会议，对标

准文本、编制说明等相关资料进行审核，并根据评审专家意见修改相关材料，形成标准送审稿、编制说明（送审稿）及相关材料，通过中国疾病预防控制中心协同办公系统将相关材料上报国家卫生健康标准委员会环境健康标准专业委员会秘书处。国家卫生健康标准委员会环境健康标准专业委员会秘书处组织召开会审会议，对标准文本进行评审，专家一致同意通过评审。

2020年10月—2021年2月，标准起草组根据国家卫生健康标准委员会环境健康标准专业委员会的专家意见修改标准文本及相关材料，形成了标准报批稿及编制说明（报批稿）。

2021年3月—4月，标准起草组根据中国疾病预防控制中心标准处组织专家提出的协调性审查意见修改标准文本及相关材料。

2021年5月—7月，对标准报批稿及编制说明进行进一步完善。

2021年8月—2022年4月，标准起草组根据社会征求意见修改标准文本及相关材料，完善标准报批稿及编制说明（报批稿），提交国家标准化管理委员会审批。

2022年4月—2023年2月，根据国家标准化管理委员会意见进一步完善标准文本。

2023年3月17日，国家标准化管理委员会批准发布GB/T 5750.1～5750.13—2023，于2023年10月1日起正式实施。

# 第三节　修订原则和特点

生活饮用水标准检验方法为我国省、市、县不同级别水质检验机构及第三方实验室使用的标准方法，既要考虑方法的先进性及其与国际标准的可比性，也要兼顾我国经济技术的可行性。GB/T 5750.1～5750.13—2023是以GB/T 5750.1～5750.13—2006为总体构架，依照我国经济、科学技术和水质状况，在开展GB/T 5750.1～5750.13—2006的追踪评价、总结我国多年水质分析经验的基础上进行的标准修订工作。本次修订在兼顾GB/T 5750.1～5750.13—2006科学、严谨、系统等优点的基础上，完善了标准修订技术体系，具有独到之处。

## 一、保持方法修订的科学性

（1）以保障落实GB 5749—2022为核心，结合生活饮用水卫生标准指标和限值的修订，开展标准检验方法修订。

（2）秉承 GB/T 5750.1～5750.13—2006 修订的先进思路，尊重检验技术和方法发展的历史进程，取其精华，一脉相承。同时全面考虑时代发展的特点，在对 GB/T 5750.1～5750.13—2006 追踪评价报告相关内容进行系统梳理的基础上，归纳汇总修订建议，在保持 GB/T 5750.1～5750.13—2006 构架的基础上，接纳新技术、新方法。

（3）汇聚 GB/T 5750—1985 和《生活饮用水检验规范》（2001）等修订经验和技术要求，建立完善了标准修订技术体系。本次制修订工作严格按照标准化程序进行：

① 收集国内外水质标准检验方法资料，提出水质指标及其分析技术要求，经专家论证确定修订方案，通过公开征集等方式确定方法研制单位，开展检验和修订方法实验室研究，提交研制报告。

② 方法研制单位制定方法验证方案（包括分析条件、线性范围、最低检测质量浓度、相对标准偏差、回收率等），组织不同地区的 3 家～5 家单位进行验证。

③ 依据验证结果，编写编制说明和标准文本，通过专家技术论证和鉴定。

④ 采用信函与会议等方式，向有关部门广泛征求意见。根据专家提出的意见进行修改，形成标准送审稿。

⑤ 通过国家卫生健康标准委员会环境健康标准专业委员会审定。

⑥ 依据评审意见再次进行修改，形成标准报批稿。

## 二、符合国情需要

（1）我国地域广阔，水质类型复杂，本次制修订过程中，每个检验方法均在不同地区选择了 3 家～5 家单位进行方法验证，保证方法的适用性。

（2）近年来水污染事件频发，在水污染事件应急处置过程中亟需大量高效、灵敏、准确且能同时测定水中多种化合物的分析方法，提高检测效率，缩短应急反应时间。同时，水环境日益复杂，一些新发污染物逐渐在水体中出现，部分新发污染物的分析方法紧缺。为此，本次修订重点开展了多组分同时测定、现场检测方法以及新的水质指标分析方法的研制工作。

（3）我国各级实验室水质检测能力存在地域差异，综合考虑仪器设备、试剂、环境等条件，对方法的可行性和适用性进行了充分论证，在增加高通量、高灵敏度检验方法的同时，也保留了滴定法、分光光度法等经典检验方法，以便更好地满足各级检验机构的实际应用需求，切实保障 GB/T 5750.1～5750.13—2023 的实施。

（4）采用信函与会议的方式，在国家卫生健康委员会、生态环境部、住房和城乡

建设部、水利部、自然资源部以及科研院所等有关部门广泛征求意见。根据专家提出
的意见进行修改。

（5）坚持以人为本，兼顾操作人员的健康，避免使用有毒有害物质，保护环境。

## 三、与世界先进水质标准分析方法接轨

本次修订充分考虑和收集国际上先进的水质检验分析方法，包括美国公共卫生协
会、美国水质协会和国际水环境联合会共同发布的《水和废水标准检验方法（第 23
版）》[Standard Methods for the Examination of Water and Wastewater（23rd Ed.）]、
国际标准化组织（ISO）发布的水质检验方法等国际标准检验方法，以及学术文献中涉
及的水质检验方法，同时也参考了 CJ/T 141—2018《城镇供水水质标准检验方法》、水
质检验相关的国家环境保护标准等，在吸取国内外成熟标准先进之处的同时，依据饮
用水水质检验实际需求进行修订。

第二章

CHAPTER 2

# 制修订主要内容

# 第一节 标准属性及名称

GB/T 5750.1~5750.13—2023 是 GB 5749—2022 的配套检验方法标准，为推荐性国家标准。本次修订延续了 GB/T 5750.1~5750.13—2006 的标准编排方式，分为 13 个部分，编号依次为 GB/T 5750.1~5750.13，见表 2-1-1。

表 2-1-1 标准编号及标准名称

| 标准编号 | 标准名称 |
|---|---|
| GB/T 5750.1—2023 | 生活饮用水标准检验方法 第 1 部分：总则 |
| GB/T 5750.2—2023 | 生活饮用水标准检验方法 第 2 部分：水样的采集与保存 |
| GB/T 5750.3—2023 | 生活饮用水标准检验方法 第 3 部分：水质分析质量控制 |
| GB/T 5750.4—2023 | 生活饮用水标准检验方法 第 4 部分：感官性状和物理指标 |
| GB/T 5750.5—2023 | 生活饮用水标准检验方法 第 5 部分：无机非金属指标 |
| GB/T 5750.6—2023 | 生活饮用水标准检验方法 第 6 部分：金属和类金属指标 |
| GB/T 5750.7—2023 | 生活饮用水标准检验方法 第 7 部分：有机物综合指标 |
| GB/T 5750.8—2023 | 生活饮用水标准检验方法 第 8 部分：有机物指标 |
| GB/T 5750.9—2023 | 生活饮用水标准检验方法 第 9 部分：农药指标 |
| GB/T 5750.10—2023 | 生活饮用水标准检验方法 第 10 部分：消毒副产物指标 |
| GB/T 5750.11—2023 | 生活饮用水标准检验方法 第 11 部分：消毒剂指标 |
| GB/T 5750.12—2023 | 生活饮用水标准检验方法 第 12 部分：微生物指标 |
| GB/T 5750.13—2023 | 生活饮用水标准检验方法 第 13 部分：放射性指标 |

# 第二节 检验指标

GB/T 5750.1~5750.13—2006 提出检验指标 142 项，包括常规指标 42 项、非常规指标 64 项和附录指标 36 项。根据 GB 5749—2006 的修订内容和 GB 5749—2023 的实施要求，同时兼顾饮用水安全管理等工作的潜在使用需求，GB/T 5750.1~5750.13—2023 提供了 215 项指标的标准检验方法，在 GB/T 5750.1~5750.13—2006

的基础上增加了 76 项指标，见表 2-2-1。其中，GB/T 5750.5—2023 中删除了硼指标，调整至 GB/T 5750.6—2023 中；GB/T 5750.10—2023 中删除了二氯甲烷指标，调整至 GB/T 5750.8—2023 中；GB/T 5750.11—2023 中删除了氯酸盐指标，调整至 GB/T 5750.10—2023 中。

表 2-2-1　新增指标名称

| 标准编号 | 新增指标名称 |
| --- | --- |
| GB/T 5750.5—2023 | 高氯酸盐 |
| GB/T 5750.6—2023 | 氯化乙基汞、石棉、硼 |
| GB/T 5750.8—2023 | 二苯胺、1,1-二氯乙烷、1,2-二氯丙烷、1,3-二氯丙烷、2,2-二氯丙烷、1,1,2-三氯乙烷、1,2,3-三氯丙烷、1,1,1,2-四氯乙烷、1,1,2,2-四氯乙烷、1,2-二溴-3-氯丙烷、1,1-二氯丙烯、1,3-二氯丙烯、1,2-二溴乙烯、1,2-二溴乙烷、1,2,4-三甲苯、1,3,5-三甲苯、丙苯、4-甲基异丙苯、丁苯、仲丁基苯、叔丁基苯、五氯苯、2-氯甲苯、4-氯甲苯、溴苯、萘、双酚 A、土臭素、2-甲基异莰醇、五氯丙烷、丙烯酸、戊二醛、环烷酸、苯甲醚、萘酚、全氟辛酸、全氟辛烷磺酸、二甲基二硫醚、二甲基三硫醚、多环芳烃、多氯联苯、药品及个人护理品、二氯甲烷 |
| GB/T 5750.9—2023 | 氟苯脲、氟虫脲、除虫脲、氟啶脲、氟铃脲、杀铃脲、氟丙氧脲、敌草隆、氯虫苯甲酰胺、利谷隆、甲氧隆、氯硝柳胺、甲氰菊酯、氯氟氰菊酯、氰戊菊酯、氯菊酯、乙草胺 |
| GB/T 5750.10—2023 | 二溴甲烷、氯溴甲烷、一氯乙酸、一溴乙酸、二溴乙酸、亚硝基二甲胺、氯酸盐 |
| GB/T 5750.11—2023 | 总氯 |
| GB/T 5750.12—2023 | 肠球菌、产气荚膜梭状芽孢杆菌 |
| GB/T 5750.13—2023 | 铀、$^{226}$Ra |

# 第三节　检验方法

GB/T 5750.1~5750.13—2023 在 GB/T 5750.1~5750.13—2006 提出的 196 个检验方法的基础上，新增了 4 个 GB 5749—2022 中规定的水质扩展指标的检验方法（高氯酸盐、乙草胺、土臭素、2-甲基异莰醇）；新增了 18 个 GB 5749—2022 附录 A 中规定的水质参考指标的检验方法（肠球菌、产气荚膜梭状芽孢杆菌、五氯丙烷、双酚 A、丙烯酸、戊二醛、多环芳烃、环烷酸、苯甲醚、β-萘酚、石棉、氯化乙基汞、全氟辛酸、全氟辛烷磺酸、二甲基二硫醚、二甲基三硫醚、铀、$^{226}$Ra）；补充了高效高灵敏度的毛细管柱气相色谱法、气相色谱质谱法、高效液相色谱法、超高效液相色谱串联质谱法等有机物指标测定方法，砷、硒、铬金属和类金属指标的形态分析方法，以及阴离子合成洗涤剂、氨（以 N 计）、氰化物、挥发酚类指标的流动注射法和连续流动法；增加了臭和味的嗅阈值法和嗅觉层次分析法；改进了硫化物、碘化物、多氯联苯等指标的原标准检验方法，解决了旧方法中存在的问题；删除了填充柱气相色谱法、双硫腙分光光度法、催化示波极谱法等存在技术落后、使用危险化学品、方法重现性差、使用率低或不能满足限值评价要求等问题的方法。通过本次修订，该标准能够更好地满足各级检验机构的实际应用需求，切实保障 GB 5749—2022 的实施。

第三章
CHAPTER 3

# 标准解读

# 第一节 总则（GB/T 5750.1—2023）

GB/T 5750.1—2023《生活饮用水标准检验方法 第 1 部分：总则》描述了 GB/T 5750.1～5750.13—2023 使用的基本原则和要求，适用于 GB/T 5750.1～5750.13—2023 各指标的检验方法。此次修订在 GB/T 5750.1—2006《生活饮用水标准检验方法 总则》的基础上，从水质检测的科学性、适用性和可操作性等方面对原标准进行了梳理，新增和修订了部分内容。具体修订内容如下。

## 一、术语和定义

增加了"最低检测质量""最低检测质量浓度"和"总量最低检测质量浓度"的术语和定义。

（1）最低检测质量：能够准确测定的被测物的最低质量，单位为毫克（mg）、微克（μg）等。

（2）最低检测质量浓度：最低检测质量所对应的被测物的质量浓度，单位为毫克每升（mg/L）、微克每升（μg/L）等。

（3）总量最低检测质量浓度：对有总量限值的指标，各项指标最低检测质量浓度的 1/2 加和值。

## 二、检测结果的报告

低于方法最低检测质量浓度的检测结果，按照"小于最低检测质量浓度"报告。

报告涉及总量限值要求指标的检测结果时，若所有分指标的检测结果均小于分指标的最低检测质量浓度，按照"小于总量最低检测质量浓度"报告；若有分指标检出，按照"检出指标的检测结果与未检出指标最低检测质量浓度的 1/2 加和"报告。

## 三、实验用水

检验中所使用的水均为纯水，可由蒸馏、重蒸馏、亚沸蒸馏和离子交换等方法制得，也可采用复合处理技术制取。检验方法中有特殊要求的，以检验方法中的规定为准。

实验室检验用一级水、二级水、三级水应符合 GB/T 6682《分析实验室用水规格和试验方法》的要求。微生物指标检验用水应符合 GB 4789.28《食品安全国家标准 食品微生物学检验 培养基和试剂的质量要求》的要求。

对超痕量分析或其他有严格要求的分析时使用一级水，对高灵敏度微量分析时使用二级水，对一般化学分析时使用三级水。

各级纯水均应使用密闭、专用的容器存储。新容器在使用前应进行处理，常用 20% 盐酸溶液浸泡 2 d～3 d，再用纯水反复冲洗，并注满纯水浸泡 6 h 以上，沥空后再使用。

由于在纯水贮存期间，可能会受到实验室空气中 $CO_2$、$NH_3$、微生物和其他物质以及来自容器壁污染物的污染，因此，一级水不可贮存，应在使用前制备；二级水、三级水可适量制备，分别贮存在预先经同级水清洗过的相应容器中。

各级用水在运输过程中不应受到污染。

### 四、试剂和标准溶液

试剂和标准溶液的配制在水质分析中至关重要，GB/T 5750.1～5750.13—2023 所用试剂和标准溶液的配制方法均在各检验方法中阐明，配制和使用过程中需要注意以下问题。

（1）试剂的级别：需满足各检验方法对试剂级别提出的要求。

（2）标准溶液被沾污：配制溶液的纯水、储存容器等均可能使标准溶液沾污。在实际工作中，由于纯水问题而导致试验失败的情况屡有发生。

（3）容量器皿被沾污：例如，聚乙烯塑料瓶或硼硅玻璃瓶均可能溶出杂质，会导致每升溶液沾有数微克的金属离子或其他物质。因而，选择专用的容器并按规定彻底清洗是必要的。

（4）标准溶液的稳定性：有些溶液可用数日而不降解，有的可保存数月或数年，应按照检验方法中规定的保存期限使用。某些溶液极易分解或失效，使用时应现用现配。

（5）其他影响因素：温度、光线、容器壁吸附等因素都可能对标准溶液产生影响。一般而言，温度越高越易分解，通常将配好的标准溶液储存在 4 ℃左右的环境中，受温度影响较小的溶液可置于室温中保存；对于光照下易分解的溶液宜避光或使用棕色试剂瓶保存；瓶壁对某些微量金属的吸附作用也可能影响检验结果。

## 第二节　水样的采集与保存（GB/T 5750.2—2023）

GB/T 5750.2—2023《生活饮用水标准检验方法　第 2 部分：水样的采集与保存》

描述了生活饮用水及水源水的样品采集、保存、管理、运输和采样质量控制的基本原则、措施和要求。本次修订调整了文本构架，将采样计划、采样容器的选择、采样容器的洗涤、采样器 4 部分内容归整放入第 4 章，与标准范围保持一致，并对采样容器、采样体积、水样保存方法等方面的具体内容进行了修订。具体修订内容如下。

## 一、水样采集

### （一）采样容器

对于微生物检测样品的采样，考虑到一次性采样袋或采样瓶使用的便捷性及可靠性，采样容器增加了一次性无菌采样袋或采样瓶。

### （二）采样器

考虑到硅胶管比橡胶管和乳胶管的性能更好，采样器增加了硅胶管。

### （三）采样体积

根据 GB 5749—2022，修改了部分指标的名称，补充和修改了部分指标的采样容器和采样体积要求。样品采集时应分类采集，生活饮用水各常规指标和扩展指标对应的采样体积可按 GB/T 5750.2—2023 中表 1 进行选择，也可根据具体的检验方法选择采样体积。本次修订主要变化如下。

1. 高锰酸盐指数

将 GB/T 5750.2—2006《生活饮用水标准检验方法　水样的采集与保存》中的耗氧量指标名称修改为了高锰酸盐指数。采用洁净磨口硬质玻璃瓶采样，采样体积为 0.5 L。

2. 氨（以 N 计）

将 GB/T 5750.2—2006 中的氨氮指标名称修改为了氨（以 N 计），补充了氨（以 N 计）的采样容器和采样体积要求，采用洁净磨口硬质玻璃瓶或洁净聚乙烯瓶/桶/袋进行采样，采样体积为 0.5 L。

3. 铬（六价）

铬（六价）不同于一般金属，进行了单独列出，采用洁净磨口硬质玻璃瓶或内壁无磨损的洁净聚乙烯瓶/桶/袋进行采样，采样体积为 0.2 L。

4. 微生物（细菌类）

考虑到一次性采样袋或采样瓶使用的便捷性及可靠性，采样容器增加了一次性采样袋或采样瓶，容器材质增加了聚乙烯（市售无菌即用型）。

5. 农药类

对 GB 5749—2022 部分扩展指标的采样容器和体积进行了补充，参照 HJ 493—2009《水质　样品的保存和管理技术规定》及《水和废水标准检验方法（第 23 版）》，增加了对农药类指标的采样要求，采用有衬聚四氟乙烯盖的洁净磨口硬质玻璃瓶进行采样，采样体积为 2.5 L。

6. 邻苯二甲酸酯类

为指导生活饮用水卫生标准扩展指标的采样，增加了邻苯二甲酸酯类的采样要求，采用洁净磨口硬质玻璃瓶进行采样，采样体积为 1 L。

## 二、水样保存

通过开展水样保存稳定性试验，并参考《水和废水标准检验方法（第 23 版）》、美国国家环境保护局发布的《饮用水样品采集快速指南》（Quick Guide to Drinking Water Sample Collection）及 ISO 5667-3：2018《水质　采样　第 3 部分：水样保存》（Water quality—Sampling—Part 3：Preservation and handling of water samples）中的相关规定，对部分指标的水样保存方法进行了修订。

由于水样的组分、目标分析物的浓度和性质不同，检验方法多样，水样保存宜优先参照检验方法中的规定，若检验方法中没有规定，可参照 GB/T 5750.2—2023 中表 2 执行。当水样中含有余氯等消毒剂干扰测定需加入抗坏血酸或硫代硫酸钠等还原剂时，应根据消毒剂浓度设定适宜的加入量，以达到消除干扰的目的。

1. 浑浊度与色度

参照《水和废水标准检验方法（第 23 版）》，保存条件保持不变，保存时间由 12 h 提高到 24 h。由于浑浊度与色度的保存方法和保存时间一致，本次修订将两个指标合并表述。

2. 生化需氧量

与 GB/T 5750.7—2023《生活饮用水标准检验方法　第 7 部分：有机物综合指标》和《水和废水标准检验方法（第 23 版）》要求保持一致，将生化需氧量的保存条件更改为冷藏避光保存 6 h。

3. 氰化物与挥发酚类

GB/T 5750.2—2006 中采用亚砷酸钠去除水样中的游离余氯，考虑到亚砷酸钠的毒性，本次修订探索采用别的还原剂来代替亚砷酸钠。CJ/T 141—2018《城镇供水水质标准检验方法》规定，若同时测定水样中的氰化物与挥发酚类，可加适量抗坏血酸去除氧化剂的干扰，再加入氢氧化钠使 pH 大于或等于 12，于 0 ℃～4 ℃条件下冷藏。

本次修订组织了不同的实验室采用流动注射法，对以上保存条件进行稳定性试验。4 家实验室通过末梢水加标的方式考察挥发酚类的稳定性，当加标浓度为 2 μg/L 时，0 h 的加标回收率为 87%～107%，24 h 的加标回收率为 83.5%～85%；当加标浓度为 5 μg/L 时，0 h 的加标回收率为 97.2%～107.3%，24 h 的加标回收率为 94%～104%；当加标浓度为 20 μg/L 时，0 h 的加标回收率为 100%～112%，24 h 的加标回收率为 92.5%～108%。24 h 内测定结果相对稳定。

4 家实验室通过对末梢水加标的方式考察氰化物的稳定性。当有余氯存在时，活性氯会分解大部分氰根离子，影响结果测定，所以需要加入一定量的还原剂进行保存。试验结果显示，当水样中有一定量余氯时，不加入抗坏血酸保存，0 h 的加标回收率只有 20% 左右，对于氰化物，抗坏血酸的加入量对保存效果影响显著，加入量以刚好能反应掉水样中含有的余氯等氧化剂为宜。加入过量抗坏血酸，也会降低保存效果。因此，当水样中没有余氯等消毒剂时，加碱保存即可；当有余氯等消毒剂存在时，需加适量抗坏血酸去除干扰，再加碱保存，24 h 内的回收率可达 82.8% 以上。

为了指导采样人员加入抗坏血酸的量，实验室进行了抗坏血酸去除余氯试验，以余氯含量为横坐标，抗坏血酸加入量为纵坐标作图，发现抗坏血酸加入量与水中余氯含量呈良好线性关系，如图 3-2-1 所示。GB/T 5750.2—2023 的表 2 中给出了 3 组余氯含量与抗坏血酸的数据，供采样人员参考。如果现场测定的余氯含量不是这 3 个浓度，可根据抗坏血酸与余氯含量的线性关系计算需要加入抗坏血酸的量，以达到加入适量抗坏血酸去除干扰的目标。

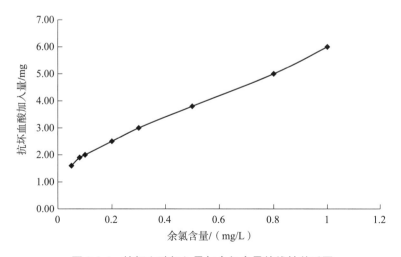

图 3-2-1　抗坏血酸加入量与余氯含量的线性关系图

### 4. 碘化物

水中的碘以碘酸根或碘离子的形式存在，碘酸根在水中较稳定，而碘离子在酸性条件下容易被空气中的氧气氧化成碘分子逸出，因此在采样时要求水样充满采样容器。

采集末梢水和水源水各一份，分装成小瓶，分别储存于聚乙烯塑料瓶、无色透明玻璃瓶和棕色玻璃瓶中，并分别置于室温和 4 ℃保存，一共 6 组，开展样品储存条件试验。于采样当天、第 2 d、第 4 d、第 7 d、第 14 d、第 21 d 和第 30 d 从 6 组水样中各取出一瓶检测，每瓶水样平行测定 3 次，以碘浓度变化率绝对值小于或等于 10%的保存时间为稳定时间。试验结果显示，3 种采样容器中的末梢水在室温和 4 ℃时均能稳定保存 30 d。3 种采样容器中的水源水室温在第 4 d 时碘含量下降了 30%左右，4 ℃时能稳定保存 30 d。综合末梢水和水源水的保存情况，确定碘化物的水样保存条件为聚乙烯塑料或玻璃采样容器，水样充满容器至溢流并密封，低温（0 ℃～4 ℃）避光保存，可保存 30 d。

### 5. 磷酸盐

参照《水和废水标准检验方法（第 23 版）》，磷酸盐的水样保存条件更改为于 0 ℃～4 ℃条件下冷藏避光保存，保存时间更改为 48 h。

### 6. 硝酸盐（以 N 计）

参照《水和废水标准检验方法（第 23 版）》，硝酸盐（以 N 计）的水样保存条件更改为于 0 ℃～4 ℃条件下冷藏避光保存，保存时间更改为 48 h。

### 7. 硫化物

GB/T 5750.2—2006 中硫化物的保存条件是"每 100 mL 水样加入 4 滴乙酸锌溶液（220 g/L）和 1 mL 氢氧化钠溶液（40 g/L），暗处放置"。对于 $N$，$N$-二乙基对苯二胺分光光度法，在采样过程中如果先加入乙酸锌溶液和氢氧化钠溶液，再加入水样，会导致硫化物的回收率降低，原因是乙酸锌和氢氧化钠首先反应生成氢氧化锌，反应式为：$Zn^{2+} + 2OH^- = Zn(OH)_2\downarrow$，再加入含硫化物的水样时，不利于硫化锌沉淀生成：$Zn^{2+} + S^{2-} = ZnS\downarrow$，故硫化物的加标回收率比较低，见表 3-2-1。

表 3-2-1 固定剂加入顺序对回收率的影响

| 固定剂的加入顺序 | 硫化物加标回收率/% | | |
|---|---|---|---|
| | 1 | 2 | 3 |
| 乙酸锌溶液→氢氧化钠溶液→水样 | 46.3 | 50.0 | 44.5 |
| 乙酸锌溶液→水样→氢氧化钠溶液 | 91.7 | 92.5 | 92.0 |

正确方法为先加入乙酸锌溶液，再加入含硫化物的水样，最后加氢氧化钠溶液。

因为硫化锌的溶解度比氢氧化锌的溶解度更小，首先发生反应生成硫化锌，多余的 $Zn^{2+}$ 再生成氢氧化锌絮状沉淀，覆盖在硫化锌上面，形成共沉淀，抑制了 $S^{2-}$ 的电离和分解，减少 $S^{2-}$ 与空气接触，达到了固定硫的目的，提高了硫化物的加标回收率。

由于硫化物（$S^{2-}$）在水中不稳定、易分解，采样时尽量避免曝气。在 500 mL 硬质玻璃瓶中，先加入 1 mL 乙酸锌溶液（220 g/L），再注入水样（接近满瓶，留少许空隙），盖好瓶塞，反复上下颠倒混匀，最后加入 1 mL 氢氧化钠溶液（40 g/L），再次反复混匀，密塞、避光，送回实验室测定。

8. 砷

对于电感耦合等离子体质谱法，一般使用硝酸来调节 pH，采用氢化物技术分析时需要加入还原剂，不能加入硝酸，故将砷的水样保存方法单独列出，参照 ISO 5667-3：2018 中的规定，砷的水样保存条件修改为加入硝酸（$HNO_3$）调至 pH≤2。使用氢化物发生技术分析时，使用盐酸（HCl）调至 pH≤2，保存时间为 14 d。

9. 铬（六价）

对铬（六价）的保存条件及保存时间进行了试验，分别考察了容器材质（玻璃和聚乙烯材质），保存温度（常温和冷藏）及是否加入保存剂（氢氧化钠，pH 调至 7～9）等条件下铬（六价）的稳定性。试验数据表明，玻璃瓶和塑料瓶无明显差异，是否冷藏及是否加氢氧化钠保存均无明显差异，0 h～48 h 测定结果的相对标准偏差均小于 10%，稳定性良好。考虑到有些水样中可能存在还原物质较多的情况，会将铬（六价）还原，水样保存条件选择加入氢氧化钠保存剂，常温保存，保存时间为 48 h。

10. 挥发性有机物

氯代烃属于挥发性有机物，并入挥发性有机物中，保存条件是在有余氯等消毒剂存在时，加入抗坏血酸去除余氯，加入盐酸调至 pH≤2，于 0 ℃～4 ℃ 条件下冷藏，保存时间为 12 h。GB/T 5750.2—2006 中是用（1+10）的盐酸调节 pH，由于盐酸浓度太低，在调节 pH 过程中容易引起浓度变化，不好操作，修改为采用（1+1）的盐酸进行 pH 调节。

11. 放射性指标

参照 ISO 5667-3：2018 中有关对放射性指标保存的规定，补充放射性指标的水样保存方法，加入硝酸（$HNO_3$）酸化，调至 pH<2，保存时间为 30 d。

12. 微生物（细菌类）

考察了常温和冷藏两种条件下菌落总数的变化情况，结果显示，常温条件下，8 h 的菌落总数有所上升，24 h 上升明显。冷藏条件下，24 h 内菌落总数基本保持稳定。

为了最大限度地降低细菌繁殖的可能，保存方法为于 0 ℃～4 ℃条件下冷藏，避光保存。对于含余氯等消毒剂的水样，每升水样加入 0.8 mg 硫代硫酸钠（$Na_2S_2O_3 \cdot 5H_2O$）。

### 三、水样采集的质量控制

GB/T 5750.2—2023 对水样采集的质量控制做了部分修改，补充了现场空白的数量，要求现场空白数量至少为一个。

# 第三节　水质分析质量控制（GB/T 5750.3—2023）

GB/T 5750.3—2023《生活饮用水标准检验方法　第 3 部分：水质分析质量控制》描述了生活饮用水和水源水水质检验检测实验室质量控制要求与方法，适用于GB/T 5750.1～5750.13—2023 各指标的测定过程。具体修订内容如下。

### 一、规范性引用文件

对 GB/T 5750.3—2006《生活饮用水标准检验方法　水质分析质量控制》规范性引用文件中被代替文件进行了更新，即 GB/T 4883《数据的统计处理和解释　正态样本离群值的判断和处理》和 GB/T 8170《数值修约规则与极限数值的表示和判定》。根据标准文本内容增加了部分规范性引用文件，即 GB 5749《生活饮用水卫生标准》、GB/T 27418《测量不确定度评定和表示》、GB/T 32465《化学分析方法验证确认和内部质量控制要求》和 CNAS-GL 027：2018《化学分析实验室内部质量控制指南——控制图的应用》。

### 二、术语和定义

增加了"质量控制""方法验证""精密度""准确度""检出限""方法检出限""定量限""方法定量限""校准曲线""标准物质""有证标准物质"和"质量控制样品"的术语和定义。

（1）质量控制：质量管理的一部分，致力于满足质量要求。

（2）方法验证：针对要采用的标准方法或官方发布的方法，通过提供客观证据对规定要求已得到满足的证实。

（3）精密度：在规定条件下，对同一或类似被测对象重复测量所得示值或测得的量值间的一致程度。

（4）准确度：被测量的测得的量值与其真值间的一致程度。

（5）检出限：样品中可被（定性）检测，但并不需要准确定量的最低含量（或浓度），是在一定置信水平下，从统计学上与空白样品区分的最低浓度水平（或含量）。

（6）方法检出限：通过分析方法的全部检测过程后（包括样品预处理），目标分析物产生的信号能以一定的置信度区别于空白样而被检测出来的最低浓度或含量。

（7）定量限：样品中被测组分能被定量测定的最低浓度或最低量，此时的分析结果应能保证一定的准确度和精密度。

（8）方法定量限：在特定基质中，在一定可信度内，用某一方法可靠地检出并定量被分析物的最低浓度或最低量。水质分析中，以最低检测质量和最低检测质量浓度表示。

（9）校准曲线：表示目标分析物浓度或含量和响应信号之间的关系的数学函数表达式或图形。

（10）标准物质：具有足够均匀和稳定的特定特性的物质，其特性适用于测量或标称特性检查中的预期用途。

（11）有证标准物质：附有由权威机构发布的文件，提供使用有效程序获得的具有不确定度和溯源性的一个或多个特性值的标准物质。

（12）质量控制样品：一种要求的存储条件能得到满足、数量充足、稳定且充分均匀的材料，其物理或化学特性与常规测试样相同或充分相似，用于长期确定和监控系统的精密度和稳定性。

## 三、质量控制要求

更改了水质分析全过程质量控制的相关要求。质量控制应贯穿水质分析工作的全过程，如样品采集与保存、样品分析、数据处理等。理化指标、微生物指标、放射性指标检验的质量控制应符合 GB/T 5750.1—2023、GB/T 5750.2—2023 及相关指标检验方法的相关要求。

质量控制是发现、控制和分析产生误差来源的过程，用以控制和减小误差，可通过使用标准物质或质量控制样品、进行比对试验（如人员比对、方法比对、仪器比对、留样再测等）、参加能力验证计划或实验室间比对、平行双样法、加标回收法及其他有效技术方法来实现，以保证分析结果的准确可靠。

根据 GB/T 32465 的规定，增加了对标准方法首次使用的要求，要求实验室在首次采用标准方法之前，应对其进行验证。

## 四、分析误差

更改了误差表示方法的部分内容。精密度反映了随机误差的大小，可用重复测定结果的标准偏差或相对标准偏差表述精密度。准确度反映了分析方法或测量系统中系统误差和随机误差的大小，可通过有证标准物质或质量控制样品检验结果的偏差来评价分析工作的准确度，或通过测定加标回收率表述准确度。

## 五、方法验证

根据方法验证要求调整了各条款的顺序并修改了相关内容。方法验证的顺序依次为基本要求、系统适应性检验、空白值测定、方法检出限确定、方法定量限、校准与回归、精密度检验、准确度检验和干扰试验。

1. 基本要求

实验室应按照 GB/T 32465 对标准方法进行验证，以了解和掌握分析方法的原理、条件和特性。验证内容包括但不限于系统适应性试验、空白值测定、方法检出限估算、校准曲线绘制及检验、方法误差预测（如精密度、准确度）、干扰因素排查等。

2. 系统适应性检验

实验室应详细研究拟采用方法所要求的相关条件，最终确定分析系统所要求的条件。

3. 空白值测定

增加了空白值应小于对应的方法检出限的规定。

4. 方法检出限确定

将"检出限"更改为"方法检出限"，增加了滴定法检出限规定："一般以所用滴定管产生最小液滴的体积所对应的样品中浓度值作为方法检出限。"

5. 方法定量限

方法定量限的确定主要从其可信性考虑，如测试是否是基于法规要求、目标测量不确定度和可接受准则等。通常建议将空白值加上 10 倍的重复性标准偏差作为方法定量限，也可以 3 倍检出限或高于方法确认中使用最低加标量的 50% 作为方法定量限。特定的基质和方法，其方法定量限可能在不同实验室之间或在同一家实验室内由于使用不同设备、技术和试剂而有差异。分光光度法中通常按净吸光度 0.020 所对应的质量或质量浓度作为方法定量限。物理、感官分析方法等，方法定量限根据具体情况确定。实验室也可根据行业规则使用其他参数。

6. 校准与回归

(1) 校准曲线：校准曲线描述了待测物质浓度或含量与检测仪器响应值或指示量之间的定量关系，分为"工作曲线"（标准溶液处理程序及分析步骤与样品完全相同）和"标准曲线"（标准溶液处理程序较样品有所省略，如样品预处理）。

(2) 校准曲线的制作：在测量范围内，配制标准系列溶液，已知浓度点不得少于6个（可含空白或一个低浓度标准点，最低浓度标准点可为定量限或略高于定量限），根据浓度值与响应值绘制校准曲线，必要时还应考虑基质的影响。

制作校准曲线用的容器和量器，应经检定（或自校准）合格，如使用比色管应成套使用，必要时应进行容积校正。

校准曲线绘制应与样品测定同时进行。

在校正系统误差之后，校准曲线可用最小二乘法对测试结果进行处理后绘制。

校准曲线的相关系数（$r$）绝对值至少应大于 0.99。

使用校准曲线时，应选用曲线的最佳测量范围，不得任意外延。

理想情况下用校准曲线测定一批样品时，仪器的响应在测定期间是不变的（不漂移）。实际上，由于仪器本身存在漂移，需要经常进行再校准，如通过间隔分析已知浓度的标准样或样品进行校正。

(3) 回归校准曲线统计检验：必要时，采用校准曲线法进行定量之前，需对校准曲线的线性、截距和斜率进行统计检验，检查其是否满足标准方法的要求。

7. 精密度检验

检测分析方法精密度时，通常以空白溶液（实验用水）、标准溶液（浓度可选在校准曲线上限浓度值的 0.1 倍和 0.9 倍）、生活饮用水、生活饮用水加标样等几种分析样品，求得批内、批间标准偏差和总标准偏差。各类偏差值应小于或等于分析方法规定的值。

平行双样的精密度用相对偏差表示，多次平行测定结果的精密度用相对偏差表示。一组测定结果的精密度常用标准偏差或相对标准偏差表示。

8. 准确度检验

使用标准物质进行分析测定，比较测得值与参考值，其绝对误差或相对误差应符合方法规定的要求。

测定加标回收率（向实际水样中加入标准物质，加标量一般为样品含量的 0.5 倍～2 倍，且加标后的总浓度不应超过方法的测定上限浓度值，低浓度点建议选择方法的最低检测质量浓度），回收率应符合方法规定的要求。

可对同一样品用不同原理的分析方法来测定比对准确度。

9. 干扰试验

通过干扰试验，检验实际样品中可能存在的共存物是否对测定有干扰，了解共存物的最大允许浓度。干扰可能导致正或负的系统误差，干扰作用大小与待测物浓度和共存物浓度大小有关。应选择两个（或多个）待测物浓度值和不同浓度水平的共存物溶液进行干扰试验测定。

## 六、质量控制方法

更改了比对试验中的相关内容，增加了能力验证要求。

（1）比对试验：实验室可根据工作需要制定比对计划，进行比对试验。比对试验形式可以是人员比对、方法比对、仪器比对、留样再测及其他比对形式。实验室完成比对试验后应对结果进行汇总、分析和评价。

（2）能力验证：可行及适当时参加能力验证及能力验证之外的实验室间比对。

## 七、数据处理

根据 GB/T 4883 的规定将"异常值的判断和处理"更改为"离群值的判断和处理"。

在测定结果的数值修约要求中增加了校准曲线的内容："校准曲线的斜率和截距有时小数点后位数很多，一般保留 3 位有效数字，并以幂表示。"

## 八、测定结果的报告

测定结果的计量单位应采用中华人民共和国法定计量单位。化学分析指标的测定结果一般以毫克每升（mg/L）表示，浓度较低时，则以微克每升（μg/L）表示。放射性指标的测定结果以贝可每升（Bq/L）表示。其他指标的测定结果表示应按照 GB 5749 的限值要求执行。

测定结果有效位数与方法最低检测质量浓度保持一致，一般不超过 3 位有效数字。例如，一个方法的最低检测质量浓度为 0.02 mg/L，而测定结果为 0.088 mg/L 时，应报 0.09 mg/L。

# 第四节　感官性状和物理指标（GB/T 5750.4—2023）

GB/T 5750.4—2023《生活饮用水标准检验方法　第 4 部分：感官性状和物理指标》描述了生活饮用水中色度、浑浊度、臭和味、肉眼可见物、pH、电导率、总硬度、溶解性总固体、挥发酚类、阴离子合成洗涤剂的测定方法和水源水中色度、浑浊度、臭和味、肉眼可见物、pH、电导率、总硬度、溶解性总固体、挥发酚类（4-氨基安替比林三氯甲烷萃取分光光度法）、阴离子合成洗涤剂的测定方法。具体修订内容如下。

## 一、新增方法

GB/T 5750.4—2023 中增加了 6 个检验方法：臭和味的嗅阈值法和嗅觉层次分析法、挥发酚类的流动注射法和连续流动法、阴离子合成洗涤剂的流动注射法和连续流动法。

### （一）臭和味的嗅阈值法

1. 方法原理

用无臭水稀释水样，直至闻出最低可辨别臭气的浓度（即嗅阈浓度），用其表示嗅的阈限。水样稀释到刚好闻出臭味时的稀释倍数称为嗅阈值（TON）。由于分析人员的嗅觉敏感度有差别，对于同一水样无绝对的嗅阈值。分析人员在过度工作中敏感性会减弱，甚至每天或一天之内也不一样，臭味特征及对产臭物浓度的反应也因人而异。一般情况下，分析人员人数为 3 名～5 名，人数越多越有可能获得准确一致的试验结果。

2. 样品处理

500 mL 棕色玻璃瓶采样。样品采集时，使水样在取样瓶完全充满且没有气泡，再盖上瓶塞。若样品中含有余氯，应在取样瓶中加入硫代硫酸钠溶液 $[\rho(Na_2S_2O_3 \cdot 5H_2O) = 70 \text{ g/L}]$，参考投入量为 0.2 mL/500 mL 水样。样品采集后于 0 ℃～4 ℃ 条件下冷藏保存，保存时间为 24 h。

3. 试验步骤

取 2-甲基异莰醇标准使用溶液或土臭素标准使用溶液 150 mL 于 250 mL 具塞锥形瓶中，让拟选定的分析人员闻其气味。将闻出气味的人员确定为分析人员，淘汰未闻出气味的人员。

取 150 mL 水样置于 250 mL 具塞锥形瓶中，将具塞锥形瓶放入电热恒温水浴锅内水浴加热至 60 ℃，恒温 5 min 后取出锥形瓶，轻轻振荡 2 s～3 s，去塞，闻其气味。同时做无臭水空白试验。与无臭水对比，如水样未闻出气味，记录水样嗅阈值为 1。如水样闻出气味，则另取适量水样，加入无臭水使水样总体积为 150 mL，重复上述步骤，记录确定闻出最低臭味时水样的稀释倍数，确定水样的嗅阈值。

分析测试需在通风良好、无异味的环境中进行，分析人员测试前 30 min 避免进食、喝饮料或吸烟，患感冒、过敏症者或有其他相关问题时不参加闻测。分析人员身体应无异味，避免使用香皂、香水、修脸剂等，避免外来气味对试验的干扰。闻测高异臭强度样品后休息 15 min 以上方可继续进行分析，当分析人员出现嗅觉疲劳时应停止试验，并在无气味的房间进行休息。

4. 精密度

6 家实验室分别分析并测定了生活饮用水及水源水，生活饮用水嗅阈值相对标准偏差为 0%～3.6%，水源水嗅阈值相对标准偏差为 0%～6.7%。

### （二）臭和味的嗅觉层次分析法

1. 方法原理

选定 3 名～5 名分析人员组成嗅觉评价小组，将水样加热到 45 ℃，使臭溢出，分析人员闻其臭气。各分析人员先单独评价测试水样的异臭类型和异臭强度等级，再共同讨论确定水样的异臭类型，其中异臭强度等级取平均值。

2. 样品处理

使用 500 mL 棕色玻璃瓶采样。采集样品时，使水样在取样瓶完全充满且没有气泡，再盖上瓶塞。样品中含有余氯，应在取样瓶中加入抗坏血酸溶液 [$\rho(C_6H_8O_6)$ = 100 g/L]，参考投入量为 0.1 mL/500 mL 水样。样品采集后于 0 ℃～4 ℃ 条件下冷藏保存，保存时间为 24 h。

3. 试验步骤

以 2-甲基异莰醇标准使用溶液 [$\rho$(2-MIB) = 0.04 μg/L] 对分析人员进行嗅觉灵敏度测试，测试结果为土霉味异臭强度等级 4～6 时方可进行样品分析。

量取 200 mL 水样至样品瓶中，置于 45 ℃ 水浴中加热 10 min～15 min。分析人员分别对水样进行闻测。闻测时，一只手托住瓶底，另一只手压紧瓶盖，以画圆圈的方式轻轻摇动样品瓶 2 s～3 s；再将样品瓶靠近鼻孔 3 cm～5 cm，移除瓶盖，进行闻测。分析下一个水样时，分析人员先闻无臭水，休息 2 min 以上，方可再进行水样分析。

分析测试需在通风良好、无异味的环境中进行，分析人员测试前 30 min 避免进食、喝饮料或吸烟，患感冒、过敏症者或有其他相关问题时不参加闻测。分析人员身体应无异味，避免使用香皂、香水、修脸剂等，避免外来气味对试验的干扰。闻测高异臭强度样品后休息 15 min 以上方可继续进行分析，当分析人员出现嗅觉疲劳时应停止试验，并在无气味的房间进行休息。样品瓶加热升温时可能会出现器皿塞蹦出的现象，在此过程中需注意观察，防止伤人。分析人员对样品进行闻测时，不接触瓶颈部位。

清洗盛装含有异臭的水样或者长时间空置的样品瓶时，先用无臭的洗涤剂进行清洗，然后用自来水反复冲洗 3 次，最后用无臭水洗涤 3 次，晾干或者低温烘干备用。

异臭强度分为 7 个等级，按表 3-4-1 记录闻测得到的异臭强度等级。进行水样分析时，记录第一感觉的测定结果；当水样中的异臭难以描述时，分析人员应重新对其进行分析。

表 3-4-1　异臭强度等级表

| 序号 | 异臭强度等级 | 异臭强度描述 | 说明 |
|---|---|---|---|
| 1 | 0 | 无 | 无任何异臭 |
| 2 | 2 | 微弱 | 一般闻测者甚其难察觉，但嗅觉敏感者可以察觉 |
| 3 | 4 | 弱 | 一般闻测者刚能察觉，易分辨出不同的异臭种类 |
| 4 | 6 | 中等强度 | 已能明显察觉异臭 |
| 5 | 8 | 较强 | 有较强的异臭，闻测时有刺激性感觉 |
| 6 | 10 | 强 | 有很明显的异臭，长时间闻测难以忍受 |
| 7 | 12 | 很强 | 有强烈的恶臭或异味，强度让人无法忍受 |

### （三）挥发酚类的流动注射法

1. 方法原理

样品通过流动注射分析仪被带入连续流动的载液流中，与磷酸混合后进行在线蒸馏；含有挥发酚类的蒸馏液与连续流动的 4-氨基安替比林及铁氰化钾混合，挥发酚类被铁氰化物氧化生成醌物质，再与 4-氨基安替比林反应形成红色物质，于波长 500 nm 处进行比色测定。

2. 样品处理

芳香胺、硫化物、氧化性物质、油和焦油等均会干扰挥发酚类的测定。芳香胺在 pH 为 1.4 时可去除；硫化物在 pH 低于 2 时可通过酸化水样且搅拌、曝气去除；氯等氧化性物质可加入过量的硫酸亚铁铵去除；油和焦油可在分析之前通过三氯甲烷萃取去除。

3. 仪器参考条件

参考仪器说明书,输入系统参数,确定分析条件,并将工作条件调整至测定挥发酚类的最佳状态。仪器参考条件见表3-4-2。

表3-4-2  仪器参考条件

| 自动进样器 | 蠕动泵 | 加热蒸馏装置 | 流路系统 | 数据处理系统 |
|---|---|---|---|---|
| 初始化正常 | 转速设为 35 r/min,转动平稳 | 加热温度稳定于 150 ℃±1 ℃ | 无泄漏,试剂流动平稳 | 基线平直 |

4. 结果处理

使用酚标准储备溶液或直接使用有证标准物质溶液,采用逐级稀释的方式配制酚标准系列溶液,可配制挥发酚类的质量浓度(以苯酚计)分别为 0 μg/L、2.0 μg/L、5.0 μg/L、10.0 μg/L、20.0 μg/L、30.0 μg/L 和 50.0 μg/L 的标准系列溶液(所列标准系列溶液浓度范围受不同型号仪器的灵敏度及操作条件的影响而变化时,可酌情进行更改)。

待流路系统稳定后,依次测定标准系列溶液及样品。测定样品时,如已知有余氯存在,需除去余氯的干扰。取 50 mL 待测水样,加入 0.5 mL 硫酸亚铁铵溶液 $\{\rho[(NH_4)_2Fe(SO_4)_2 \cdot 6H_2O]=1.1 \text{ g/L}\}$ 混匀后测定。

通过所测样品的吸光度,从校准曲线或回归方程中查得样品溶液中挥发酚类的质量浓度(mg/L,以苯酚计)。

5. 精密度和准确度

4 家实验室测定两种质量浓度的人工合成水样,其相对标准偏差为 2.3%~6.3%,回收率为 89.0%~104%。

## (四)挥发酚类的连续流动法

1. 方法原理

连续流动分析仪是利用连续流,通过蠕动泵将样品和试剂泵入分析模块中混合、反应,并泵入气泡将流体分割成片段,使反应达到完全的稳态,随后进入流通检测池进行分析测定。在酸化条件下,样品通过在线蒸馏,释放出的酚在有碱性铁氰化钾氧化剂存在的溶液中,与4-氨基安替比林反应,生成红色的络合物,然后进入 50 mm 流通池中,在 505 nm 处进行比色测定。

2. 样品处理

生活饮用水中的余氯,可加入少量抗坏血酸去除。铁氰化钾和4-氨基安替比林的纯度和颜色可能干扰测定结果,尽量采用级别高的试剂进行测定。每天过滤铁氰化钾,不可多加，存放于棕色瓶中。配制试剂和清洗的水需要使用无酚水，用玻璃瓶装。

3. 仪器参考条件

按照仪器说明书流程图安装挥发酚模块，依次将管路放入对应的试剂瓶中，并按照给出的最佳工作参数进行仪器调试，使仪器基线、峰高等各项指标达到测定要求，待基线平稳之后，自动进样。仪器参考条件见表3-4-3。

表3-4-3　仪器参考条件

| 进样速率 | 进样：清洗比 | 加热蒸馏装置 | 流路系统 | 数据处理系统 |
|---|---|---|---|---|
| 30个样品/h | 2：1 | 温度稳定于 145 ℃±2 ℃ | 无泄漏，气泡规则， 试剂流动平稳 | 基线平直 |

4. 结果处理

使用酚标准储备溶液或直接使用有证标准物质溶液，采用逐级稀释的方式配制酚标准系列溶液，可配制挥发酚类的质量浓度（以苯酚计）分别为 0 μg/L、1.8 μg/L、4.0 μg/L、10.0 μg/L、20.0 μg/L、50.0 μg/L、100 μg/L 和 200 μg/L 的标准系列溶液（所列标准系列溶液浓度范围受不同型号仪器的灵敏度及操作条件的影响而变化时，可酌情进行更改）。

待流路系统稳定后，依次测定标准系列溶液及样品。数据处理系统会将标准溶液的质量浓度与其仪器响应信号值一一对照，自动绘制校准曲线，用线性回归方程来计算样品中挥发酚类的质量浓度（μg/L，以苯酚计）。

5. 精密度和准确度

4 家实验室测定含挥发酚类 10.0 μg/L～180.0 μg/L（以苯酚计）的水样，重复测定 6 次，其相对标准偏差为 0.1%～1.9%。测定含挥发酚类 2.0 μg/L～12.0 μg/L（以苯酚计）的水样，测得回收率为 95.1%～101%。

### （五）阴离子合成洗涤剂的流动注射法

1. 方法原理

通过注入阀将样品注入一个连续流动载流、无空气间隔的封闭反应模块中，载流携带样品中的阴离子合成洗涤剂与碱性亚甲基蓝溶液混合反应成离子络合物，该离子络合物可被三氯甲烷萃取，通过萃取模块分离有机相和水相。包含离子络合物的三氯甲烷再与酸性亚甲基蓝溶液混合，反萃取洗涤三氯甲烷，再次通过萃取模块分离有机相和水相。于波长 650 nm 处，对包含离子络合物的三氯甲烷进行比色分析，有机相的蓝色强度与阴离子合成洗涤剂的质量浓度成正比。

2. 样品处理

样品采集所用玻璃器皿不宜用合成洗涤剂清洗。样品采集后宜于 0 ℃～4 ℃条件下冷藏保存，保存时间为 24 h。当保存时间超过 24 h 时，将甲醛水溶液（质量分数为 35%～40%）作为保存剂，加入量为水样体积的 1%，保存时间为 7 d。可用滤纸过滤或离心处理浑浊水样。

3. 仪器参考条件

参考仪器说明书，安装阴离子合成洗涤剂分析模块，设定仪器参数，将工作条件调整至最佳状态。三氯甲烷泵管注入三氯甲烷，其他泵管注入纯水，检查整个流路系统的密封性及液体流动的顺畅性。待基线稳定后，所有泵管注入对应试剂，并确认进入检测器的为三氯甲烷有机相，水相不能进入检测器。待基线再次稳定后可自动进样进行测定。仪器参考测试参数见表3-4-4。

表 3-4-4　仪器参考测试参数

| 周期时间/s | 洗针时间/s | 注射时间/s | 进样时间/s | 出峰时间/s | 进载时间/s | 到阀时间/s | 峰宽/s |
|---|---|---|---|---|---|---|---|
| 200 | 50 | 50 | 80 | 100 | 80 | 80 | 180 |
| 注：不同品牌或型号仪器的测试参数有所不同，可根据实际情况进行调整。 | | | | | | | |

4. 结果处理

采用能提供溯源的有证标准物质溶液配制十二烷基苯磺酸钠标准储备溶液，以逐级稀释的方式配制十二烷基苯磺酸钠标准系列溶液，标准系列溶液中阴离子合成洗涤剂（以十二烷基苯磺酸钠计）的质量浓度分别为 0 mg/L、0.05 mg/L、0.10 mg/L、0.20 mg/L、0.50 mg/L、1.00 mg/L。分别往仪器样品杯中加入标准系列溶液和待测样品后，依次测定。以峰面积信号值为纵坐标，对应的阴离子合成洗涤剂质量浓度为横坐标，仪器自动绘制标准曲线并计算样品含量。若样品含量超出标准曲线线性范围，则样品稀释后进样。按公式（3-4-1）计算水样中阴离子合成洗涤剂（以十二烷基苯磺酸钠计）的质量浓度。

$$\rho(DBS) = \rho_1(DBS) \times f \qquad (3\text{-}4\text{-}1)$$

式中：

$\rho(DBS)$ ——水样中阴离子合成洗涤剂（以十二烷基苯磺酸钠计）的质量浓度，单位为毫克每升（mg/L）；

$\rho_1(DBS)$ ——由标准曲线得到的阴离子合成洗涤剂（以十二烷基苯磺酸钠计）的质量浓度，单位为毫克每升（mg/L）；

$f$ ——稀释倍数。

5. 精密度和准确度

6 家实验室分别用水源水及生活饮用水进行低、中、高加标回收试验,重复测定 6 次。水源水中阴离子合成洗涤剂测定结果相对标准偏差为 0.33%～3.1%,回收率为 87.8%～106%;生活饮用水相对标准偏差为 0.32%～2.9%,回收率为 82.0%～107%。

## (六)阴离子合成洗涤剂的连续流动法

### 1. 方法原理

连续流动法是利用连续流动分析仪,通过蠕动泵将样品和试剂泵入分析模块中混合、反应,并泵入气泡将流体分割成片段,使反应达到完全的稳态,随后进入流通检测池进行分析测定。

在水溶液中,阴离子合成洗涤剂和亚甲基蓝反应生成蓝色络合物,统称为亚甲基蓝活性物质(Methylene Blue Active Substance,MBAS),该化合物被萃取到三氯甲烷中并由相分离器分离,三氯甲烷相被酸性亚甲基蓝洗涤以除去干扰物质并在第二个相分离器中被再次分离。其色度与浓度成正比,在 650/660 nm 处用 10 mm 比色池测量其信号值。

### 2. 样品处理

采样前用纯水清洗所有接触样品的器皿。玻璃器皿不宜用合成洗涤剂清洗。样品采集后宜于 0 ℃～4 ℃条件下冷藏保存,保存时间为 24 h。当保存时间超过 24 h 时,将甲醛水溶液(质量分数为 35%～40%)作为保存剂,加入量为水样体积的 1%,保存时间为 7 d。

生活饮用水中阴离子合成洗涤剂测试的基质干扰物质主要有以下几种:钙离子、酚盐、阳离子及硝酸盐等。当试样溶液中含有钙离子、酚盐及硝酸盐等时,多种离子的干扰会比较严重,应进行干扰消除。钙、镁离子浓度较高的水样,可预先用离子交换树脂处理,并向样品中加入过量的焦磷酸钠(3 mmol/L),焦磷酸钠可与钙离子络合,从而消除钙离子的干扰。在实际样品测定中,该干扰消除法可消除大部分样品中金属离子的干扰,使得检测结果更接近真实值。试剂、玻璃器皿和仪器中残留的污染物会干扰目标化合物的测定。采用全程序空白及实验室试剂空白控制试验过程中的污染。

### 3. 仪器参考条件

连接仪器管路后,启动仪器和进样器,运行软件,设定工作参数,检查分析流路的密闭性和液体流动的顺畅性,在分析前对仪器进行调谐和基线校准,以保证检出限、灵敏度、定量测定范围满足方法要求。调整仪器使其进入可测试状态,将样品编号或名称输入样品列表,并适当设置曲线重校点和清洗点(一般每 10 个样品重校一次)。然后将无色澄清、无干扰的样品或经消除干扰后的样品放入样品列表中所对应的自动进样器位置上，按照与绘制校准曲线相同的条件，进行样品的测定。

4. 结果处理

采用能提供溯源的有证标准物质溶液配制十二烷基苯磺酸钠标准储备溶液，以逐级稀释的方式配制十二烷基苯磺酸钠标准系列溶液，标准系列溶液中阴离子合成洗涤剂（以十二烷基苯磺酸钠计）的质量浓度分别为 0 mg/L、0.050 mg/L、0.100 mg/L、0.200 mg/L、0.400 mg/L、0.600 mg/L、0.800 mg/L 和 1.000 mg/L。按编排好的程序开始运行仪器，包括标准曲线、基线校正、带过校正、漂移校正、样品测定等，软件按峰高和浓度值自动绘制标准曲线并计算样品含量。若样品含量超出标准曲线线性范围，则将样品稀释后进样。按公式（3-4-2）计算样品中阴离子合成洗涤剂（以十二烷基苯磺酸钠计）的质量浓度。

$$\rho(DBS) = \rho_1(DBS) \times f \tag{3-4-2}$$

式中：

$\rho(DBS)$ ——样品中阴离子合成洗涤剂（以十二烷基苯磺酸钠计）的质量浓度，单位为毫克每升（mg/L）；

$\rho_1(DBS)$ ——由标准曲线得到的阴离子合成洗涤剂（以十二烷基苯磺酸钠计）的质量浓度，单位为毫克每升（mg/L）；

$f$ ——稀释倍数。

5. 精密度和准确度

本方法测定末梢水中阴离子合成洗涤剂，6 家实验室测试方法精密度为 0.6%～6.5%，6 家实验室通过加标回收试验测试方法准确度为 82.3%～107%。本方法测定地表水（水源水）中阴离子合成洗涤剂，6 家实验室测试方法精密度为 2.2%～8.7%，6 家实验室通过加标回收试验测试方法准确度为 81.6%～112%。

## 二、删除方法

GB/T 5750.4—2023 中删除了 1 个检验方法，由于挥发酚类的 4-氨基安替吡啉直接分光光度法不满足限值要求，故本次修订予以删除。

# 第五节　无机非金属指标（GB/T 5750.5—2023）

GB/T 5750.5—2023《生活饮用水标准检验方法　第 5 部分：无机非金属指标》描

述了生活饮用水中硫酸盐、氯化物、氟化物、氰化物、硝酸盐（以 N 计）、硫化物、磷酸盐、氨（以 N 计）、亚硝酸盐（以 N 计）、碘化物、高氯酸盐的测定方法和水源水中硫酸盐、氯化物、氟化物、氰化物（异烟酸-吡唑啉酮分光光度法、异烟酸-巴比妥酸分光光度法）、硝酸盐（以 N 计）、硫化物、磷酸盐、氨（以 N 计）、亚硝酸盐（以 N 计）、碘化物的测定方法。具体修订内容如下。

## 一、新增方法

GB/T 5750.5—2023 中增加了 8 个检验方法：氰化物的流动注射法和连续流动法、氨（以 N 计）的流动注射法和连续流动法、碘化物的电感耦合等离子体质谱法、高氯酸盐的离子色谱法—氢氧根系统淋洗液、离子色谱法—碳酸盐系统淋洗液和超高效液相色谱串联质谱法。

### （一）氰化物的流动注射法

1. 方法原理

在 pH 为 4 左右的弱酸条件下，水中氰化物经流动注射分析仪进行在线蒸馏，通过膜分离器分离，然后用连续流动的氢氧化钠溶液吸收；含有乙酸锌的酒石酸作为蒸馏试剂，使氰化铁沉淀，去除铁氰化物或亚铁氰化物的干扰，非化合态的氰在 pH<8 的条件下与氯胺 T 反应，转化成氯化氰；氯化氰与异烟酸-巴比妥酸试剂反应，形成紫蓝色化合物，于波长 600 nm 处进行比色测定。

2. 仪器参考条件

参考仪器说明书，开机、调整流路系统，输入系统参数，确定分析条件，并将工作条件调整至测氰化物的最佳测定状态。仪器参考条件见表 3-5-1。

表 3-5-1 仪器参考条件

| 自动进样器 | 蠕动泵 | 加热蒸馏装置 | | 流路系统 | 数据处理系统 |
|---|---|---|---|---|---|
| 初始化正常 | 转速设为 35 r/min，转动平稳 | 蒸馏部分：稳定于 125 ℃±1 ℃ | 显色部分：稳定于 60 ℃±1 ℃ | 无泄漏，试剂流动平稳 | 基线平直 |

3. 结果处理

使用氰化物（以 CN⁻ 计）标准储备溶液或直接使用有证标准物质溶液，稀释为质量浓度分别为 0 mg/L、0.002 mg/L、0.005 mg/L、0.010 mg/L、0.020 mg/L、0.030 mg/L 和 0.050 mg/L（以 CN⁻ 计）的标准系列溶液。流路系统稳定后，依次测定标准系列溶液及样品。以所测样品的吸光度，从校准曲线或回归方程中查得样品溶液中氰化物的质量浓度（mg/L，以 CN⁻ 计）。

4. 精密度和准确度

4 家实验室分别测定质量浓度为 0.005 mg/L 和 0.030 mg/L 的人工合成水样，其相对标准偏差为 0.79%~3.8%，回收率为 96.9%~101%。

### (二) 氰化物的连续流动法

1. 方法原理

连续流动分析仪是利用连续流，通过蠕动泵将样品和试剂泵入分析模块中混合、反应，并泵入气泡将流体分割成片段，使反应达到完全的稳态，随后进入流通检测池进行分析测定。

在酸性条件下，样品通过在线蒸馏，释放出的氰化氢被碱性缓冲液吸收变成氰离子，然后与氯胺-T反应转化成氯化氰，再与异烟酸-吡唑啉酮反应生成蓝色络合物，最后进入比色池，于 630 nm 波长下比色测定。

2. 仪器参考条件

按照仪器说明流程图安装氰化物模块，依次将指定内径的管路放入对应的试剂瓶中，并按照最佳工作参数进行仪器调试，使仪器基线、峰高等各项指标达到测定要求，待基线平稳之后，自动进样。仪器参考条件见表 3-5-2。

表 3-5-2　仪器参考条件

| 进样速率 | 进样：清洗比 | 加热蒸馏装置 | 流路系统 | 数据处理系统 |
| --- | --- | --- | --- | --- |
| 30 个样品/h | 2：1 | 温度稳定于 125 ℃±2 ℃ | 无泄漏，气泡规则，试剂流动平稳 | 基线平直 |

3. 结果处理

使用氰化物（以 $CN^-$ 计）标准储备溶液或直接使用有证标准物质溶液，逐级稀释为质量浓度分别为 0 mg/L、0.001 mg/L、0.002 mg/L、0.005 mg/L、0.010 mg/L、0.020 mg/L、0.050 mg/L、0.100 mg/L 和 0.150 mg/L（以 $CN^-$ 计）的标准系列溶液。流路系统稳定大约 5 min 后，进行标准曲线系列的测定。建立校准曲线之后，进行样品及质控样品等的测定。数据处理系统会将标准溶液的质量浓度与其仪器响应信号值逐一对照，自动绘制校准曲线，用线性回归方程来计算样品中氰化物的质量浓度（mg/L，以 $CN^-$ 计）。

4. 精密度和准确度

4 家实验室测定含氰化物（以 $CN^-$ 计）0.010 mg/L~0.150 mg/L 的水样，重复测定 6 次，相对标准偏差为 0.4%~2.0%。测定含氰化物（以 $CN^-$ 计）0.002 mg/L~

0.014 mg/L 的水样，测得回收率为 92.3%～103%。

### （三）氨（以 N 计）的流动注射法

**1. 方法原理**

（1）流动注射仪工作原理：在蠕动泵的推动下，样品和试剂在密封的管路中按特定的顺序和比例混合、反应，在非完全反应条件下，进入流动检测池进行检测。

（2）化学反应原理：在碱性介质中，水样中的氨、铵离子与二氯异氰尿酸钠溶液释放出的次氯酸根反应，生成氯胺。在 50 ℃～60 ℃的条件下，以亚硝基铁氰化钠作为催化剂，氯胺与水杨酸钠反应形成蓝绿色络合物，在 660 nm 波长下比色测定。

**2. 样品处理**

水样中氨不稳定，采样时每升水样加 0.8 mL 硫酸（$\rho_{20}$＝1.84 g/mL），于 0 ℃～4 ℃条件下冷藏保存，需尽快分析。

无色澄清、无干扰影响的水样可直接测定。加酸保存的样品，测试前需将水样调至中性；水样中如含有余氯会形成氯胺干扰测定，可加入适量的硫代硫酸钠溶液（3.5 g/L）去除；单纯的悬浮物可通过离心或采用 0.45 $\mu$m 水性滤膜过滤等方式进行处理；当水样浑浊，带有颜色或含有铁、锰金属离子干扰物质较多时，可通过预蒸馏或在线蒸馏等方式进行处理。

**3. 仪器参考条件**

参考仪器说明书，开机、输入系统参数，确定分析条件。调整流路系统，载流、缓冲溶液、水杨酸钠溶液、亚硝基铁氰化钠溶液及二氯异氰尿酸钠溶液分别在蠕动泵的推动下进入仪器，流路系统中的试剂流动平稳，无泄漏现象。仪器使用前后按照仪器说明对管路进行必要的清洗。不同品牌或型号仪器的测试参数有所不同，可根据实际情况进行调整。

**4. 结果处理**

使用氨（以 N 计）标准储备溶液或直接使用有证标准物质溶液，逐级稀释为质量浓度分别为 0 mg/L、0.02 mg/L，0.05 mg/L、0.10 mg/L、0.30 mg/L、0.50 mg/L、1.00 mg/L、1.50 mg/L 和 2.00 mg/L 的标准系列溶液。待基线稳定后，将标准系列溶液倒入样品杯，以氨（以 N 计）标准系列溶液质量浓度为横坐标，响应信号值为纵坐标，绘制标准曲线。然后将待测水样倒入样品杯，依次进行测定，并适当设置曲线重校点和清洗点，一般每 10 个样品重校一次。当水样中的氨（以 N 计）含量超出标准曲线检测范围，可取适量水样稀释后上机测定。按公式（3-5-1）计算水中氨（以 N 计）的质量浓度。

$$\rho(NH_3\text{-}N) = \rho_1(NH_3\text{-}N) \times f \qquad (3\text{-}5\text{-}1)$$

式中：

$\rho(NH_3\text{-}N)$ ——水中氨（以 N 计）的质量浓度，单位为毫克每升（mg/L）；

$\rho_1(NH_3\text{-}N)$ ——由标准曲线得到的氨（以 N 计）的质量浓度，单位为毫克每升（mg/L）；

$f$ ——稀释倍数。

5. 精密度和准确度

7 家实验室在 0.02 mg/L～2.00 mg/L 浓度范围分别选择低、中、高浓度对水源水和生活饮用水进行加标回收试验，每个浓度平行进行 6 次。水源水测定的相对标准偏差为 0.04%～2.2%，加标回收率为 86.0%～114%；生活饮用水测定的相对标准偏差为 0.07%～1.7%，加标回收率为 86.0%～108%。

## （四）氨（以 N 计）的连续流动法

1. 方法原理

（1）连续流动仪工作原理：在蠕动泵的推动下，样品和试剂按特定的顺序和比例进入化学反应模块，并被气泡按一定间隔规律地隔开，在密封的管路中连续流动、混合、反应，显色完全后进入流动检测池进行检测。

（2）化学反应原理：在碱性介质中，水样中的氨、铵离子与二氯异氰尿酸钠溶液释放出的次氯酸根反应，生成氯胺。在 37 ℃～40 ℃的条件下，以亚硝基铁氰化钠作为催化剂，氯胺与水杨酸钠反应形成蓝绿色络合物，在 660 nm 波长下比色测定。

2. 样品处理

水样中氨不稳定，采样时每升水样加 0.8 mL 硫酸（$\rho_{20}$=1.84 g/mL），于 0 ℃～4 ℃条件下冷藏保存，需尽快分析。

无色澄清、无干扰影响的水样可直接测定。加酸保存的样品，测试前需将水样调至中性；水样中如含有余氯会形成氯胺干扰测定，可加入适量的硫代硫酸钠溶液（3.5 g/L）去除；单纯的悬浮物可通过离心或采用 0.45 $\mu m$ 水性滤膜过滤等方式进行处理；当水样浑浊，带有颜色或含有铁、锰金属离子干扰物质较多时，可通过预蒸馏或在线蒸馏等方式进行处理。

3. 仪器参考条件

参考仪器说明书，开机、输入系统参数，确定分析条件。调整流路系统，载流、缓冲溶液、水杨酸钠溶液、亚硝基铁氰化钠溶液及二氯异氰尿酸钠溶液分别在蠕动泵的推动下进入仪器，流路系统中的试剂流动平稳，无泄漏现象。仪器使用前后按照仪器说明书对管路进行必要的清洗。不同品牌或型号仪器的测试参数有所不同，可根据实际情况进行调整。

4. 结果处理

使用氨（以 N 计）标准储备溶液或直接使用有证标准物质溶液，逐级稀释为质量浓度分别为 0 mg/L、0.02 mg/L，0.05 mg/L、0.10 mg/L、0.30 mg/L、0.50 mg/L、1.00 mg/L、1.50 mg/L 和 2.00 mg/L 的标准系列溶液。待基线稳定后，将标准系列溶液倒入样品杯，以氨（以 N 计）标准系列溶液质量浓度为横坐标，响应信号值为纵坐标，绘制标准曲线。然后将待测水样倒入样品杯，依次进行测定，并适当设置曲线重校点和清洗点，一般每 10 个样品重校一次。当水样中的氨（以 N 计）含量超出标准曲线线性范围，可取适量水样稀释后上机测定。按公式（3-5-2）计算水中氨（以 N 计）的质量浓度。

$$\rho(NH_3\text{-}N)=\rho_1(NH_3\text{-}N)\times f \tag{3-5-2}$$

式中：

$\rho(NH_3\text{-}N)$——水中氨（以 N 计）的质量浓度，单位为毫克每升（mg/L）；

$\rho_1(NH_3\text{-}N)$——由标准曲线得到的氨（以 N 计）的质量浓度，单位为毫克每升（mg/L）；

$f$——稀释倍数。

5. 精密度和准确度

7 家实验室在 0.02 mg/L～2.00 mg/L 浓度范围分别选择低、中、高浓度对水源水和生活饮用水进行加标回收试验，每个浓度平行进行 6 次。水源水测定的相对标准偏差为 0.12%～3.9%，加标回收率为 80.0%～111%；生活饮用水测定的相对标准偏差为 0.12%～3.6%，加标回收率为 84.0%～106%。

## （五）碘化物的电感耦合等离子体质谱法

1. 方法原理

样品溶液经过雾化由载气（氩气）送入电感耦合等离子体炬焰中，经过蒸发、解离、原子化、电离等过程，转化为带正电荷的正离子，经离子采集系统进入质谱仪，质谱仪根据其质荷比进行分离后由检测器进行检测，离子计数率与样品中碘化物含量（以 $I^-$ 计）成正比，实现样品中碘化物浓度的定量分析。

2. 样品处理

试验表明，测定碘元素时，采用碱性介质稳定性更好。采用电感耦合等离子体质谱法测定碘化物含量时，选用四甲基氢氧化铵为测定介质。在采集水样时可加入少量的碱,以与基质匹配,此时碘化物标准溶液采用四甲基氢氧化铵配制;若采样时不加碱保护,碘化物标准溶液可采用纯水配制,并选择铑（$^{103}$Rh）、铼（$^{185}$Re）为内标元素,使用前用纯水稀释配制,但此样品要尽快测定,测定时需采用一定浓度的四甲基氢氧化铵或氨水清洗系统,以消除记忆效应。

一般对于电感耦合等离子体质谱仪而言,干扰分为质谱干扰和非质谱干扰。质谱干扰主要有同量异位素、多原子、双电荷离子等,$^{127}$I不存在同量异位素,本试验采用最优化仪器条件可消除多原子、双电荷离子干扰。非质谱干扰主要源于样品基体,克服基体效应最有效的方法是稀释样品、内标校正、标准加入、基体消除等,用内标法校正,可监测和校正信号的短期和长期漂移,校正一般样品的基体影响,从而保证测量的准确性;饮用水样品基质较简单,采用内标校准即可。试验结果表明,在碱性介质中,选用碲（$^{128}$Te）作内标元素,在纯水介质中选用铑（$^{103}$Rh）、铼（$^{185}$Re）作内标元素,测定结果稳定,重现性好。可根据选择的碱性介质或纯水介质,相应地选择用碲（$^{128}$Te）、铑（$^{103}$Rh）或铼（$^{185}$Re）作为内标元素。

3. 仪器参考条件

使用电感耦合等离子体质谱仪进行定性和定量分析。

仪器主要参考条件:射频（RF）功率为1 220 W～1 550 W,载气流速为1.10 L/min,采样深度为7 mm,雾化室温度为2 ℃,采样锥、截取锥类型为镍锥,雾化器为耐高盐或同心雾化器。碘为$^{127}$I,内标元素为碲（$^{128}$Te）、铼（$^{185}$Re）或铑（$^{103}$Rh）。

4. 结果处理

采用外标法和内标校正进行定量分析。使用碘化物标准储备溶液或直接使用有证标准物质溶液,采用逐级稀释的方式配制碘化物标准系列溶液,可配制质量浓度为0.0 μg/L、0.6 μg/L、1.0 μg/L、5.0 μg/L、10.0 μg/L、50.0 μg/L、100.0 μg/L、200.0 μg/L、300.0 μg/L的碘化物标准系列溶液。当仪器开机后真空度达到要求时,用质谱调谐液调整仪器各项指标使仪器灵敏度、氧化物、双电荷、分辨率等各项指标达到测定要求后,编辑测定方法及选择测定元素,引入在线内标溶液,内标灵敏度等各项指标符合要求后,将试剂空白、标准系列溶液、样品溶液分别引入仪器测定。根据测定结果,绘制标准曲线,计算回归方程。根据回归方程计算出样品中碘化物的质量浓度（μg/L）。

5. 精密度和准确度

6家实验室分别测定不同地区自来水、水源水中的碘化物含量,其相对标准偏差均小于5.0%;不同地区自来水、水源水中不同浓度碘化物的加标回收率为85%～117%,测定国家碘缺乏病参照实验室研制的水中碘成分分析标准物质,测定值均在标准值范围之内。

## （六）高氯酸盐的离子色谱法—氢氧根系统淋洗液和离子色谱法—碳酸盐系统淋洗液

1. 方法原理

（1）离子色谱法—氢氧根系统淋洗液：水样中的 $ClO_4^-$ 和其他阴离子随氢氧化钾（或氢氧化钠）淋洗液进入阴离子交换分离系统（由保护柱和分析柱组成），以分析柱对各离子的不同亲和力进行分离，已分离的阴离子经阴离子抑制系统转化成具有高电导率的强酸，而淋洗液则转化成低电导率的水，由电导检测器测量各种阴离子组分的电导率，以保留时间定性，峰面积或峰高定量。

（2）离子色谱法—碳酸盐系统淋洗液：水样中的高氯酸盐和其他阴离子随碳酸盐系统淋洗液进入阴离子交换分离系统（由保护柱和分析柱组成），根据分析柱对各离子的亲和力不同进行分离，已分离的阴离子流经阴离子抑制系统转化成具有高电导率的强酸，而淋洗液则转化成低电导率的弱酸或水，由电导检测器测量各种阴离子组分的电导率，以保留时间定性，峰面积或峰高定量。

2. 样品处理

采样容器为螺口高密度聚乙烯瓶或聚丙烯瓶。采样时，为减少储存过程中产生厌氧条件的可能性，不需满瓶采样，容器顶部至少留出三分之一空隙。水样采集后于 $0\ ℃\sim4\ ℃$ 条件下冷藏，密封保存，保存时间为 28 d。将水样经 $0.22\ \mu m$ 针式微孔滤膜过滤后进行测定。

3. 仪器参考条件

（1）离子色谱法—氢氧根系统淋洗液：阴离子分析柱为具有烷醇季铵官能团的强亲水性分析柱或相当的分析柱（250 mm×4 mm），填充材料为大孔苯乙烯/二乙烯基苯高聚合物。阴离子保护柱为具有烷醇季铵官能团的强亲水性保护柱或相当的保护柱（50 mm×4 mm），填充材料为大孔苯乙烯/二乙烯基苯高聚合物。阴离子抑制器电流为 112 mA。淋洗液可使用 45 mmol/L KOH 溶液，淋洗液流速为 1.0 mL/min，进样体积为 500 $\mu$L。柱温为 30 ℃，池温为 35 ℃。

（2）离子色谱法—碳酸盐系统淋洗液：阴离子保护柱为具有季铵官能团的保护柱或相当的保护柱，填充材料为聚乙烯醇高聚合物。阴离子分析柱为具有季铵官能团的分析柱或相当的分析柱（250 mm×4 mm），填充材料为聚乙烯醇高聚合物。阴离子抑制器为双抑制系统或相当的抑制器。淋洗液为 $4.0\ mmol/L\ Na_2CO_3+1.7\ mmol/L\ NaHCO_3$ 等度淋洗（淋洗液需用超声清洗器脱气后使用），淋洗液流速为 1.0 mL/min，进样体积为 250 $\mu$L。柱温为 50 ℃。

4. 结果处理

将预处理后的水样直接进样进行样品测定，进样体积为 250 μL 或 500 μL。分析时间一般为 20 min~25 min，若样品基质复杂，含有强保留物质，可适当延长分析时间。采用外标法进行定量分析，绘制标准曲线时分别吸取 10.0 mg/L 高氯酸盐标准使用溶液，用纯水配制成 0.007 mg/L、0.010 mg/L、0.020 mg/L、0.030 mg/L、0.050 mg/L、0.070 mg/L、0.090 mg/L、0.110 mg/L、0.140 mg/L（以 $ClO_4^-$ 计）的标准系列溶液，按照质量浓度由低到高的顺序进样检测，记录保留时间及峰面积，以峰面积-浓度作图，得到标准曲线回归方程。高氯酸盐的质量浓度可以直接在标准曲线上查得。若测得的高氯酸盐质量浓度大于方法线性范围上限，需将水样中高氯酸盐质量浓度稀释至线性范围内后重新测定。

在进行空白样品测定时，需以实验用水代替样品每批做平行双样测定，其他分析步骤与样品测定完全相同。

5. 精密度和准确度

（1）离子色谱法—氢氧根系统淋洗液：6 家实验室在 0.005 mg/L~0.13 mg/L 浓度范围分别选择低、中、高浓度对生活饮用水进行加标回收试验，每个浓度平行进行 6 次，测定的相对标准偏差为 0.19%~9.3%，加标回收率为 84.0%~118%。

（2）离子色谱法—碳酸盐系统淋洗液：6 家实验室在 0.005 mg/L~0.13 mg/L 浓度范围分别选择低、中、高浓度对生活饮用水进行加标回收试验，每个浓度平行进行 6 次，测定的相对标准偏差为 0%~12%，加标回收率为 84.6%~120%。

## （七）高氯酸盐的超高效液相色谱串联质谱法

1. 方法原理

水样经水相微孔滤膜过滤，直接进样，以超高效液相色谱串联质谱的多反应监测（MRM）模式检测，根据保留时间和特征离子峰定性，采用同位素内标法定量分析。

2. 样品处理

水样经 0.22 μm 水相微孔滤膜过滤后，取 1.00 mL 滤液于进样瓶中，加入 5.0 μL 高氯酸盐内标使用溶液，混匀，供超高效液相色谱串联质谱仪进样测定。

3. 仪器参考条件

使用超高效液相色谱串联质谱仪进行定性和定量分析。

仪器参考条件：离子源模式为负离子模式；毛细管电压为 −4 500 V；脱溶剂温度

为 550 ℃；分析柱为 $C_{12}$ 色谱柱（100 mm×2.0 mm，2.5 $\mu$m）或其他相当性能等效柱；流动相为甲醇+0.1%甲酸水溶液（5+95），以 0.2 mL/min 流速进行等度洗脱；柱温为 40 ℃，样品室温度为 15 ℃；进样体积为 10 $\mu$L。

高氯酸盐质谱参考参数见表 3-5-3。

表 3-5-3 高氯酸盐质谱参考参数

| 组分 | 母离子（$m/z$） | 子离子（$m/z$） | 去簇电压/V | 碰撞电压/eV |
|---|---|---|---|---|
| 高氯酸盐<br>（$ClO_4^-$） | 98.9[a] | 82.9[a] | −52 | −31 |
| | 100.9 | 84.9 | −48 | −34 |
| 高氯酸盐内标<br>（$Cl^{18}O_4^-$） | 106.8[a] | 88.9[a] | −48 | −34 |
| | 108.8 | 90.9 | −45 | −37 |
| [a] 定量离子对。 | | | | |

4. 结果处理

采用内标法进行定量分析。使用高氯酸盐标准储备溶液或直接使用有证标准物质溶液，采用逐级稀释的方式配制高氯酸盐标准系列溶液，分别配制成质量浓度为 0 mg/L、0.002 mg/L、0.005 mg/L、0.010 mg/L、0.020 mg/L、0.050 mg/L、0.100 mg/L、0.200 mg/L 的高氯酸盐（以 $ClO_4^-$ 计）标准系列溶液。各取 1.00 mL 上述标准系列溶液于进样瓶中，分别加入 5.0 $\mu$L 高氯酸盐内标使用溶液待测。将标准系列溶液由低浓度至高浓度依次进样检测，以高氯酸盐质量浓度（以 $ClO_4^-$ 计，mg/L）为横坐标，高氯酸盐峰面积与其内标峰面积比值为纵坐标，绘制标准曲线，标准曲线回归方程线性相关系数不应小于 0.99。样品测定前按照样品前处理方法加入内标物质混匀后，将样品待测液依次进样检测，记录色谱图，根据标准曲线回归方程计算样品溶液中高氯酸盐（以 $ClO_4^-$ 计）的质量浓度。若水样中高氯酸盐（以 $ClO_4^-$ 计）质量浓度大于方法线性范围上限（0.200 mg/L），取适量水样稀释至线性范围内后重新测定。

5. 精密度和准确度

5 家实验室在 0.002 mg/L～0.200 mg/L 浓度范围内，分别选择低、中、高浓度对末梢水进行加标回收试验，每个浓度平行进行 6 次，相对标准偏差为 0.98%～6.6%，加标回收率为 88.0%～108%。

3 家实验室在 0.002 mg/L～0.200 mg/L 浓度范围内，分别选择低、中、高浓度对纯水进行加标回收试验，每个浓度平行进行 6 次，相对标准偏差为 1.2%～8.8%，加标回收率为 74.0%～114%。

## 二、修订方法

GB/T 5750.5—2023 中更改了 3 项指标的名称，包括"硝酸盐氮"更改为"硝酸盐（以 N 计）"，"氨氮"更改为"氨（以 N 计）"，"亚硝酸盐氮"更改为"亚硝酸盐（以 N 计）"；对硫化物的 $N$，$N$-二乙基对苯二胺分光光度法和碘化物的硫酸铈催化分光光度法的相关内容进行了修订。

### （一）硫化物的 $N$，$N$-二乙基对苯二胺分光光度法

#### 1. 增加水中余氯干扰的去除方法

在实际工作中发现生活饮用水经过氯消毒以后，水中的余氯大于或等于0.03 mg/L 时会对硫化物测定产生负干扰，直接影响水样加标回收结果，即样品检测易出现假阴性结果。产生干扰的原因：①水中游离氯具有很强的氧化性，可以把负二价的硫离子氧化为高价态的硫。②水中余氯和硫化物均可以与显色剂发生反应，从而消耗掉部分显色剂。考虑到水中含有不同浓度的余氯，可分别制备余氯质量浓度为 0.03 mg/L、0.3 mg/L 和 0.93 mg/L 的模拟水样，并分别加入质量浓度为 0.02 mg/L 和 0.1 mg/L 的硫化物，对加入盐酸羟胺（1＋99）和甘氨酸（1＋9）与不加任何抗干扰剂水样进行分析比对。结果显示，不加任何抗干扰剂的水样硫化物的回收率在余氯大于或等于0.3 mg/L 时基本为零，加入适量的盐酸羟胺和甘氨酸对余氯干扰的去除均有效果，其中加盐酸羟胺的效果好于加甘氨酸，50 mL 水样中加入 1 mL 1%的盐酸羟胺可以使硫化物平均回收率达到 80%以上。

因此，在 GB/T 5750.5—2023 中，增加了"盐酸羟胺溶液（10 g/L）"这一试剂和去除余氯干扰的分析步骤。配制盐酸羟胺溶液（10 g/L）的方法：称取 1 g 盐酸羟胺（$NH_2OH \cdot HCl$），溶于纯水，并稀释至 100 mL。去除余氯干扰的分析步骤：水中余氯（≥0.03 mg/L）会对硫化物检测产生负干扰，每 50 mL 水样加入 1.0 mL 的盐酸羟胺溶液（10 g/L），混匀后放置 2 min～5 min 可去除干扰。

#### 2. 实验用水以及标准使用液中是否加乙酸锌的研究

GB/T 5750.5—2006《生活饮用水标准检验方法 无机非金属指标》中，配制硫化物标准使用溶液时需用煮沸放冷的纯水。试验发现，用市售硫化物标准储备液配制标准使用溶液，直接使用电阻率大于或等于 18.2 MΩ·cm 的超纯水，无需煮沸放冷，方便快捷。分别采用煮沸放凉的纯水和新制备的超纯水进行对比试验，结果显示，使用新制备的超纯水标准曲线的相关系数更好。

加入乙酸锌的硫化物标准使用溶液随着放置时间的增加，在乙酸的作用下，微生

物快速繁殖，造成硫化物溶液由微浊的胶体溶液变成颗粒沉淀，继而影响标准使用溶液的均匀性，不加乙酸锌的标准使用溶液稳定性更高，因此建议硫化物标准使用溶液中不加乙酸锌。原方法中标准使用溶液既没有注明保存期限，也未说明是现用现配，考虑到硫化物的稳定性和水中微生物有着直接的关系，标准使用溶液不宜长期保存，为了确保硫化物标准溶液的准确性，建议硫化物标准使用液宜现用现配。

GB/T 5750.5—2023 中相关内容修订为：硫化物标准使用溶液 $[\rho(S^{2-})=10.0\ \mu g/mL]$：取一定体积新标定的硫化钠标准储备溶液，加入 1 mL 乙酸锌溶液，用新制备的超纯水（电阻率≥18.2 MΩ·cm）定容至 50 mL，配成 $\rho(S^{2-})=10.00\ \mu g/mL$。也可使用有证硫化物标准物质溶液，无需加入乙酸锌，直接用新制备的超纯水进行标准使用溶液的配制。硫化物标准使用溶液宜现用现配。

3. 样品采集时加入顺序对试验的影响

采样过程中如果先加入乙酸锌溶液和氢氧化钠溶液，再加入水样，会导致硫化物的回收率较低，原因是乙酸锌和氢氧化钠首先反应生成氢氧化锌，反应式为 $Zn^{2+}+2OH^-=Zn(OH)_2\downarrow$，再加入含硫化物的水样时，不利于硫化锌沉淀生成：$Zn^{2+}+S^{2-}=ZnS\downarrow$，故硫化物的加标回收率比较低。正确的方法是先加入乙酸锌溶液，再加入含硫化物的水样，最后加入氢氧化钠溶液。因为硫化锌的溶解度比氢氧化锌的溶解度更小，首先发生反应生成硫化锌，多余的 $Zn^{2+}$ 再生成氢氧化锌絮状沉淀，覆盖在硫化锌上面，形成共沉淀，抑制了 $S^{2-}$ 的电离和分解，减少 $S^{2-}$ 与空气接触，达到了固定硫的目的，提高了硫化物的加标回收率。

GB/T 5750.5—2023 中相关内容修订为：由于硫化物（$S^{2-}$）在水中不稳定，易分解，采样时尽量避免曝气。在 500 mL 硬质玻璃瓶中，先加入 1 mL 乙酸锌溶液（220 g/L），再注入水样（近满，留少许空隙），盖好瓶塞，反复上下颠倒混匀，最后加入 1 mL 氢氧化钠溶液（40 g/L），再次反复混匀，密塞、避光，送回实验室测定。

**（二）碘化物的硫酸铈催化分光光度法**

针对 GB/T 5750.5—2006 中存在的问题，在保持检测原理基本不变的前提下，借鉴 WS/T 107.1—2016《尿中碘的测定　第 1 部分：砷铈催化分光光度法》中部分试验条件，进行了修订方法的研制。通过加入二氯异氰尿酸钠去除还原性干扰物质，增加砷铈比例改善标准曲线线性，降低取样量，提高反应温度以及用高铈离子比色等，使方法更具科学性、适用性和可操作性，修订方法与 GB/T 5750.5—2006 中方法技术内容比较见表 3-5-4、表 3-5-5。修订方法采用的仪器设备包括恒温水浴箱、分光光度计和秒表，试剂包括氢氧化钠、浓硫酸、氯化钠、三氧化二砷、二水合硫酸铈铵等，能够满足基层实验室开展水中碘化物检测的需求。

表 3-5-4　低浓度范围碘化物检验方法修订内容对比

| 技术内容 | GB/T 5750.5—2023 | GB/T 5750.5—2006 |
|---|---|---|
| 标准曲线的线性范围 | 0 μg/L～20 μg/L | 1 μg/L～10 μg/L |
| 碘化物标准系列溶液配制试剂 | 碘酸钾 | 碘化钾 |
| 取样量 | 2.0 mL | 10.0 mL |
| 溶液 | 硫酸溶液、二氯异氰尿酸钠溶液、亚砷酸溶液、硫酸铈铵溶液、碘化物标准储备溶液、碘化物标准中间溶液、碘化物标准使用系列溶液 | 氯化钠溶液、硫酸溶液、亚砷酸溶液、硫酸铈溶液、硫酸亚铁铵溶液、硫氰酸钾溶液、碘化物标准储备溶液、碘化物标准使用溶液 |
| 亚砷酸溶液浓度 | 0.025 mol/L | 0.10 mol/L |
| 亚砷酸溶液用量 | 2.0 mL | 0.5 mL |
| 反应温度 | 30 ℃±0.2 ℃ | 30 ℃±0.5 ℃ |
| 反应时间 | 36 min | 20 min±0.1 min |
| 干扰消除 | 二氯异氰尿酸钠 | A 管、B 管校正 |
| 比色波长 | 380 nm | 510 nm |
| 显色物质 | 四价铈离子 | 铁离子与硫氰酸钾反应生成的红色络合物 |

表 3-5-5　高浓度范围碘化物检验方法修订内容对比

| 技术内容 | GB/T 5750.5—2023 | GB/T 5750.5—2006 |
|---|---|---|
| 标准曲线的线性范围 | 0 μg/L～200 μg/L | 10 μg/L～100 μg/L |
| 碘化物标准系列溶液配制试剂 | 碘酸钾 | 碘化钾 |
| 取样量 | 0.3 mL | 10.0 mL |
| 溶液 | 硫酸溶液、二氯异氰尿酸钠溶液、亚砷酸溶液、硫酸铈铵溶液、碘化物标准储备溶液、碘化物标准中间溶液、碘化物标准使用系列溶液 | 氯化钠溶液、硫酸溶液、亚砷酸溶液、硫酸铈溶液、硫酸亚铁铵溶液、硫氰酸钾溶液、碘化物标准储备溶液、碘化物标准使用溶液 |
| 亚砷酸溶液浓度 | 0.025 mol/L | 0.10 mol/L |
| 亚砷酸溶液用量 | 3.0 mL | 0.5 mL |
| 反应温度 | 30 ℃±0.2 ℃ | 20 ℃±0.5 ℃ |
| 反应时间 | 24 min | 8 min |

表 3-5-5（续）

| 技术内容 | GB/T 5750.5—2023 | GB/T 5750.5—2006 |
|---|---|---|
| 干扰消除 | 二氯异氰尿酸钠 | 无 |
| 比色波长 | 400 nm | 510 nm |
| 显色物质 | 四价铈离子 | 铁离子与硫氰酸钾反应生成的红色络合物 |

GB/T 5750.5—2023 采用碘酸钾代替 GB/T 5750.5—2006 的碘化钾配制碘标准系列溶液主要基于以下几点考虑：①Pedro A. Rodriguez 等研究发现，对砷铈氧化还原反应起催化作用的是碘离子，但是当碘酸根与亚砷酸充分接触后被还原为碘离子，具有相同的催化效率。②目前 WS/T 107.1—2016 采用的碘标准溶液为碘酸钾标准溶液，而尿样中的碘以碘离子形态存在，说明以碘酸钾为标准溶液，可以用来检测等量的碘离子。③采用高效液相色谱-电感耦合等离子体质谱仪对高碘地区水样进行检测，发现水样中虽然以碘离子为主要存在形态，但是也存在碘离子和碘酸根共存形态。在碘离子和碘酸根共存的水样中，碘酸根为主要存在形态。④碘在碘化钾和碘酸钾中具有不同的氧化态，碘化钾易被空气中的氧气氧化而损失，而碘酸钾相对稳定。⑤目前市售碘酸钾标准物质纯度高达 99.95%，市售碘酸钾试剂纯度能达到 99.998%，而目前尚无碘化钾标准物质，市售试剂纯度最高为 99.5%，碘酸钾试剂纯度高于碘化钾试剂。因此，修订方法采用碘酸钾配制碘标准系列溶液。

### 三、删除方法

GB/T 5750.5—2023 中删除了 5 个检验方法：氟化物的锆盐茜素比色法、硝酸盐氮的镉柱还原法、硫化物的碘量法、碘化物的气相色谱法，由于这些方法存在不满足限值评价要求、使用有毒有害试剂、使用填充柱等原因，故本次修订予以删除；GB/T 5750.5—2006 中硼的甲亚胺-H 分光光度法调整至 GB/T 5750.6—2023《生活饮用水标准检验方法 第 6 部分：金属和类金属指标》中。

# 第六节 金属和类金属指标（GB/T 5750.6—2023）

GB/T 5750.6—2023《生活饮用水标准检验方法 第 6 部分：金属和类金属指标》描述了生活饮用水中铝、铁、锰、铜、锌、砷、硒、汞、镉、铬（六价）、铅、银、钼、钴、镍、钡、钛、钒、锑、铍、铊、钠、锡、四乙基铅、氯化乙基汞、硼、石棉的测定方法及水源水中铝、铁、锰、铜、锌、砷、硒、汞、镉、铬（六价）、铅、银、钼、钴、镍、钡、钛、钒、锑、铍、铊、钠、锡、四乙基铅、氯化乙基汞（吹扫捕集气相色谱-原子荧光法）、硼、石棉的测定方法。具体修订内容如下。

# 一、新增方法

GB/T 5750.6—2023 中增加了 10 个检验方法：砷的液相色谱-电感耦合等离子体质谱法和液相色谱-原子荧光法、硒的液相色谱-电感耦合等离子体质谱法、铬（六价）的液相色谱-电感耦合等离子体质谱法、氯化乙基汞的液相色谱-原子荧光法和液相色谱-电感耦合等离子体质谱法及吹扫捕集气相色谱-冷原子荧光法、硼的甲亚胺-H 分光光度法、石棉的扫描电镜-能谱法和相差显微镜-红外光谱法。其中，硼的甲亚胺-H 分光光度法是从 GB/T 5750.5—2006 调整而来。

## （一）砷的液相色谱-电感耦合等离子体质谱法

### 1. 方法原理

利用高效液相色谱分离水中三价砷［As（Ⅲ）］、五价砷［As（Ⅴ）］。样品经反相色谱柱分离后，用电感耦合等离子体质谱仪测定，根据不同砷形态的质荷比和保留时间进行定性，外标法定量。

### 2. 样品处理

用聚乙烯瓶采集样品，采样前应先用水样荡洗采样器、容器和塞子 2 次～3 次，采样量为 0.5 L。样品采集后尽快测定，如无法立即测定，可于 0 ℃～4 ℃条件下冷藏保存 5 d。若采样时用浓硝酸调节 pH≤2，可于 0 ℃～4 ℃条件下冷藏保存 7 d。取 100 mL 水样，经 0.45 μm 水相微孔滤膜过滤后置于进样瓶中。若样品浑浊度较高，可离心后取上清液进行过滤。

需注意的是，在进样前需要将水样 pH 调至弱酸性或中性，以防 pH 过低损坏色谱柱。水样在保存过程中可能会发生 As（Ⅲ）和 As（Ⅴ）的相互转化，采集水样后应尽快完成检测。

### 3. 仪器参考条件

使用液相色谱电感耦合等离子体质谱仪进行定性和定量分析。

液相色谱仪用于分离目标分析物，其参考条件：流动相为含 1.5 mmol/L 磷酸二氢钾、质量浓度含量 0.01%四丁基氢氧化铵、5%甲醇的水溶液，pH 为 5.5（配制方法为：准确称量 0.205 g 磷酸二氢钾，溶解于纯水中，加入 1 000 μL 四丁基氢氧化铵、

50 mL 甲醇，用纯水定容至 1 000 mL，调节 pH 为 5.5）；流速为 1.4 mL/min；进样体积为 50 μL；洗脱方式为等度洗脱；柱温为 30 ℃。

电感耦合等离子体质谱仪的参考条件：射频功率为 1 000 W～1 600 W；载气流量为 1.14 L/min；分析时间为 6 min；分析物质量数为 75。使用质谱调谐液调整仪器各项指标，使仪器灵敏度、氧化物、双电荷、分辨率等指标达到测定要求。

As（Ⅲ）、As（Ⅴ）色谱图（1 μg/L）如图 3-6-1 所示。

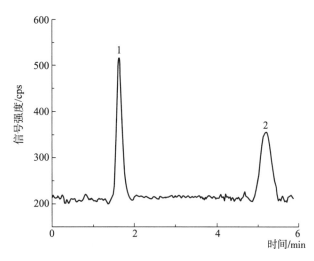

标引序号说明：

1——As（Ⅲ）；

2——As（Ⅴ）。

图 3-6-1 As（Ⅲ）、As（Ⅴ）色谱图（1 μg/L）

4. 结果处理

采用外标法进行定量分析。使用 As（Ⅲ）、As（Ⅴ）混合标准使用溶液，采用逐级稀释的方式配制混合标准系列溶液，可配制质量浓度为 0 μg/L、1 μg/L、5 μg/L、10 μg/L、20 μg/L、50 μg/L 和 100 μg/L 的混合标准系列溶液。实际样品测定条件与标准曲线测定条件保持一致，直接进样上机测定。以质量浓度为横坐标，色谱峰面积为纵坐标，绘制工作曲线。根据 As（Ⅲ）、As（Ⅴ）的保留时间进行定性分析，根据标准曲线计算样品中 As（Ⅲ）、As（Ⅴ）的质量浓度。

需要注意的是，在不同品牌的仪器及色谱柱条件下，As（Ⅲ）、As（Ⅴ）保留时间具有差异性，需检测人员采用单一标准物质进行检测确认保留时间；若仪器不具有柱温箱，则应尽量保持相对稳定的室内温度，保留时间偏移时，应加标确认。

5. 精密度和准确度

4 家实验室对纯水进行低（1 μg/L～5 μg/L）、中（20 μg/L～30 μg/L）、高（50 μg/L～

100 μg/L）浓度的加标回收试验，重复测定 6 次。As（Ⅲ）的加标回收率为 87.8%～99.7%，相对标准偏差为 0.5%～6.0%；As（Ⅴ）的回收率为 93.4%～99.7%，相对标准偏差为 0.5%～7.8%。

4 家实验室对生活饮用水进行低（1 μg/L～5 μg/L）、中（20 μg/L～30 μg/L）、高（50 μg/L～100 μg/L）浓度的加标回收试验，重复测定 6 次。As（Ⅲ）的加标回收率为 83.0%～104%，相对标准偏差为 0.7%～7.0%；As（Ⅴ）的回收率为 95.5%～105%，相对标准偏差为 0.6%～9.2%。

4 家实验室对水源水进行低（1 μg/L～5 μg/L）、中（20 μg/L～30 μg/L）、高（50 μg/L～100 μg/L）浓度的加标回收试验，重复测定 6 次。As（Ⅲ）的加标回收率为 83.8%～101%，相对标准偏差为 0.3%～6.7%；As（Ⅴ）的回收率为 84.5%～105%，相对标准偏差为 0.6%～6.2%。

### （二）砷的液相色谱-原子荧光法

#### 1. 方法原理

水源水经离心、过滤，生活饮用水直接过滤后进样，待测砷形态经液相色谱分离后在酸性介质下与还原剂硼氢化钠或硼氢化钾反应，生成气态砷化合物，以原子荧光光谱仪进行测定。以保留时间定性，外标法定量。

#### 2. 样品处理

使用聚乙烯瓶或硬质玻璃瓶采集样品，采样前应先用水样荡洗采样器、容器和塞子2次～3次，采样量应大于0.1 L。样品采集后需尽快测定，如无法立即测定，可于0 ℃～4 ℃条件下冷藏保存5 d。若采样时用硝酸调节 pH≤2，可于 0 ℃～4 ℃条件下冷藏保存 7 d。水源水需经 8 000 r/min 离心 10 min，取一定量的上清液用 0.45 μm 水相微孔滤膜过滤于进样瓶中；出厂水和末梢水直接用 0.45 μm 水相微孔滤膜过滤于进样瓶中。

#### 3. 仪器参考条件

使用液相色谱-原子荧光联用仪进行定性和定量分析。

液相色谱仪的参考条件：色谱柱选用阴离子交换色谱柱（250 mm×4.1 mm）或其他等效色谱柱，阴离子交换色谱保护柱（柱长为 10 mm，内径为 4.1 mm）或其他等效色谱柱；流动相为 40 mmol/L 磷酸二氢铵溶液；洗脱方式为等度洗脱，流速为 1.0 mL/min；进样体积为 100 μL。

原子荧光检测参考条件：光电倍增管负高压为 320 V；砷空心阴极灯电流为 100 mA；辅阴极灯电流为 50 mA；原子化方式为火焰原子化；氩载气流量为 300 mL/min；氩屏

蔽气流量为 900 mL/min；还原剂为 20 g/L 硼氢化钠溶液和 3.0 g/L 氢氧化钠溶液；载流为盐酸溶液（12＋88）。

砷形态化合物标准溶液（质量浓度均为 10 μg/L）色谱图如图 3-6-2 所示。

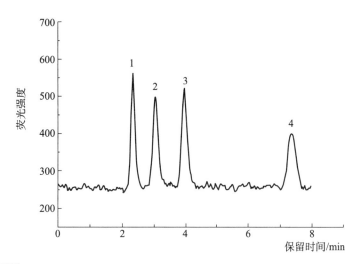

标引序号说明：

1——亚砷酸根；

2——二甲基砷；

3——一甲基砷；

4——砷酸根。

**图 3-6-2 砷形态化合物标准溶液（质量浓度均为 10 μg/L）色谱图**

4. 结果处理

采用外标法进行定量分析。使用砷形态混合标准溶液或直接使用有证标准物质溶液，采用逐级稀释的方式配制标准系列使用溶液，可配制质量浓度为 0 μg/L、2.00 μg/L、4.00 μg/L、6.00 μg/L、8.00 μg/L、10.0 μg/L、15.0 μg/L、20.0 μg/L 的砷形态混合标准系列使用溶液，现用现配。可根据样品中各砷形态的实际浓度适当调整标准系列溶液中各砷形态的浓度。

实际样品测定条件与标准曲线测定条件保持一致，进样上机测定。根据标准色谱图组分的保留时间确定被测组分，以样品峰面积或峰高从各自标准曲线上查出各砷形态的质量浓度。

5. 精密度和准确度

6 家实验室对生活饮用水进行浓度为 5 μg/L～20 μg/L 的低、中、高 3 个浓度水平的加标回收及精密度试验。亚砷酸根的加标回收率为 80.3%～111%，相对标准偏差为 0.76%～7.4%；砷酸根的加标回收率为 81.5%～113%，相对标准偏差为 1.2%～6.9%；

一甲基砷的回收率为81.8%～107%，相对标准偏差为0.61%～8.9%；二甲基砷的加标回收率为84.5%～107%，相对标准偏差为0.36%～5.9%。

6家实验室对水源水进行浓度为5 μg/L～20 μg/L的低、中、高3个浓度水平的加标回收及精密度试验。亚砷酸根的加标回收率为77.7%～114%，相对标准偏差为0.84%～7.0%；砷酸根的加标回收率为81.5%～109%，相对标准偏差为0.58%～9.3%；一甲基砷的加标回收率为78.5%～104%，相对标准偏差为0.44%～9.5%；二甲基砷的加标回收率为84.5%～109%，相对标准偏差为0.35%～9.3%。

生活饮用水进行加标回收试验时，水样中的余氯可能造成亚砷酸根缓慢地向砷酸根转化，加标样应现配现测，或者以无机砷（亚砷酸根含量与砷酸根含量的加和）来计算亚砷酸根和砷酸根的加标回收率。

### （三）硒的液相色谱-电感耦合等离子体质谱法

#### 1. 方法原理

水样中的亚硒酸根、硒酸根、硒代胱氨酸、硒代蛋氨酸、甲基硒代半胱氨酸经阴离子交换色谱柱分离，分离后的目标化合物由载气送入电感耦合等离子体炬焰中，经过蒸发、解离、原子化、电离等过程，转化为带正电荷的离子，经离子采集系统进入质谱仪，以色谱保留时间与硒的质荷比定性，外标法定量。

#### 2. 样品处理

使用聚乙烯塑料瓶采集水样500 mL，采样前用待测水样将样品瓶清洗2次～3次。将水样充满样品瓶并加盖密封，0 ℃～4 ℃冷藏避光条件下生活饮用水可保存7 d，水源水可保存2 d。需注意的是，澄清水样可直接进行测定，必要时水样可经0.45 μm微孔滤膜过滤后测定。

#### 3. 仪器参考条件

使用液相色谱-电感耦合等离子体质谱联用仪进行定性和定量分析。

液相色谱仪用于分离目标分析物，其参考条件：色谱柱为阴离子交换保护柱（20 mm×2.1 mm，10 μm）或其他等效保护柱；阴离子交换分析柱（250 mm×4.1 mm，10 μm）或其他等效分析柱；流动相为40 mmol/L磷酸氢二铵（pH=6.0）；流速为1.2 mL/min；进样体积为100 μL。

电感耦合等离子体质谱仪参考条件：射频功率为1 200 W～1 550 W；采样深度为8 mm；雾化室温度为2 ℃；载气流量为0.65 L/min；补偿气流量为0.45 L/min；氦气碰撞气流量为4.8 mL/min；积分时间为0.5 s；检测质量数为78。

5种硒形态混合标准溶液色谱图（10 μg/L）如图3-6-3所示。

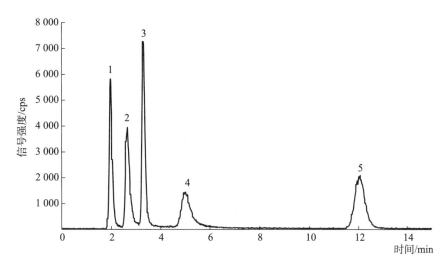

标引序号说明：

1——硒代胱氨酸；

2——甲基硒代半胱氨酸；

3——亚硒酸根；

4——硒代蛋氨酸；

5——硒酸根。

**图 3-6-3 5 种硒形态混合标准溶液色谱图（10 μg/L）**

4. 结果处理

采用外标法进行定量分析。使用亚硒酸根、硒酸根、硒代胱氨酸、硒代蛋氨酸、甲基硒代半胱氨酸5种硒形态混合标准储备溶液或直接使用有证标准物质溶液，采用逐级稀释的方式配制硒形态混合标准使用溶液，可配制质量浓度为 0.0 μg/L、2.0 μg/L、5.0 μg/L、10.0 μg/L、25.0 μg/L、50.0 μg/L、100.0 μg/L 的标准系列溶液，应现用现配。可根据样品中各硒形态的实际浓度适当调整标准系列溶液中各硒形态的质量浓度。

设定仪器最佳条件，待基线稳定后，将 5 种硒形态混合标准系列溶液按质量浓度由低到高分别注入液相色谱-电感耦合等离子体质谱联用仪中进行测定，以标准系列溶液中目标化合物的质量浓度为横坐标，以色谱峰面积为纵坐标，制作标准曲线。根据色谱保留时间与硒元素的质荷比定性，根据标准曲线计算样品中亚硒酸根、硒酸根、硒代胱氨酸、硒代蛋氨酸、甲基硒代半胱氨酸的质量浓度。

5. 精密度和准确度

6 家实验室对生活饮用水进行浓度为 1.0 μg/L～50.0 μg/L 的低、中、高 3 个浓度水平的加标回收及精密度试验，亚硒酸根的加标回收率为 89.7%～114%，相对标准偏差小于 5%；硒酸根的回收率为 91.4%～118%，相对标准偏差小于 5%。

6 家实验室对水源水进行浓度为 2.0 μg/L～70.0 μg/L 的低、中、高 3 个浓度水平的加标回收及精密度试验，亚硒酸根的加标回收率为 89.9%～111%，相对标准偏差小于 5%；硒酸根的加标回收率为 82.9%～110%，相对标准偏差小于 5%；硒代胱氨酸的加标回收率为 80.1%～117%，相对标准偏差小于 5%；甲基硒代半胱氨酸的加标回收率为 82.1%～110%，相对标准偏差小于 5%；硒代蛋氨酸的加标回收率为 81.1%～112%，相对标准偏差小于 5%。

## （四）铬（六价）的液相色谱-电感耦合等离子体质谱法

### 1. 方法原理

水样经乙二胺四乙酸二钠络合后，使用阴离子交换色谱柱进行分离，分离后的六价铬和三价铬经雾化由载气送入电感耦合等离子体炬焰中，经过蒸发、解离、原子化、电离等过程，转化为带正电荷的离子，经离子采集系统进入质谱仪，以色谱保留时间与铬的质荷比定性，外标法定量。

### 2. 样品处理

使用聚乙烯塑料瓶采集水样，采样前用待测水样将样品瓶清洗 2 次～3 次。将水样充满样品瓶并加盖密封，冷藏避光条件下尽快测定。样品前处理过程中，应吸取 25.0 mL 水样至 50 mL 容量瓶中，加入 10 mL 40 mmol/L 乙二胺四乙酸二钠溶液，用氨水溶液（2＋98）调 pH 至 7.0 左右，用水稀释至刻度，乙二胺四乙酸二钠溶液的最终浓度为 8 mmol/L，将样品溶液倒入具塞锥形瓶中，置于 50 ℃ 水浴中加热 1 h，冷却后经 0.45 μm 水相微孔滤膜过滤，待测。同时做空白试验。

### 3. 仪器参考条件

使用液相色谱-电感耦合等离子体质谱联用仪进行定性和定量分析。

液相色谱仪用于分离目标分析物，其参考条件：色谱柱为阴离子交换分析柱（50 mm×4 mm，10 μm）或其他等效分析柱；流动相为 60 mmol/L 硝酸铵和 0.6 mmol/L 乙二胺四乙酸二钠（pH=7.0）；流速为 1.0 mL/min；进样体积为 50 μL。

电感耦合等离子体质谱仪参考条件：射频功率为 1 200 W～1 550 W；采样深度为 5 mm～8 mm；雾化室温度为 2 ℃；载气流量为 1.05 L/min；冷却气流量为 14 L/min；氦气碰撞气流量为 4.8 mL/min；积分时间为 0.3 s～1 s；检测质量数为 52。

六价铬和三价铬标准溶液色谱图（10 μg/L）如图 3-6-4 所示。

### 4. 结果处理

采用外标法进行定量分析。使用六价铬和三价铬 2 种铬形态标准储备溶液或直接

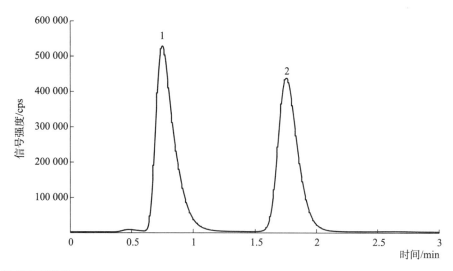

标引序号说明：

1——三价铬；

2——六价铬。

**图3-6-4　六价铬和三价铬标准溶液色谱图（10 μg/L）**

使用有证标准物质溶液，用流动相将六价铬和三价铬混合标准使用溶液逐级稀释成质量浓度分别为0.0 μg/L、2.0 μg/L、5.0 μg/L、10.0 μg/L、50.0 μg/L、100.0 μg/L、150.0 μg/L的标准系列溶液，现用现配。可根据样品中六价铬和三价铬的实际浓度适当调整标准系列溶液中六价铬和三价铬的质量浓度。

设定仪器最佳条件，待基线稳定后，测定六价铬和三价铬混合标准溶液（10 μg/L），确定六价铬和三价铬的分离度符合要求（$R \geqslant 1.5$）后，将六价铬和三价铬标准系列溶液按质量浓度由低到高分别注入液相色谱-电感耦合等离子体质谱联用仪中进行测定，以标准系列溶液中目标化合物的质量浓度为横坐标，以色谱峰面积为纵坐标，制作标准曲线。以色谱保留时间与铬的质荷比定性，根据标准曲线计算样品中的六价铬和三价铬的质量浓度。

5. 精密度和准确度

6家实验室分别对纯水、生活饮用水、水源水进行浓度为2.0 μg/L～80.0 μg/L的低、中、高3个浓度水平的加标回收及精密度试验，三价铬的加标回收率为81.0%～112%，相对标准偏差小于5%；六价铬的回收率为80.2%～109%，相对标准偏差小于5%。

## （五）氯化乙基汞的液相色谱-原子荧光法

1. 方法原理

样品通过水相滤膜过滤后，经固相萃取富集、净化，液相色谱-原子荧光法测定，保留时间定性,外标法定量。

本方法仅用于生活饮用水中氯化甲基汞和氯化乙基汞的测定。

2. 样品处理

使用聚乙烯塑料瓶采集水样,采样前用待测水样将样品瓶清洗 2 次～3 次。1 L 水样加入 4 mL 盐酸,将水样充满样品瓶并加盖密封,0 ℃～4 ℃冷藏避光条件下可保存 7 d。

在进样前需要将水样过 0.45 $\mu$m 水相滤膜。固相萃取柱预先用 3 mL 甲醇和 3 mL 纯水活化。取过滤后的水样 200 mL,以约 5 mL/min 的速度通过固相萃取柱,抽干固相萃取柱,用 4.0 mL 洗脱液洗脱,收集洗脱液,用洗脱液定容至 4.0 mL。

3. 仪器参考条件

使用液相色谱-原子荧光联用仪进行定性和定量分析。

液相色谱仪用于分离目标分析物,其参考条件:色谱柱为 C$_{18}$柱(4.6 mm×250 mm,5 $\mu$m)或其他等效色谱柱,流动相为 5%甲醇水溶液含 60 mmol/L 乙酸铵和 10 mmol/L L-半胱氨酸,流量为 1.0 mL/min,进样体积为 100 $\mu$L,柱温为 25 ℃。

原子荧光仪参考条件:泵速为 65 r/min,紫外灯为开,负高压为 295 V,汞灯电流为 50 mA,载气流速为 400 mL/min,屏蔽气流速为 500 mL/min,载液为 7%盐酸溶液,还原剂为 5 g/L 硼氢化钾溶液+5 g/L 氢氧化钾溶液。

甲基汞和乙基汞标准物质色谱图(2.0 $\mu$g/L)如图 3-6-5 所示。

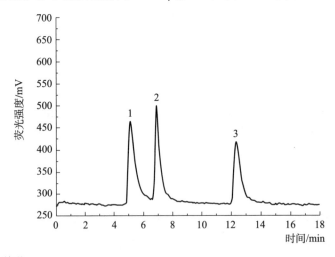

标引序号说明:

1——无机汞;

2——甲基汞;

3——乙基汞。

图 3-6-5　甲基汞和乙基汞标准物质色谱图(2.0 μg/L)

4. 结果处理

采用外标法进行定量分析。使用甲基汞和乙基汞标准储备溶液或直接使用有证标准物质溶液，采用逐级稀释的方式配制标准系列溶液，可配制质量浓度为 0 $\mu g/L$、0.50 $\mu g/L$、1.0 $\mu g/L$、2.0 $\mu g/L$、5.0 $\mu g/L$、10.0 $\mu g/L$ 的混合标准系列溶液，准确吸取混合标准系列溶液注入液相色谱-原子荧光联用仪进行测定，以峰面积为纵坐标，甲基汞或乙基汞质量浓度为横坐标，绘制标准曲线。

5. 精密度和准确度

6 家实验室测定添加甲基汞标准的水样（甲基汞质量浓度为 0.020 $\mu g/L$～0.20 $\mu g/L$），其相对标准偏差为 0.41%～5.1%，回收率为 85.2%～109%。测定添加乙基汞标准的水样（乙基汞质量浓度为 0.020 $\mu g/L$～0.20 $\mu g/L$），其相对标准偏差为 0.96%～4.9%，回收率为 81.7%～109%。

## （六）氯化乙基汞的液相色谱-电感耦合等离子体质谱法

1. 方法原理

水样中的甲基汞和乙基汞经二氯甲烷萃取后，使用半胱氨酸/乙酸铵溶液反萃取浓缩，再经 $C_{18}$ 色谱柱分离，通过雾化由载气送入电感耦合等离子体炬焰中，经过蒸发、解离、原子化、电离等过程，转化为带正电荷的离子，经离子采集系统进入质谱仪，以色谱保留时间与汞的质荷比定性，外标法定量。

本方法仅用于生活饮用水中氯化甲基汞和氯化乙基汞的测定。

2. 样品处理

使用聚乙烯塑料瓶采集水样，采样前用待测水样将样品瓶清洗 2 次～3 次。1 L 水样加入 4 mL 盐酸，将水样充满样品瓶并加盖密封，0 ℃～4 ℃冷藏避光条件下可保存7 d。

取均匀水样 500 mL，置于 1 L 分液漏斗中，加 5 g 氯化钠，分别依次使用 40 mL、30 mL、20 mL 二氯甲烷萃取，每次振荡 5 min，静置分层 10 min，收集下层萃取液至250 mL 锥形瓶中，向萃取液中加入无水硫酸钠至溶液澄清透明，将萃取液直接转移至250 mL 分液漏斗中，用二氯甲烷洗涤锥形瓶两次，将洗涤液转移至分液漏斗中，准确加入 4 mL 半胱氨酸/乙酸铵溶液反萃取，振荡 5 min，静置分层 10 min，取上层反萃取溶液，待测。

3. 仪器参考条件

使用液相色谱-电感耦合等离子体质谱联用仪进行定性和定量分析。

液相色谱仪用于分离目标分析物，其参考条件：色谱柱为 $C_{18}$ 柱（4.6 mm×150 mm，

5 μm) 或其他等效色谱柱，$C_{18}$ 预柱（4.6 mm×10 mm，5 μm）或其他等效色谱预柱；流动相为甲醇溶液（3＋97）＋乙酸铵（60 mmol/L）＋L-半胱氨酸溶液（1＋999）；流速为 1.0 mL/min；进样体积为 50 μL。

电感耦合等离子体质谱仪参考条件：射频功率为 1 200 W～1 550 W，采样深度为 8 mm，雾化室温度为 2 ℃，载气流量为 1.05 L/min，积分时间为 0.3 s，检测质量数为 202。

甲基汞和乙基汞标准溶液色谱图（10 μg/L）如图 3-6-6 所示。

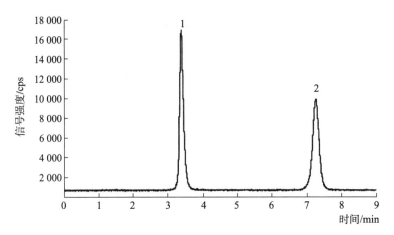

标引序号说明：

1——甲基汞；

2——乙基汞。

图 3-6-6　甲基汞和乙基汞标准溶液色谱图（10 μg/L）

4. 结果处理

采用外标法进行定量分析。使用甲基汞和乙基汞标准储备溶液或直接使用有证标准物质溶液，采用逐级稀释的方式配制标准系列溶液，可配制质量浓度为 0.0 μg/L、1.0 μg/L、5.0 μg/L、10.0 μg/L、20.0 μg/L、50.0 μg/L 的混合标准系列溶液。可根据样品中甲基汞和乙基汞的浓度适当调整混合标准系列溶液中甲基汞和乙基汞的浓度。设定仪器最佳条件，待基线稳定后，测定甲基汞和乙基汞混合标准溶液，确定甲基汞和乙基汞的分离度，待分离度达到要求后（$R \geqslant 1.5$），将甲基汞和乙基汞混合标准系列溶液按质量浓度由低到高分别注入液相色谱-电感耦合等离子体质谱联用仪中进行测定，以待测化合物的质量浓度为横坐标，以色谱峰面积为纵坐标，制作标准曲线。根据甲基汞、乙基汞的保留时间进行定性分析，根据标准曲线计算样品中甲基汞、乙基汞的质量浓度。再通过换算系数得出样品中氯化甲基汞、氯化乙基汞的质量浓度。

5. 精密度和准确度

6 家实验室对生活饮用水在 0.05 μg/L～0.20 μg/L 质量浓度范围内进行低、中、高浓度加标回收及精密度试验，甲基汞的加标回收率为 80.0%～110%，相对标准偏差小于 5.0%；乙基汞的回收率为 80.4%～111%，相对标准偏差小于 6.0%。

### （七）氯化乙基汞的吹扫捕集气相色谱-冷原子荧光法

1. 方法原理

样品中的甲基汞和乙基汞经四丙基硼化钠衍生，生成挥发性的甲基丙基汞和乙基丙基汞，经吹扫捕集、热脱附和气相色谱分离后，再高温裂解为汞蒸气，用冷原子荧光光谱法检测。以色谱保留时间定性，外标法定量。

2. 样品处理

使用聚乙烯塑料瓶采集水样，采样前用待测水样将样品瓶清洗 2 次～3 次。1 L 水样加入 4 mL 盐酸，将水样充满样品瓶并加盖密封，0 ℃～4 ℃冷藏避光条件下可保存 7 d。

在棕色玻璃样品瓶中加入 25 mL 或者 40 mL（依据原位或异位进样方式而定）的水样，依次加入 500 μL 乙酸-乙酸钠缓冲溶液和 50 μL 四丙基硼化钠溶液（10 g/L），迅速盖紧盖子摇匀并静置 30 min。

3. 仪器参考条件

使用吹扫捕集气相色谱-冷原子荧光光谱仪进行定性和定量分析。

吹扫捕集可以使用原位或者异位吹扫捕集装置，其参考条件：载气为氮气或氩气，吹扫捕集时间为 10 min（流速为 150 mL/min），热脱附温度为 130 ℃～200 ℃，热脱附时间为 12 s（流速为 30 mL/min～340 mL/min），捕集管干燥时间为 2 min～5 min（流速为 150 mL/min～270 mL/min）。

气相色谱仪用于分离目标分析物，其参考条件：色谱柱为填充色谱柱，填料固定液为苯基（10%）甲基聚硅氧烷，柱长为 340 mm，内径为 1.59 mm，或其他等效色谱柱；气相色谱柱温度为 40 ℃；载气为氩气，流速为 30 mL/min～40 mL/min；裂解温度为 700 ℃～800 ℃。

原子荧光仪参考条件：光电倍增管（PMT）负高压为 650 V，载气流速为 30 mL/min～60 mL/min，按不同型号仪器设定最佳仪器条件。

甲基汞和乙基汞衍生物的气相色谱图（5 ng/L）如图 3-6-7 所示。

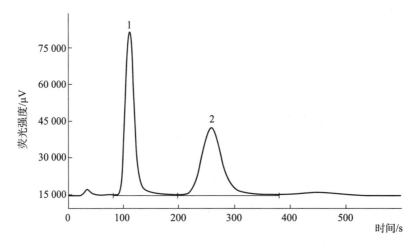

标引序号说明：

1——甲基汞衍生物；

2——乙基汞衍生物。

**图 3-6-7　甲基汞和乙基汞衍生物的气相色谱图（5 ng/L）**

4. 结果处理

采用外标法进行定量分析。设定仪器最佳条件，取 25 mL（采用原位时）或者 40 mL（采用异位时）的纯水于棕色样品瓶中，分别准确吸取一定量的甲基汞和乙基汞混合标准溶液（10.0 μg/L）、甲基汞和乙基汞混合标准使用液（1.0 μg/L）于样品瓶中，稀释成质量浓度为 0.0 ng/L、0.5 ng/L、1.0 ng/L、2.0 ng/L、5.0 ng/L、10.0 ng/L 的甲基汞和乙基汞混合标准系列溶液。由低含量到高含量依次对标准系列溶液进行测定。以标准系列溶液中目标化合物的质量浓度为横坐标，以其对应的色谱峰面积为纵坐标，绘制甲基汞和乙基汞的校准曲线。根据甲基汞衍生物、乙基汞衍生物的保留时间进行定性分析，根据标准曲线计算样品中甲基汞、乙基汞的质量浓度，再通过换算系数得出样品中氯化甲基汞、氯化乙基汞的质量浓度。

5. 精密度和准确度

6 家实验室对纯水、生活饮用水和水源水在 0.5 ng/L～10.0 ng/L 质量浓度范围内进行低、中、高浓度加标回收及精密度试验，甲基汞的加标回收率为 75.0%～124.0%，相对标准偏差小于 6.0%；乙基汞的加标回收率为 70.5%～111.3%，相对标准偏差小于 6.0%。

## （八）石棉的扫描电镜-能谱法

1. 方法原理

水样经滤膜过滤后，石棉纤维沉积于滤膜表面，将滤膜按区域剪裁、干燥，表面喷镀导电层后于扫描电镜下放大观察，对长度大于 10 μm 且长宽比大于或等于 3 的纤维状颗粒物使用能谱仪分析其元素组成，与石棉参考物质的形貌及能谱图对比判断是否为石棉，若是石棉则计数。

2. 样品处理

使用玻璃或聚乙烯采样瓶采集水样，采样瓶预先超声清洗 15 min，用纯水洗涤两次，采样体积大于或等于 100 mL，平行采集两份水样。水样采集后应立即密封，于 0 ℃～4 ℃条件下冷藏保存，不应冷冻，尽量在 48 h 内测定，若保存时间超过 48 h，应对样品进行预处理。

当水样保存时间超过 48 h 或者水样中有机颗粒物含量高时，则分析前可进行紫外-过硫酸钾消解。处理方法为：将采集的水样转移至烧杯中，加入过硫酸钾固体混匀，使水样中过硫酸钾的质量浓度为 1 g/L，插入防水紫外灯，将紫外灯管置于溶液中，尽量插到容器底部，打开紫外灯消解 3 h，消解时每隔 0.5 h 充分搅拌水样一次。

若水样中无机颗粒物包埋了滤膜上的石棉，在保证检出限的情况下可稀释水样，纤维状颗粒物浓度过高的水样也应稀释，稀释应保证 1 mL 水样取样量。取样前将水样剧烈振摇后超声波分散 15 min，再次剧烈振摇混匀后，立即在采集容器液面与底部的中间位置吸取一定体积的水样，用纯水稀释，定容体积大于或等于 50 mL。

将滤膜贴合于溶剂过滤器的砂芯漏斗上，在循环水真空泵的负压下过滤大于或等于 50 mL 的待测水样或稀释后水样，样品中石棉被滤膜截留。过滤前滤膜置于砂芯漏斗上，用纯水浸润，保证贴合处无气泡。然后将截留石棉的滤膜用剪刀或手术刀片在中心和四个象限非边缘处剪裁出 5 片面积大于或等于 25 mm² 的小片滤膜，推荐的剪裁区域示意图如图 3-6-8 所示。剪裁过程中滤膜正面朝上。剪裁后滤膜应进行固定，保存在带盖培养皿中。

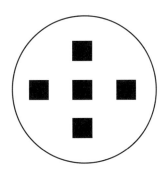

注：黑色为剪裁区域。

**图 3-6-8 推荐的剪裁区域示意图**

剪裁得到的小片滤膜转移至含有变色硅胶的干燥器中干燥 24 h，转移过程中滤膜正面向上。将干燥后的小片滤膜用导电双面胶带固定于载样台上，放入镀膜仪中喷镀导电层。

分别取 6 种石棉悬浊使用溶液各 50 mL，按照上述步骤制得滤膜并分别剪裁、喷镀导电层，制备成石棉定性参考滤膜。

3. 仪器参考条件及分析步骤

使用配有能谱仪的扫描电镜进行定性和定量分析。

样品分析前扫描电镜用栅格标准样板进行标尺校准。分析时电镜的加速电压大于或等于 2 kV。小片滤膜转移至扫描电镜中放大观察，推荐初始放大倍数为 2 000 倍，测量石棉宽度和能谱分析时，一般使用更高的放大倍数，宽度测量或能谱分析结束后恢复到初始放大倍数。样品中宽度小于 0.2 μm 的纤维占主导地位，使用场发射扫描电镜或透射电镜分析。调节能谱仪参数，使其能够在 100 s 内从 0.2 μm 宽的温石棉中得到具有统计学意义的能谱图。其中，镁峰和硅峰特征峰峰高最大值 $P$ 和背景值 $B$ 满足：$P > 3\sqrt{B}$ 且 $(P+B)/B > 2$。宽度小于 0.2 μm 的温石棉能谱信号可能较低。

然后进行观测，每小片滤膜至少观测 10 个随机视场，所选视场不重叠，总观测视场数量不少于 50 个。电镜观察时选择符合形貌特征的纤维状颗粒物进行标记和测量。纤维状颗粒物包括纤维、纤维束、带基体纤维、纤维簇。

纤维状颗粒物的标记和测量规则：①纤维指单纯的纤维状物质，如果纤维满足长度大于 10 μm 且长宽比大于或等于 3，则进行标记。②纤维束指近似平行且粘连的一股或多股纤维；沿着纤维方向，束中最长的一根纤维计为该纤维束的长，宽为纤维束本身的宽度，如果该纤维束在宽度方向呈现一定梯度或者不均匀，则估算出平均宽度；如果纤维束满足长度大于 10 μm 且长宽比大于或等于 3，则进行标记。③带基体纤维指纤维的尾部或中部被团块状基体包裹；如果纤维中部被团块状基体包裹，则长度计算方式为纤维两端包括中间基体部分的长度；如果纤维尾部被团块状基体包裹，且基体外的纤维长度小于纤维插入位置的基体本身的直径，则长度计算方式为基体外纤维的长度乘以 2；如果纤维尾部被团块状基体包裹，且基体外的纤维长度大于纤维插入位置的基体本身的直径，则长度计算方式为基体外纤维长度加上纤维插入位置的基体的直径；宽为纤维本身的宽度，与基体直径无关；按照以上计算方式，如果带基体纤维满足长度大于 10 μm 且长宽比大于或等于 3，则进行标记。④纤维簇指多股纤维不规则纠缠形成的纤维团，可有团块状基体包裹；如果纤维簇中可分离出单独可测量的纤维、纤维束、带基体纤维满足长度大于 10 μm 且长宽比大于或等于 3，则进行标记。⑤跨视场纤维指纤维的一端或者两端不在视场内，但是纤维的另一端或者中间部分在视场内；

测量位于视场上方和左侧的一端在视场内的跨视场纤维，长度计算方式为视场内纤维的长度部分乘以 2，宽为视场内纤维的宽度；若纤维满足长度大于 10 μm 且长宽比大于或等于 3，则进行标记；位于下方和右侧的跨视场纤维不测量、不标记。跨视场纤维的标记和测量规则同样适用于跨视场纤维束、带基体纤维、纤维簇。在测量长度接近 10 μm 的纤维状颗粒物长度时，根据纤维状颗粒物长度的走向分段测量，最后加和得到长度。图 3-6-9 和图 3-6-10 为标记规则示意图。

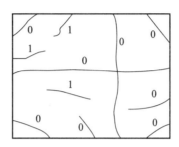

注：0 代表不标记，1 代表标记。

**图 3-6-9 单个视场内纤维状颗粒物标记规则**

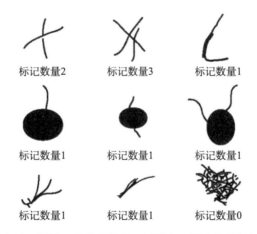

**图 3-6-10 纤维、带基体纤维、纤维束、纤维簇的标记规则**

接下来对纤维状颗粒物进行定性分析，对符合石棉形貌的纤维状颗粒物使用能谱仪检测其元素组成，与石棉定性参考滤膜上石棉的元素组成对比，判断是否为石棉并确定石棉的种类。获取能谱图时尽量选取周围无干扰物质的纤维状颗粒物获取能谱图。因样品来源、样品制备方法及所使用仪器条件的不同，石棉的形貌及能谱图可能存在差异。

石棉能谱图满足条件为：

① 温石棉：硅峰、镁峰清晰，满足 $(P+B)/B>2$。铁峰、锰峰、铝峰很小，$P/B<1$。

② 青石棉：钠峰、硅峰、铁峰清晰，满足（$P+B$）/$B$>2。镁峰很小，$P/B$<1。

③ 铁石棉：硅峰、铁峰清晰，满足（$P+B$）/$B$>2。钠峰、镁峰、锰峰很小，$P/B$<1。

④ 直闪石石棉：镁峰、硅峰清晰，满足（$P+B$）/$B$>2。钙峰、铁峰很小，$P/B$<1。

⑤ 透闪石石棉：镁峰、硅峰、钙峰清晰，满足（$P+B$）/$B$>2。

⑥ 阳起石石棉：钙峰、硅峰、镁峰或铁峰清晰，满足（$P+B$）/$B$>2。

根据附着微粒或邻近微粒，可能看见钙峰或氯峰；直闪石石棉或云母产生的镁、硅元素能谱图有可能与温石棉类似，但是温石棉的镁/硅原子数量比较高，为1.3∶1～1.7∶1；判断疑似石棉的纤维状颗粒物应根据样本来源分析，以降低结果的不确定性。

另外，单个视场中石棉数量过高不利于观察，以不大于10个为佳，否则样品可能需要进行稀释。单个视场中八分之一面积以上出现颗粒物聚集，则该视场为无效视场，视场总数中10%以上为无效视场，则该滤膜为无效滤膜，水样重新制备滤膜。

在规定的视场数量内累计计数到100个符合条件的石棉时停止计数。石棉计数未达到100个，数满规定数量的视场。至少数满4个视场，即使在之前的视场中已经计数了100个符合条件的石棉，这4个视场的位置近似均匀分布在滤膜上。

每批样品按照如上步骤用纯水测定一个试验空白。

4. 结果处理

按公式（3-6-1）计算石棉计数浓度。

$$c = \frac{n \times \pi \times d^2 \times k}{4 \times V \times N \times A} \times 10^{-4} \tag{3-6-1}$$

式中：

$c$——石棉计数浓度，单位为万个每升（万个/L）；

$n$——$N$个有效视场石棉计数总数，单位为个；

$d$——滤膜有效直径，单位为毫米（mm）；

$k$——水样稀释倍数；

$V$——过滤体积，单位为升（L）；

$N$——有效视场数量；

$A$——单个视场面积，单位为平方毫米（mm²）。

同时，应根据泊松分布给出95%置信区间，泊松分布见公式（3-6-2）。

$$P(X=n) = \frac{\lambda^n \times e^{-\lambda}}{n!} \tag{3-6-2}$$

式中：

$P$——概率；

$X$——随机变量；

$n$——$N$ 个有效视场石棉计数总数；

$\lambda$——$N$ 个有效视场所检测到的石棉个数 $n$ 的期望值；

e——自然对数函数的底数。

最低检测计数浓度的计算见公式（3-6-3）。

$$LOD = \frac{2.99 \times \pi \times d^2 \times k}{4 \times V \times N' \times A} \times 10^{-4} \tag{3-6-3}$$

式中：

LOD——最低检测计数浓度，单位为万个每升（万个/L）；

2.99——泊松分布 95% 置信度条件下，计数为 0 时，单边置信区间上限是 2.99；

$d$——滤膜有效直径，单位为毫米（mm）；

$k$——水样稀释倍数；

$V$——过滤体积，单位为升（L）；

$N'$——视场数量；

$A$——单个视场面积，单位为平方毫米（mm$^2$）。

在结果报告中记录：计数的石棉形貌和能谱信息，石棉计数总数及对应的泊松分布 95% 置信区间，石棉计数浓度，最低检测计数浓度等。结果报告中可包括温石棉和角闪石石棉计数值及对应的泊松分布 95% 置信区间，角闪石石棉计数为铁石棉、青石棉、直闪石石棉、透闪石石棉、阳起石石棉计数之和。

5. 精密度

6 家实验室测定含有 0.002 8 mg/L 温石棉合成水样，计数浓度均值为 11.02 万个/L，实验室间相对标准偏差为 39%；测定含有 0.028 mg/L 温石棉合成水样，计数浓度均值为 111.03 万个/L，实验室间相对标准偏差为 19%；测定含有 0.14 mg/L 温石棉合成水样，计数浓度均值为 611.54 万个/L，实验室间相对标准偏差为 10%。

### （九）石棉的相差显微镜-红外光谱法

1. 方法原理

将水样分别经纯银滤膜和混合纤维素酯滤膜过滤，目标物截留于滤膜表面，将滤膜干燥、裁剪后，使用显微红外光谱仪对纯银滤膜进行检测，当红外光照射到石棉上时，每种石棉会有其特征吸收光谱，将目标物的红外光谱与标准谱图对比定性判断水样中是否含有石棉。如含有石棉，则将过滤该水样的混合纤维素酯滤膜透明化处理并固定后，于相差显微镜下观察并计数长度大于 10 μm 且长宽比大于或等于 3 的石棉。

2. 样品处理

使用具盖玻璃瓶或聚乙烯采样瓶采集水样，采样瓶预先超声清洗 15 min，然后用纯水清洗干净。采样前润洗采样瓶，采样体积不小于 100 mL，每一采样点平行采集两份水样。水样采集后立即密封，于 0 ℃～4 ℃条件下冷藏保存，不应冷冻，尽量在48 h 内完成测定。若保存时间超过 48 h，应对样品进行预处理。

当水样保存时间超过 48 h，分析前可进行紫外-过硫酸钾消解。处理方法为：将采集的水样转移至烧杯或量筒中，加入过硫酸钾固体混匀，使水样中过硫酸钾的质量浓度为1 g/L，插入防水紫外灯置于溶液中间位置，尽量插到容器底部，打开紫外灯消解3 h，消解时每隔 0.5 h 充分搅拌水样一次。

若原水样中无机颗粒物或纤维状颗粒物浓度过高，可进行稀释。原水样浑浊度大于3 NTU 或总有机碳大于 10 mg/L，也可进行稀释。稀释时原水样取样量不少于 1 mL，定容体积不小于 50 mL。取样前充分摇晃样品瓶，在超声波清洗器中超声 15 min，摇匀后立即在采集容器液面与底部的中间位置吸取一定体积的原水样，用纯水稀释。

对水样进行过滤，将过滤器支撑面完全润湿，上面放 0.8 μm 孔径的纯银滤膜，确保滤膜完全湿润、无气泡，固定密封过滤器。充分摇晃样品瓶，在超声波清洗器中超声 15 min，摇匀。用量筒取 50 mL 待测水样或稀释后水样，倒入过滤器漏斗进行过滤，再用纯水冲洗量筒和过滤器漏斗并过滤。过滤完成后，用镊子小心取下滤膜，置于干净的培养皿中，轻盖培养皿盖，放入干燥器中干燥 24 h，整个过程始终保持截留面向上。在过滤器支撑面上放 0.8 μm 孔径的混合纤维素酯滤膜，重复进行上述过滤步骤。

用手术刀片或剪刀将干燥的滤膜沿两条垂直的直径四等分，剪下其中 1/4 小块，置于带盖培养皿中备用，裁剪过程中始终保持滤膜截留面向上，滤膜剪裁示意图如图 3-6-11 所示。分别取石棉标准使用溶液各 50 mL，按照水样过滤方法获得定性参考滤膜。

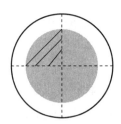

图 3-6-11　滤膜剪裁示意图

3. 仪器参考条件及分析步骤

使用配有衰减全反射（ATR）附件的显微红外光谱仪和带目镜测微尺以及 10 倍、

40 倍相差物镜的相差显微镜进行定性和定量分析。

用显微红外光谱仪进行定性分析。在样品分析前进行显微红外光谱仪的调节，加入液氮使检测器冷却，稳定 15 min，将裁剪后的纯银滤膜固定在载物板上。采用 ATR 采集模式，将碲镉汞（MCT/A）检测器调节为合适亮度，找到并聚焦样品至图像清晰，根据目标物大小调节光圈尺寸，将 ATR 物镜置于测试位，设置扫描次数 64、分辨率 8 cm$^{-1}$、调节压力适中，采集红外光谱，光圈尺寸、扫描次数、分辨率、压力等参数可根据实际样品和光谱信号情况调整。

观测视场的选择遵循随机原则，移动视场按行列顺序，随机停留，视场不能重叠，以避免重复。随机选取 20 个视场，如检测到石棉时即可停止；如未检测到石棉，则检测到 100 个视场为止。

将定性参考滤膜置于显微红外光谱仪检测，分别获得温石棉、青石棉、铁石棉、直闪石石棉、阳起石石棉、透闪石石棉的红外谱图及主要的特征吸收频率，各谱图均在 3 300 cm$^{-1}$～2 700 cm$^{-1}$ 无特征峰，在 3 600 cm$^{-1}$～3 500 cm$^{-1}$、1 100 cm$^{-1}$～900 cm$^{-1}$ 出现特征峰。因样品来源、样品制备方法及所使用仪器条件的不同，红外光谱的峰形及出峰位置可能呈现微小的差异。

样品分析时首先将干净的纯银滤膜置于显微红外光谱仪采集滤膜背景。将干燥后的样品滤膜置于显微红外光谱仪，采集滤膜上目标物的红外谱图，将得到的红外谱图扣除滤膜背景，获得样品的红外谱图，与参考谱图比对，判断是否为石棉。

6 种石棉具有相似的红外特征光谱，分析时不鉴别石棉的种类。定性时尽量选取周围无干扰物质的纤维状颗粒物获取谱图，不限定纤维长度，如样品中有长度小于 10 $\mu$m 的纤维判断为石棉，该样品也在显微镜下计数。判断疑似石棉的纤维状颗粒物可根据样本来源分析，以降低结果的不确定性。

接下来用相差显微镜进行定量分析，小心取出裁剪后的混合纤维素酯滤膜，截留面向上放在清洁的载玻片上。打开丙酮蒸气发生装置的活塞，将载有滤膜的载玻片置于丙酮蒸气之下，由远至近移动到丙酮蒸气出口 15 mm～25 mm 处，熏制 3 s～5 s，慢慢移动载玻片，使滤膜全部透明为止。用注射器立即向透明后的滤膜滴 2 滴～3 滴三乙酸甘油酯，小心地盖上盖玻片，避免产生气泡。如透明效果不理想，可将盖上盖玻片的滤膜放入 50 ℃ 左右的烘箱中加热 15 min，以加速滤膜的清晰过程。处理完毕后，先关闭丙酮蒸气发生装置的电源，再关闭活塞，次序不可颠倒。

丙酮蒸气过少无法使滤膜透明，过多可能破坏滤膜，注意不要将丙酮液滴到滤膜上，可不时地用吸水纸擦拭丙酮蒸气出口加以防止。滤膜的处理在清洁的实验室中进行，在制备样品过程中避免纤维性粉尘的污染。

按照说明书进行相差显微镜的调节，对目镜测微尺进行校准，算出计数视场的面积（mm²）及各标志的实际尺寸（μm）。将样品固定在载物台上，先在低倍镜下，粗调焦找到滤膜边缘，对准焦点，然后切换高倍镜，细调焦直至物像清晰后观察形貌并计数，用目镜测微尺测量纤维长度。样品中宽度小于 0.2 μm 的石棉纤维占主导地位时，使用电子显微镜分析。

视场的选择遵循随机原则，移动视场按行列顺序，随机停留，视场不能重叠，以避免重复计数测定。单个视场中八分之一面积以上出现颗粒物聚集或气泡为无效视场；视场总数中 10% 以上为无效视场，则该滤膜为无效滤膜，可重新制备；滤膜上纤维分布数量以每个视场中不多于 10 个为合适，否则数量过高不利于观察，水样需进行稀释。

计数规则如下：①随机选取 20 个视场，当计数纤维数已达到 100 个时，即可停止计数，如此时计数纤维数未达到 100 个时，则计数到 100 个纤维为止，并记录相应视场数。如在 100 个视场内计数纤维数不足 100 个，则计数测定到 100 个视场为止。②一个纤维完全在计数视场内时计为 1 个；只有一端在计数视场内者计为 0.5 个；纤维在计数区内而两端均在计数区之外计为 0 个，但将计数视场数统计在内；弯曲纤维两端均在计数区而纤维中段在外者计为 1 个。交叉纤维或成组纤维，如能分辨出单个纤维者按单个计数原则计数；如不能分辨者则按一束计为 1 个。不同形状和类型纤维计数规则如图 3-6-12 所示，纤维计数规则的解释见表 3-6-1。

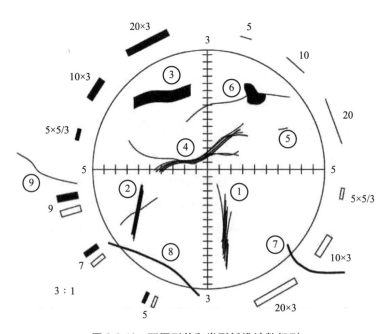

图 3-6-12　不同形状和类型纤维计数规则

表 3-6-1　纤维计数规则的解释

| 编号 | 计数 | 描述 |
|---|---|---|
| ① | 1 | 如果多个纤维属于同一束，则计为一个 |
| ② | 2 | 如果纤维不属于同一束，则按纤维束分别计数 |
| ③ | 1 | 对纤维宽度没有上限要求（宽度按计数对象最宽的部分） |
| ④ | 1 | 细长纤维伸出纤维束主体，但仍可认为是一束的，计为一个 |
| ⑤ | 0 | 纤维长度小于 10 $\mu$m，不计数 |
| ⑥ | 1 | 纤维被颗粒部分遮挡，计为一个；如果两段纤维看上去不属于同一个，则分别计数 |
| ⑦ | 0.5 | 纤维只有一端在计数视场内，计为 0.5 个 |
| ⑧ | 0 | 纤维两端超出视场边界，不计数 |
| ⑨ | 0 | 纤维在视场外，不计数 |

质量控制措施为：每批样品测定一个实验室空白样品。整个过程的质量控制每 3 个月做一次。其中显微镜计数阶段，要求对同一滤膜切片计数测定 10 次以上，计算各次计数的均值和标准偏差，计算相对标准偏差。当石棉计数总数达 100 个时，相对标准偏差在 ±20% 之内，当石棉计数总数为 10 个时，相对标准偏差在 ±40% 之内。

4. 结果处理

在结果报告中记录：计数的石棉尺寸信息，石棉计数总数及对应的泊松分布 95% 置信区间，石棉计数浓度，最低检测计数浓度等。

5. 精密度

6 家实验室分别用本方法测定含有 2 $\mu$g/L 石棉溶液的实际水样，计数结果平均值为 11.8 万个/L～25.0 万个/L，实验室内相对标准偏差为 22%～30%，实验室间相对标准偏差为 24%；测定含有 10 $\mu$g/L 石棉溶液的实际水样，计数结果平均值为 34.7 万个/L～54.8 万个/L，实验室内相对标准偏差为 9.0%～19%，实验室间相对标准偏差为 14%。6 家实验室分别用本方法测定含有 50 $\mu$g/L 石棉溶液的实际水样，计数结果平均值为 200.1 万个/L～294.8 万个/L，实验室内相对标准偏差为 8.0%～17%，实验室间相对标准偏差为 14%。如石棉浓度大于 400 万个/L（单个视场中纤维分布数量不少于 10 个），水样需进行稀释后测定。

## 二、修订方法

GB/T 5750.6—2023 对铝的电感耦合等离子体质谱法内容进行了修订，主要修订内容如下：

（1）更改了部分元素的最低检测质量浓度：银，0.09 μg/L；铝，1.2 μg/L；硼，1.0 μg/L；铬，0.1 μg/L；锂，0.6 μg/L；镁，0.9 μg/L；钠，20.0 μg/L；镍，0.1 μg/L；硒，0.1 μg/L；锌，0.9 μg/L。

（2）更改了方法原理：样品溶液经过雾化由载气送入电感耦合等离子体炬焰中，经过蒸发、解离、原子化、电离等过程，转化为带正电荷的离子，经过离子采集系统进入质谱仪，质谱仪根据质荷比进行分离。对于一定的质荷比，质谱的信号强度与进入质谱仪中的离子数成正比，即在一定的浓度范围内，样品中待测元素浓度与各元素产生的质谱信号强度成正比。通过测量质谱的信号强度来测定样品溶液中各元素的浓度。

（3）更改了质谱调谐液的要求：宜选用锂（$^7$Li）、钇（Y）、铈（Ce）、铊（Tl）、钴（Co）为质谱调谐液，混合溶液$^7$Li、Y、Ce、Tl、Co 的质量浓度为 1 μg/L，或根据不同厂家的仪器采用适宜的调谐液及浓度。

（4）更改了仪器参考条件：射频功率为 1 200 W～1 550 W，载气流量为 1.10 L/min，采样深度为 7 mm，碰撞气（He）流量为 4.8 mL/min，采样锥和截取锥类型为镍锥。

（5）增加了试验数据处理计算公式：水样中待测元素的质量浓度按公式（3-6-4）计算。

$$\rho_x = \rho \times f \qquad (3\text{-}6\text{-}4)$$

式中：

$\rho_x$——水样中待测元素的质量浓度，单位为微克每升或毫克每升（μg/L 或 mg/L）；

$\rho$——由标准曲线上查得的待测元素的质量浓度，单位为微克每升或毫克每升（μg/L 或 mg/L）；

$f$——水样稀释倍数。

## 三、删除方法

GB/T 5750.6—2023 中删除了 13 个检验方法：铜的萃取法、共沉淀法和巯基棉富集法；锌的锌试剂-环己酮分光光度法和催化示波极谱法；砷的砷斑法；硒的催化示波极谱法和二氨基联苯胺分光光度法；镉的双硫腙分光光度法；铅的双硫腙分光光度法和催化示波极谱法；钛的催化示波极谱法；铍的铝试剂（金精三羧酸铵）分光光度法。这些方法有的操作烦琐已被淘汰，有的使用有毒有害试剂，有的不满足标准限值要求且目前均有其他方法代替。因此，也在本次修订中予以删除。

# 第七节　有机物综合指标（GB/T 5750.7—2023）

GB/T 5750.7—2023《生活饮用水标准检验方法　第7部分：有机物综合指标》描述了生活饮用水中高锰酸盐指数（以 $O_2$ 计）、石油、总有机碳的测定方法和水源水中高锰酸盐指数（以 $O_2$ 计）、生化需氧量（$BOD_5$）、石油、总有机碳的测定方法。具体修订内容如下。

## 一、新增方法

GB/T 5750.7—2023 中增加了 3 个检验方法：高锰酸盐指数（以 $O_2$ 计）的分光光度法和电位滴定法、总有机碳的膜电导率测定法。

### （一）高锰酸盐指数（以 $O_2$ 计）的分光光度法

1. 方法原理

高锰酸钾在酸性环境中将水样中的还原性物质氧化，剩余的高锰酸钾则被硫酸亚铁铵还原，而过量的硫酸亚铁铵与指示剂邻菲罗啉生成稳定的橙色络合物，颜色的深浅程度与硫酸亚铁铵的剩余量成正比，测试波长为 510 nm，高锰酸盐指数（以 $O_2$ 计）的质量浓度与吸光度成正比。

2. 样品处理

使用洁净的玻璃瓶采集水样，并尽快进行水样检测。若不能及时检测，可在每升水样中加 0.8 mL 硫酸（$\rho_{20}=1.84$ g/mL），于 0 ℃~4 ℃ 条件下冷藏避光保存，24 h 内测定。

3. 仪器参考条件

在分光光度计中选择测量程序，设定波长为 510 nm，以纯水的消解管为参比，测量标准系列使用溶液消解管的吸光度值。

4. 结果处理

如水样用纯水稀释，以纯水的消解管为参比，读取吸光度值；若水样未经过稀释，直接用纯水作为参比，读取吸光度值。以吸光度为纵坐标，高锰酸盐指数（以 $O_2$ 计）质量浓度为横坐标，绘制标准曲线，从曲线上查出样品中高锰酸盐指数（以 $O_2$ 计）的质量浓度。样品质量浓度大于 5.0 mg/L 时需用纯水稀释，如水样用纯水稀释，则另取

2.0 mL 纯水作为空白样，同上述样品的消解、测定步骤一致。

5. 精密度和准确度

6 家实验室分别对水源水和生活饮用水进行低、中、高 3 个浓度的 6 次加标回收试验，计算不同浓度水样中高锰酸盐指数（以 $O_2$ 计）的相对标准偏差和加标回收率。其中水源水相对标准偏差为 0.17%～2.9%，加标回收率为 90.5%～110%；生活饮用水相对标准偏差为 0.42%～2.7%，加标回收率为 92.0%～110%。在用水质高锰酸盐指数标准物质（标准值分别为 2.13 mg/L、2.79 mg/L 和 2.98 mg/L）进行测定时，6 家实验室测定值均在标称值范围内，与标准值的相对误差均小于 5%。

## （二）高锰酸盐指数（以 $O_2$ 计）的电位滴定法

### 1. 方法原理

高锰酸钾在酸性溶液中将还原性物质氧化，过量的高锰酸钾用草酸钠还原。根据高锰酸钾消耗量表示高锰酸盐指数（以 $O_2$ 计），通过滴定过程中电位滴定仪自动记录高锰酸钾体积变化曲线和一阶微分曲线，测量氧化还原反应所引起的电位突变确定滴定终点。

### 2. 结果处理

样品测定前，需先对高锰酸钾标准使用溶液进行校正，计算校正系数 $K$。向滴定至终点的水样中，迅速加入 10.00 mL 草酸钠标准使用溶液。立即用高锰酸钾标准使用溶液滴定至微红色，记录用量 $V_2$(mL)。当高锰酸钾标准使用溶液浓度为准确的 0.010 0 mol/L 时，滴定时用量应为 10.00 mL，否则可求校正系数（$K$）。

高锰酸盐指数（以 $O_2$ 计）的质量浓度计算见公式（3-7-1）。

$$\rho=\frac{[(10+V_1)\times K-10]\times c\times 8\times 1\,000}{V}$$ (3-7-1)

公式（3-7-1）中的 $K$ 可用公式（3-7-2）计算。

$$K=\frac{10}{V_2}$$ (3-7-2)

如水样用纯水稀释，则采用公式（3-7-3）计算水样中高锰酸盐指数（以 $O_2$ 计）的质量浓度。

$$\rho=\frac{\{[(10+V_1)\times K-10]-[(10+V_0)\times K-10]\times R\}\times c\times 8\times 1\,000}{V}$$ (3-7-3)

式中：

$\rho$——高锰酸盐指数（以 $O_2$ 计）的质量浓度，单位为毫克每升（mg/L）；

$V_1$——滴定样品消耗的高锰酸钾标准使用溶液的体积，单位为毫升（mL）；

$K$——高锰酸钾标准使用溶液的校正系数；

$c$——草酸钠标准使用溶液的浓度 $\left[c\left(\dfrac{1}{2}Na_2C_2O_4\right)\right]$，单位为摩尔每升（mol/L）；

$V$——水样体积，单位为毫升（mL）；

$V_2$——校正系数为 $K$ 时，所消耗的高锰酸钾标准使用溶液的体积，单位为毫升（mL）；

$V_0$——空白试验消耗的高锰酸钾标准使用溶液的体积，单位为毫升（mL）；

$R$——稀释水样时，纯水在 100 mL 体积内所占的比例值（例如，25 mL 水样用纯水稀释至 100 mL，则 $R=\dfrac{100-25}{100}=0.75$）；

8——与 1.00 mL 高锰酸钾标准使用溶液 $\left[c\left(\dfrac{1}{5}KMnO_4\right)=1.000\ mol/L\right]$ 相当的以毫克（mg）表示氧的质量；

1 000——氧分子摩尔质量克（g）转换为毫克（mg）的变换系数。

如因使用全自动滴定仪，自动取样量最大为 50 mL 时，所需标准与试剂（硫酸、高锰酸钾、草酸钠）也应作减半处理，则采用公式（3-7-4）计算水样中高锰酸盐指数（以 $O_2$ 计）的质量浓度。

$$\rho=\frac{[(5+V_1)\times K-5]\times c\times 8\times 1\ 000}{V} \tag{3-7-4}$$

式中：

$\rho$——高锰酸盐指数（以 $O_2$ 计）的质量浓度，单位为毫克每升（mg/L）；

$V_1$——滴定样品消耗的高锰酸钾标准使用溶液的体积，单位为毫升（mL）；

$K$——高锰酸钾标准使用溶液的校正系数；

$c$——草酸钠标准使用溶液的浓度 $\left[c\left(\dfrac{1}{2}Na_2C_2O_4\right)\right]$，单位为摩尔每升（mol/L）；

$V$——水样体积，单位为毫升（mL）；

8——与 1.00 mL 高锰酸钾标准使用溶液 $\left[c\left(\dfrac{1}{5}KMnO_4\right)=1.000\ mol/L\right]$ 相当的以毫克（mg）表示氧的质量；

1 000——氧分子摩尔质量克（g）转换为毫克（mg）的变换系数。

3. 精密度和准确度

6 家实验室分别对水源水和生活饮用水进行低、中、高 3 个浓度的 6 次加标回收试验，计算不同浓度水样中高锰酸盐指数（以 $O_2$ 计）的相对标准偏差和加标回收率。水源水相对标准偏差为 0.37%～3.6%，加标回收率为 90.2%～117%；生活饮用水相对标准偏差为 0.27%～4.8%，加标回收率为 89.9%～113%。

### （三）总有机碳的膜电导率测定法

#### 1. 方法原理

向水样中加入适当的氧化剂，或使用紫外催化等方法，使水中有机碳转化为 $CO_2$。无机碳经酸化和脱气被除去，或单独测定。生成的 $CO_2$ 使用选择性薄膜电导检测技术进行测定。

#### 2. 样品处理

水样经振荡均匀后再进行测定，如水样振荡后仍不能得到均匀的样品，应使之超声均化。如测定可溶解性有机碳，可用热的纯水淋洗 $0.45~\mu m$ 滤膜至不再出现有机物，水样再通过滤膜。

#### 3. 仪器参考条件

按照说明书将具备膜电导测定模块的有机碳测定仪调试至工作状态。

#### 4. 结果处理

吸取 0 mL、0.20 mL、0.50 mL、1.00 mL、3.00 mL、5.00 mL、7.00 mL、10.00 mL邻苯二甲酸氢钾标准使用溶液分别移入 100 mL 容量瓶内，加纯水至刻度，混匀，分别配制成 0 mg/L、0.20 mg/L、0.50 mg/L、1.00 mg/L、3.00 mg/L、5.00 mg/L、7.00 mg/L、10.00 mg/L 的标准系列溶液。分别取 30 mL 标准系列溶液及水样至样品管中，加 6 mol/L 磷酸调节 pH 至 2.0 以下，加入 1.00 mL15%过硫酸铵溶液，混匀后直接上机测定。以总有机碳的质量浓度 $\rho$（mg/L）对仪器的响应值 $I$ 绘制标准曲线，得到的斜率为校准系数 $f$（mg/L）。以所测样品的响应值，从标准曲线中查得样品溶液中总有机碳的质量浓度。

#### 5. 精密度和准确度

8 家实验室重复测定低浓度总有机碳（0.1 mg/L～0.5 mg/L），相对标准偏差为 0.80%～5.8%，重复测定中浓度总有机碳（2.0 mg/L～5.0 mg/L），相对标准偏差为 0.10%～2.7%，重复测定高浓度总有机碳（7.0 mg/L～12 mg/L），相对标准偏差为 0%～1.6%。用纯水做加标回收试验，加标浓度为 0.10 mg/L～0.35 mg/L 时，回收率为 90.0%～122%，用生活饮用水做加标回收试验，加标浓度为 1.0 mg/L～5.0 mg/L 时，回收率为 92.2%～110%，用水源水做加标回收试验，加标浓度为 2.5 mg/L～7.5 mg/L 时，回收率为 91.2%～107%。

## 二、修订方法

GB/T 5750.7—2023 中更改了 1 项指标的名称，将"耗氧量"更改为"高锰酸盐指数（以 $O_2$ 计）"。

# 第八节　有机物指标（GB/T 5750.8—2023）

GB/T 5750.8—2023《生活饮用水标准检验方法　第 8 部分：有机物指标》描述了生活饮用水中四氯化碳、1,2-二氯乙烷、1,1,1-三氯乙烷、氯乙烯、1,1-二氯乙烯、1,2-二氯乙烯、三氯乙烯、四氯乙烯、苯并［a］芘、丙烯酰胺、己内酰胺、邻苯二甲酸二（2-乙基己基）酯、微囊藻毒素、乙腈、丙烯腈、丙烯醛、环氧氯丙烷、苯、甲苯、二甲苯、乙苯、异丙苯、氯苯、1,2-二氯苯、1,3-二氯苯、1,4-二氯苯、三氯苯、四氯苯、硝基苯、三硝基甲苯、二硝基苯、硝基氯苯、二硝基氯苯、氯丁二烯、苯乙烯、三乙胺、苯胺、二硫化碳、水合肼、松节油、吡啶、苦味酸、丁基黄原酸、六氯丁二烯、二苯胺、二氯甲烷、1,1-二氯乙烷、1,2-二氯丙烷、1,3-二氯丙烷、2,2-二氯丙烷、1,1,2-三氯乙烷、1,2,3-三氯丙烷、1,1,1,2-四氯乙烷、1,1,2,2-四氯乙烷、1,2-二溴-3-氯丙烷、1,1-二氯丙烯、1,3-二氯丙烯、1,2-二溴乙烯、1,2-二溴乙烷、1,2,4-三甲苯、1,3,5-三甲苯、丙苯、4-甲基异丙苯、丁苯、仲丁基苯、叔丁基苯、五氯苯、2-氯甲苯、4-氯甲苯、溴苯、萘、双酚 A、土臭素、2-甲基异莰醇、五氯丙烷、丙烯酸、戊二醛、环烷酸、苯甲醚、萘酚、全氟辛酸、全氟辛烷磺酸、二甲基二硫醚、二甲基三硫醚、多环芳烃、多氯联苯、药品及个人护理品的测定方法和水源水中四氯化碳（毛细管柱气相色谱法）、氯乙烯（毛细管柱气相色谱法）、1,1-二氯乙烯（吹扫捕集气相色谱法）、1,2-二氯乙烯（吹扫捕集气相色谱法）、苯并［a］芘、丙烯酰胺（气相色谱法）、己内酰胺、微囊藻毒素（高效液相色谱法）、乙腈、丙烯腈、丙烯醛、苯（液液萃取毛细管柱气相色谱法）、甲苯（液液萃取毛细管柱气相色谱法）、二甲苯（液液萃取毛细管柱气相色谱法）、乙苯（液液萃取毛细管柱气相色谱法）、硝基苯、三硝基甲苯、二硝基苯、硝基氯苯、二硝基氯苯、氯丁二烯、苯乙烯（液液萃取毛细管柱气相色谱法）、三乙胺、苯胺、二硫化碳、水合肼、松节油、吡啶、苦味酸、丁基黄原酸、土臭素、2-甲基异莰醇、五氯丙烷、丙烯酸（离子色谱法）、戊二醛、环烷酸、二甲基二硫醚、二甲基三硫醚、多环芳烃、多氯联苯的测定方法。具体修订内容如下。

## 一、新增方法

GB/T 5750.8—2023 中增加了 24 个检验方法：四氯化碳的吹扫捕集气相色谱质谱法和顶空毛细管柱气相色谱法、丙烯酰胺的高效液相色谱串联质谱法、邻苯二甲酸二

（2-乙基己基）酯的固相萃取气相色谱质谱法、微囊藻毒素的液相色谱串联质谱法、环氧氯丙烷的气相色谱质谱法、二苯胺的高效液相色谱法、1,2-二溴乙烯的吹扫捕集气相色谱质谱法、双酚 A 的超高效液相色谱串联质谱法和液相色谱法、土臭素的顶空固相微萃取气相色谱质谱法、五氯丙烷的顶空气相色谱法和吹扫捕集气相色谱质谱法、丙烯酸的高效液相色谱法和离子色谱法、戊二醛的液相色谱串联质谱法、环烷酸的超高效液相色谱质谱法、苯甲醚的吹扫捕集气相色谱质谱法、萘酚的高效液相色谱法、全氟辛酸的超高效液相色谱串联质谱法、二甲基二硫醚的吹扫捕集气相色谱质谱法、多环芳烃的高效液相色谱法、多氯联苯的气相色谱质谱法、药品及个人护理品的超高效液相色谱串联质谱法。

## （一）四氯化碳的吹扫捕集气相色谱质谱法

### 1. 方法原理

水样在吹扫捕集装置的吹脱管中通以氮气，吹脱出的水样中挥发性有机物被装有适当吸附剂的捕集管捕获，捕集管被瞬间加热并用氮气反吹，将所吸附的组分解吸入毛细管气相色谱质谱联用仪分离测定。根据待测物的保留时间和标准质谱图定性，通过待测物的定量离子与内标定量离子的相对强度和工作曲线定量。每个水样中含有已知浓度的内标化合物，通过内标校正程序测定。

### 2. 样品处理

用水样将样品瓶与瓶盖润洗至少 3 次后方可采集样品。采样时，使水样在瓶中溢流出一部分且不留气泡。所有样品均采集平行样。若从水龙头采样，应先打开龙头至水温稳定，从流水中采集平行样；若从开放的水体中采样，先用 1 L 的广口瓶或烧杯从有代表性的区域中采样，再把水样从广口瓶或烧杯中倒入样品瓶中。每批样品要进行空白样品的采集（空白样品包括现场空白、运输空白、全程序空白和实验室空白）。

对于不含余氯的样品及对应的全程序空白，每 40 mL 水样中加 4 滴 4 mol/L 的盐酸溶液作固定剂，以防水样中发生生物降解。要确保盐酸中不含痕量有机杂质。对于含余氯的样品及对应的全程序空白，在样品瓶中先加入抗坏血酸（每 40 mL 水样加 25 mg），待样品瓶中充满水样并溢流后，每 40 mL 样品中加 1 滴 4 mol/L 盐酸溶液，调节样品 pH 小于 2，再密封样品瓶。注意垫片的聚四氟乙烯面朝下。

采样后需将样品于 0 ℃～4 ℃条件下冷藏保存，样品存放区域不应存在有机物干扰，保存时间为 12 h。

### 3. 仪器参考条件

使用气相色谱质谱联用仪进行定性和定量分析。气相色谱仪为可以分流或不分流进样，具有程序升温功能；色谱柱为 HP-VOC（60 m×0.20 mm，1.12 μm）弹性石英毛细管柱或其他等效色谱柱；质谱仪使用电子电离源方式离子化，标准电子能量为 70 eV。能在 1 s 或更短的扫描周期内，从 35 u 扫描至 300 u；化学工作站和数据处理系统带质谱图库。

吹扫捕集仪的吹脱气体为高纯氦气 [$\varphi$（He）≥99.999%]，吹脱温度为室温，吹脱气体的流速为 40 mL/min，吹脱时间为 10 min，吹脱体积为 5 mL 或 25 mL；解吸温度为 225 ℃，解吸反吹气体流速为 15 mL/min，解吸时间为 4 min；烘烤温度为 250 ℃，烘烤时间为 5 min。

色谱仪的进样口温度为 180 ℃；初始温度为 35 ℃，保持 5 min，以 6 ℃/min 的速率升温至 150 ℃，保持 4 min，再以 20 ℃/min 的速率升温至 235 ℃，保持 2 min；载气为高纯氦气 [$\varphi$（He）≥99.999%]；柱流量为 1.0 mL/min，分流比为 20:1。

质谱仪的扫描范围为 35 u～300 u，离子源温度为 230 ℃，界面传输温度为 280 ℃，电离电压为 70 eV，扫描时间为小于或等于 0.45 s，全扫描模式（Scan 模式），定量离子参考表 3-8-1。

表 3-8-1 55 种挥发性有机物、内标物及回收率指示物的分子量和定量离子

| 序号 | 组分 | 分子式 | 相对分子质量[a] | 定量离子（$m/z$） | 特征离子（$m/z$） |
|---|---|---|---|---|---|
| 1 | 氯乙烯 | $C_2H_3Cl$ | 62 | 62 | 64 |
| 2 | 苯 | $C_6H_6$ | 78 | 78 | 77 |
| 3 | 溴苯 | $C_6H_5Br$ | 156 | 156 | 77,158 |
| 4 | 一氯二溴甲烷 | $CHBr_2Cl$ | 206 | 129 | 48 |
| 5 | 二氯一溴甲烷 | $CHBrCl_2$ | 162 | 83 | 85,127 |
| 6 | 三溴甲烷 | $CHBr_3$ | 250 | 173 | 175,252 |
| 7 | 丁苯 | $C_{10}H_{14}$ | 134 | 91 | 134 |
| 8 | 仲丁基苯 | $C_{10}H_{14}$ | 134 | 105 | 134 |
| 9 | 叔丁基苯 | $C_{10}H_{14}$ | 134 | 119 | 91 |
| 10 | 四氯化碳 | $CCl_4$ | 152 | 117 | 119 |
| 11 | 氯苯 | $C_6H_5Cl$ | 112 | 112 | 77,114 |
| 12 | 三氯甲烷 | $CHCl_3$ | 118 | 83 | 85 |
| 13 | 氯溴甲烷 | $CH_2BrCl$ | 128 | 128 | 49,130 |
| 14 | 2-氯甲苯 | $C_7H_7Cl$ | 126 | 91 | 126 |
| 15 | 4-氯甲苯 | $C_7H_7Cl$ | 126 | 91 | 126 |

表 3-8-1（续）

| 序号 | 组分 | 分子式 | 相对分子质量[a] | 定量离子（m/z） | 特征离子（m/z） |
|---|---|---|---|---|---|
| 16 | 1,4-二氯苯 | $C_6H_4Cl_2$ | 146 | 146 | 111,148 |
| 17 | 1,2-二溴-3-氯丙烷 | $C_3H_5Br_2Cl$ | 234 | 75 | 155,157 |
| 18 | 1,2-二溴乙烷 | $C_2H_4Br_2$ | 186 | 107 | 109,188 |
| 19 | 二溴甲烷 | $CH_2Br_2$ | 172 | 93 | 95,174 |
| 20 | 1,2-二氯苯 | $C_6H_4Cl_2$ | 146 | 146 | 111,148 |
| 21 | 1,3-二氯苯 | $C_6H_4Cl_2$ | 146 | 146 | 111,148 |
| 22 | 1,1-二氯乙烷 | $C_2H_4Cl_2$ | 98 | 63 | 65,83 |
| 23 | 1,2-二氯乙烷 | $C_2H_4Cl_2$ | 98 | 62 | 98 |
| 24 | 1,1-二氯乙烯 | $C_2H_2Cl_2$ | 96 | 96 | 61,63 |
| 25 | 顺-1,2-二氯乙烯 | $C_2H_2Cl_2$ | 96 | 96 | 61,98 |
| 26 | 反-1,2-二氯乙烯 | $C_2H_2Cl_2$ | 96 | 96 | 61,98 |
| 27 | 1,2-二氯丙烷 | $C_3H_6Cl_2$ | 112 | 63 | 112 |
| 28 | 1,3-二氯丙烷 | $C_3H_6Cl_2$ | 112 | 76 | 78 |
| 29 | 2,2-二氯丙烷 | $C_3H_6Cl_2$ | 112 | 77 | 97 |
| 30 | 1,1-二氯丙烯 | $C_3H_4Cl_2$ | 110 | 75 | 110,77 |
| 31 | 顺-1,3-二氯丙烯 | $C_3H_4Cl_2$ | 110 | 75 | 110 |
| 32 | 反-1,3-二氯丙烯 | $C_3H_4Cl_2$ | 110 | 75 | 110 |
| 33 | 乙苯 | $C_8H_{10}$ | 106 | 91 | 106 |
| 34 | 六氯丁二烯 | $C_4Cl_6$ | 258 | 225 | 260 |
| 35 | 异丙苯 | $C_9H_{12}$ | 120 | 105 | 120 |
| 36 | 4-甲基异丙苯 | $C_{10}H_{14}$ | 134 | 119 | 134,91 |
| 37 | 二氯甲烷 | $CH_2Cl_2$ | 84 | 84 | 86, 49 |
| 38 | 萘 | $C_{10}H_8$ | 128 | 128 | — |
| 39 | 丙苯 | $C_9H_{12}$ | 120 | 91 | 120 |
| 40 | 苯乙烯 | $C_8H_8$ | 104 | 104 | 78 |
| 41 | 1,1,1,2-四氯乙烷 | $C_2H_2Cl_4$ | 166 | 131 | 133,119 |
| 42 | 1,1,2,2-四氯乙烷 | $C_2H_2Cl_4$ | 166 | 83 | 131,85 |
| 43 | 四氯乙烯 | $C_2Cl_4$ | 164 | 166 | 168, 129 |
| 44 | 甲苯 | $C_7H_8$ | 92 | 92 | 91 |

表 3-8-1（续）

| 序号 | 组分 | 分子式 | 相对分子质量[a] | 定量离子（m/z） | 特征离子（m/z） |
|---|---|---|---|---|---|
| 45 | 1,2,3-三氯苯 | $C_6H_3Cl_3$ | 180 | 180 | 182 |
| 46 | 1,2,4-三氯苯 | $C_6H_3Cl_3$ | 180 | 180 | 182 |
| 47 | 1,1,1-三氯乙烷 | $C_2H_3Cl_3$ | 132 | 97 | 99,61 |
| 48 | 1,1,2-三氯乙烷 | $C_2H_3Cl_3$ | 132 | 83 | 97,85 |
| 49 | 三氯乙烯 | $C_2HCl_3$ | 130 | 95 | 130,132 |
| 50 | 1,2,3-三氯丙烷 | $C_3H_5Cl_3$ | 146 | 75 | 77 |
| 51 | 1,2,4-三甲苯 | $C_9H_{12}$ | 120 | 105 | 120 |
| 52 | 1,3,5-三甲苯 | $C_9H_{12}$ | 120 | 105 | 120 |
| 53 | 邻-二甲苯 | $C_8H_{10}$ | 106 | 106 | 91 |
| 54 | 间-二甲苯 | $C_8H_{10}$ | 106 | 106 | 91 |
| 55 | 对-二甲苯 | $C_8H_{10}$ | 106 | 106 | 91 |
| 56 | 氟苯（内标物） | $C_6H_5F$ | 96 | 96 | 77 |
| 57 | 4-溴氟苯（内标物） | $C_6H_4BrF$ | 174 | 95 | 174,176 |
| 58 | 1,2-二氯苯-$D_4$（回收率指示物） | $C_6Cl_2D_4$ | 150 | 152 | 115,150 |

[a] 根据具有最小质量的同位素的原子质量计算的单同位素分子量。

挥发性有机物的总离子流图［全扫描模式（Scan 模式），质量浓度均为 0.4 μg/L］如图 3-8-1 所示。

4. 结果处理

采用内标法进行定量分析。配制含有 55 种挥发性有机物混合标准使用溶液，内标物及回收率指示物混合标准使用溶液，采用逐级稀释的方式配制标准系列溶液，标准系列溶液中 55 种挥发性有机物的质量浓度分别为 0.40 μg/L、2.0 μg/L、5.0 μg/L、10 μg/L、20 μg/L 和 40 μg/L，内标和回收率指示物的质量浓度均为 5 μg/L。标准系列溶液放在容量瓶中不稳定，应储存于标准储备瓶中，且上部不留空隙，于 0 ℃～4 ℃条件下避光保存，可保存 12 h。将标准系列溶液依次倒入 40 mL 样品瓶中至满瓶，可溢流出一部分而且不留气泡。置于吹扫捕集自动进样装置，在室温下进行吹脱、捕集、脱附、自动导入气相色谱质谱仪测定。用全扫描模式获取不同浓度标准溶液的总离子流图。以测得的峰面积比值对相应的浓度绘制工作曲线。

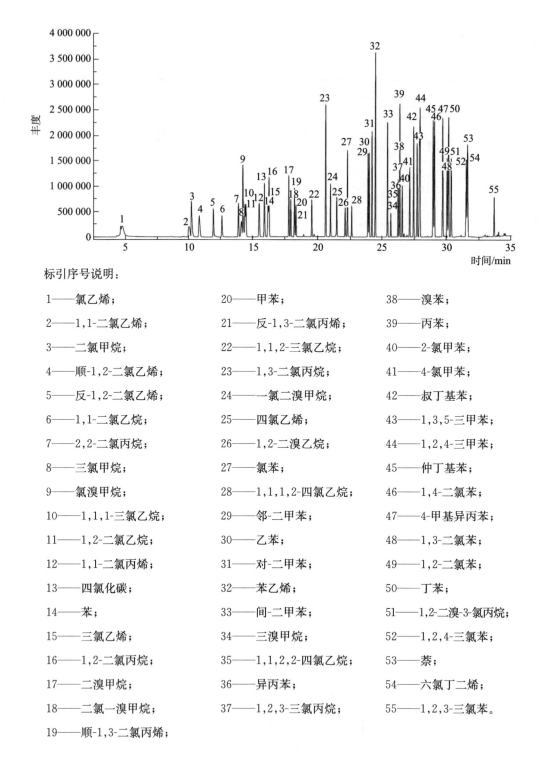

标引序号说明：

1——氯乙烯；

2——1,1-二氯乙烯；

3——二氯甲烷；

4——顺-1,2-二氯乙烯；

5——反-1,2-二氯乙烯；

6——1,1-二氯乙烷；

7——2,2-二氯丙烷；

8——三氯甲烷；

9——氯溴甲烷；

10——1,1,1-三氯乙烷；

11——1,2-二氯乙烷；

12——1,1-二氯丙烯；

13——四氯化碳；

14——苯；

15——三氯乙烯；

16——1,2-二氯丙烷；

17——二溴甲烷；

18——二氯一溴甲烷；

19——顺-1,3-二氯丙烯；

20——甲苯；

21——反-1,3-二氯丙烯；

22——1,1,2-三氯乙烷；

23——1,3-二氯丙烷；

24——一氯二溴甲烷；

25——四氯乙烯；

26——1,2-二溴乙烷；

27——氯苯；

28——1,1,1,2-四氯乙烷；

29——邻-二甲苯；

30——乙苯；

31——对-二甲苯；

32——苯乙烯；

33——间-二甲苯；

34——三溴甲烷；

35——1,1,2,2-四氯乙烷；

36——异丙苯；

37——1,2,3-三氯丙烷；

38——溴苯；

39——丙苯；

40——2-氯甲苯；

41——4-氯甲苯；

42——叔丁基苯；

43——1,3,5-三甲苯；

44——1,2,4-三甲苯；

45——仲丁基苯；

46——1,4-二氯苯；

47——4-甲基异丙苯；

48——1,3-二氯苯；

49——1,2-二氯苯；

50——丁苯；

51——1,2-二溴-3-氯丙烷；

52——1,2,4-三氯苯；

53——萘；

54——六氯丁二烯；

55——1,2,3-三氯苯。

**图 3-8-1 挥发性有机物的总离子流图［全扫描模式（Scan 模式），质量浓度均为 0.4 μg/L］**

各组分的出峰顺序和时间分别为：氯乙烯，4.872 min；1,1-二氯乙烯，9.993 min；二氯甲烷，10.085 min；顺-1,2-二氯乙烯，10.835 min；反-1,2-二氯乙烯，

11.927 min；1,1-二氯乙烷，12.587 min；2,2-二氯丙烷，13.800 min；三氯甲烷，13.921 min；氯溴甲烷，14.105 min；1,1,1-三氯乙烷，14.410 min；1,2-二氯乙烷，14.511 min；1,1-二氯丙烯，15.632 min；四氯化碳，15.967 min；苯，16.203 min；三氯乙烯，16.239 min；1,2-二氯丙烷，16.671 min；二溴甲烷，17.592 min；二氯一溴甲烷，17.613 min；顺-1,3-二氯丙烯，18.699 min；甲苯，18.707 min；反-1,3-二氯丙烯,18.716 min；1,1,2-三氯乙烷，19.87 min；1,3-二氯丙烷，20.993 min；一氯二溴甲烷，21.200 min；四氯乙烯，21.299 min；1,2-二溴乙烷，21.872 min；氯苯，22.118 min；1,1,1,2-四氯乙烷，22.586 min；邻-二甲苯，23.791 min；乙苯，23.802 min；对-二甲苯，23.911 min；苯乙烯，24.017 min；间-二甲苯，25.512 min；三溴甲烷，25.938 min；1,1,2,2-四氯乙烷，26.201 min；异丙苯，26.244 min；1,2,3-三氯丙烷，26.300 min；溴苯，26.321 min；丙苯，26.422 min；2-氯甲苯，26.842 min；4-氯甲苯，26.988 min；叔丁基苯，27.307 min；1,3,5-三甲苯，27.589 min；1,2,4-三甲苯，27.611 min；仲丁基苯，28.821 min；1,4-二氯苯，28.891 min；4-甲基异丙苯，29.180 min；1,3-二氯苯，30.027 min；1,2-二氯苯，30.082 min；丁苯，30.835 min；1,2-二溴-3-氯丙烷，31.102 min；1,2,4-三氯苯，31.520 min；萘，31.547 min；六氯丁二烯，31.991 min；1,2,3-三氯苯，33.755 min。

用选择离子图对组分进行定量分析，本方法用内标定量法。待测组分的质量浓度按公式（3-8-1）进行计算。

$$\rho_x = \frac{A_x \times \rho_{IS}}{A_{IS} \times \overline{RF}}$$ （3-8-1）

式中：

$\rho_x$——水样中待测组分的质量浓度，单位为微克每升（$\mu g/L$）；

$A_x$——待测组分定量离子的峰面积或峰高；

$\rho_{IS}$——内标物的质量浓度，单位为微克每升（$\mu g/L$）；

$A_{IS}$——内标定量离子的峰面积或峰高；

$\overline{RF}$——待测组分的平均响应因子。

5. 精密度和准确度

4 家实验室在实际水样中进行加标回收试验，55 种挥发性有机物的加标质量浓度为 0.4 $\mu g/L$～40.0 $\mu g/L$，得到的相对标准偏差和回收率结果见表 3-8-2。

表 3-8-2　相对标准偏差和回收率结果

| 序号 | 组分 | 加标浓度/（μg/L） | 相对标准偏差/% | 回收率/% |
|------|------|------|------|------|
| 1 | 氯乙烯 | 0.4~40.0 | 3.5~3.6 | 92.0~98.8 |
| 2 | 1,1-二氯乙烯 | 0.4~40.0 | 4.4~4.6 | 91.3~99.3 |
| 3 | 二氯甲烷 | 0.4~40.0 | 4.1~4.8 | 92.3~105 |
| 4 | 反-1,2-二氯乙烯 | 0.4~40.0 | 6.2~7.1 | 100~108 |
| 5 | 顺-1,2-二氯乙烯 | 0.4~40.0 | 3.6~4.6 | 92.0~106 |
| 6 | 1,1-二氯乙烷 | 0.4~40.0 | 3.9~4.0 | 93.7~107 |
| 7 | 三氯甲烷 | 0.4~40.0 | 4.3~4.9 | 91.4~109 |
| 8 | 2,2-二氯丙烷 | 0.4~40.0 | 2.8~3.9 | 93.3~109 |
| 9 | 1,1,1-三氯乙烷 | 0.4~40.0 | 3.6~3.7 | 95.0~107 |
| 10 | 氯溴甲烷 | 0.4~40.0 | 5.1~5.9 | 91.0~107 |
| 11 | 1,1-二氯丙烯 | 0.4~40.0 | 4.4~5.0 | 96.0~104 |
| 12 | 四氯化碳 | 0.4~40.0 | 3.6~4.0 | 90.5~104 |
| 13 | 1,2-二氯乙烷 | 0.4~40.0 | 1.9~3.2 | 88.0~99.1 |
| 14 | 苯 | 0.4~40.0 | 2.9~4.5 | 88.2~106 |
| 15 | 三氯乙烯 | 0.4~40.0 | 2.9~3.7 | 85.1~103 |
| 16 | 1,2-二氯丙烷 | 0.4~40.0 | 3.9~5.0 | 90.4~111 |
| 17 | 二溴甲烷 | 0.4~40.0 | 2.2~3.5 | 88.0~102 |
| 18 | 二氯一溴甲烷 | 0.4~40.0 | 3.0~3.5 | 88.5~99.3 |
| 19 | 顺-1,3-二氯丙烯 | 0.4~40.0 | 2.7~4.5 | 85.2~104 |
| 20 | 甲苯 | 0.4~40.0 | 3.9~5.6 | 92.1~102 |
| 21 | 反-1,3-二氯丙烯 | 0.4~40.0 | 3.6~5.8 | 93.1~105 |
| 22 | 1,1,2-三氯乙烷 | 0.4~40.0 | 2.7~3.5 | 96.0~104 |
| 23 | 四氯乙烯 | 0.4~40.0 | 2.8~3.8 | 94.6~106 |
| 24 | 1,3-二氯丙烷 | 0.4~40.0 | 4.7~5.0 | 88.0~104 |
| 25 | 一氯二溴甲烷 | 0.4~40.0 | 3.3~4.5 | 86.4~102 |
| 26 | 1,2-二溴乙烷 | 0.4~40.0 | 3.1~3.3 | 85.1~104 |
| 27 | 氯苯 | 0.4~40.0 | 1.3~2.4 | 94.7~104 |
| 28 | 1,1,1,2-四氯乙烷 | 0.4~40.0 | 1.8~4.3 | 95.1~106 |
| 29 | 乙苯 | 0.4~40.0 | 3.0~3.3 | 90.1~102 |
| 30 | 间-二甲苯 | 0.4~40.0 | 4.5~5.4 | 95.1~116 |
| 31 | 对-二甲苯 | 0.4~40.0 | 3.0~4.2 | 94.0~115 |
| 32 | 苯乙烯 | 0.4~40.0 | 2.7~3.0 | 88.4~115 |

表 3-8-2（续）

| 序号 | 组分 | 加标浓度/（μg/L） | 相对标准偏差/% | 回收率/% |
|---|---|---|---|---|
| 33 | 邻-二甲苯 | 0.4～40.0 | 3.6～4.8 | 94.0～117 |
| 34 | 异丙苯 | 0.4～40.0 | 3.3～4.7 | 88.0～105 |
| 35 | 三溴甲烷 | 0.4～40.0 | 3.0～3.8 | 90.0～110 |
| 36 | 1,1,2,2-四氯乙烷 | 0.4～40.0 | 1.7～2.3 | 89.7～105 |
| 37 | 1,2,3-三氯丙烷 | 0.4～40.0 | 3.9～4.5 | 90.0～119 |
| 38 | 溴苯 | 0.4～40.0 | 2.2～2.4 | 89.2～110 |
| 39 | 丙苯 | 0.4～40.0 | 3.6～4.8 | 88.3～107 |
| 40 | 2-氯甲苯 | 0.4～40.0 | 2.4～3.4 | 89.9～115 |
| 41 | 4-氯甲苯 | 0.4～40.0 | 2.0～2.9 | 87.5～104 |
| 42 | 1,2,4-三甲苯 | 0.4～40.0 | 2.7～3.0 | 93.0～118 |
| 43 | 叔丁基苯 | 0.4～40.0 | 4.3～4.5 | 88.7～106 |
| 44 | 1,3,5-三甲苯 | 0.4～40.0 | 2.9～5.6 | 86.0～104 |
| 45 | 仲丁基苯 | 0.4～40.0 | 3.4～4.6 | 87.0～104 |
| 46 | 4-甲基异丙苯 | 0.4～40.0 | 2.9～4.8 | 90.0～102 |
| 47 | 1,3-二氯苯 | 0.4～40.0 | 2.0～3.3 | 90.0～118 |
| 48 | 1,4-二氯苯 | 0.4～40.0 | 3.1～4.2 | 87.0～99.8 |
| 49 | 1,2-二氯苯 | 0.4～40.0 | 3.8～4.7 | 93.0～110 |
| 50 | 丁苯 | 0.4～40.0 | 3.7～4.8 | 86.7～99.8 |
| 51 | 1,2-二溴-3-氯丙烷 | 0.4～40.0 | 3.9～4.7 | 91.0～112 |
| 52 | 1,2,4-三氯苯 | 0.4～40.0 | 4.0～5.1 | 88.1～107 |
| 53 | 六氯丁二烯 | 0.4～40.0 | 3.8～4.5 | 89.0～111 |
| 54 | 萘 | 0.4～40.0 | 4.5～4.8 | 88.0～106 |
| 55 | 1,2,3-三氯苯 | 0.4～40.0 | 3.1～3.5 | 95.0～102 |

## （二）四氯化碳的顶空毛细管柱气相色谱法

### 1. 方法原理

待测水样置于密封的顶空瓶中，在一定温度下，水中的1,1-二氯乙烯、二氯甲烷、反-1,2-二氯乙烯、顺-1,2-二氯乙烯、三氯甲烷、1,1,1-三氯乙烷、四氯化碳、1,2-二氯乙烷、三氯乙烯、二氯一溴甲烷、反-1,2-二溴乙烯、顺-1,2-二溴乙烯、四氯乙烯、1,1,2-三氯乙烷、一氯二溴甲烷、三溴甲烷、1,3-二氯苯、1,4-二氯苯、1,2-二氯苯、1,3,5-三氯苯、1,2,4-三氯苯、六氯丁二烯、1,2,3-三氯苯、1,2,4,5-四氯苯、1,2,3,4-四氯苯、五氯苯和六氯苯在气液两相中达到动态平衡。此时，卤代烃在气相中的浓度与它在液相中的浓度成正比。取液上气体样品用带有电子捕获检测器的气相色谱仪进行分析，以保留时间定性，外标法定量。通过测定气相中卤代烃的浓度，计算水样中卤代烃的浓度。

2. 样品处理

使用棕色磨口玻璃瓶采集水样，采集水样前先在采样瓶中加 0.3 g～0.5 g 抗坏血酸，将水样沿瓶壁缓慢加入瓶中，瓶中不留顶上空间和气泡，加盖密封。样品待测组分易挥发，需于 0 ℃～4 ℃条件下冷藏保存，尽快测定。顶空瓶中加入 3.7 g 氯化钠，准确移入 10 mL 水样，立即密封顶空瓶，轻轻摇匀。手动进样时，密封的顶空瓶放入水浴温度为 70 ℃的水浴箱中平衡 15 min。若为自动顶空进样时，密封的顶空瓶直接放入自动顶空进样系统中，在 70 ℃高速振荡的条件下平衡 15 min。抽取顶空瓶内液上空间气体，用气相色谱仪进行测定。

3. 仪器参考条件

使用顶空毛细管柱气相色谱法进行定性和定量分析。

气相色谱仪应配有电子捕获检测器；顶空进样系统可以用自动顶空进样器（定量环模式），也可以采用手动顶空进样；色谱柱为中等极性毛细管色谱柱（14%氰丙基苯基-86%二甲基聚硅氧烷石英毛细管柱：Rtx-1701，30 m×0.25 mm，0.25 μm）或其他等效色谱柱。

气相色谱仪参考条件：进样口温度为 250 ℃；检测器温度为 300 ℃；气体流量采用恒流进样模式，载气为 0.8 mL/min，分流比为 1∶1；柱箱升温程序初始温度为 40 ℃，保持5.5 min，以 10 ℃/min 升温至 100 ℃，再以 25 ℃/min 升温至 200 ℃，保持 6.0 min，程序运行完成后 230 ℃保持 5 min，总运行时间为 21.5 min。

自动顶空进样时，顶空进样系统参考条件：炉温为 70 ℃，定量管温度为 80 ℃，传输线温度为 90 ℃；传输线压力为73 kPa，顶空瓶压力为 74 kPa；样品平衡时间为 15 min，充压时间为 0.1 min，充入定量管时间为 0.15 min，定量管平衡时间为 0.10 min，进样时间为 1.0 min；顶空进样系统采用高速振荡模式。

27 种卤代烃标准色谱图如图 3-8-2 所示。

4. 结果处理

采用外标法进行定量分析。配制含有 27 种卤代烃的混合标准使用溶液，采用逐级稀释的方式配制混合标准系列溶液，混合标准系列溶液中 27 种卤代烃的质量浓度可参考表 3-8-3。再取 6 个顶空瓶，分别称取 3.7 g 氯化钠于 6 个顶空瓶中，加入 27 种卤代烃的混合标准系列溶液各 10 mL，立即密封顶空瓶，轻轻摇匀。手动进样时，密封的顶空瓶放入水浴温度为 70 ℃的水浴箱中平衡 15 min，抽取顶空瓶内液上空间气体 1 000 μL 注入色谱仪。若为自动顶空进样时，密封的顶空瓶直接放入自动顶空进样系统。以测得的峰面积或峰高为纵坐标，各组分的质量浓度为横坐标，分别绘制工作曲线。

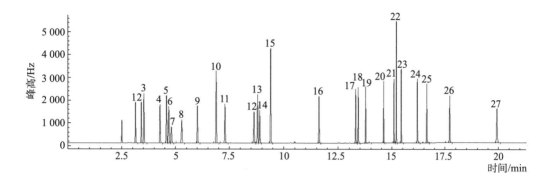

标引序号说明：

1——1,1-二氯乙烯；

2——二氯甲烷；

3——反-1,2-二氯乙烯；

4——顺-1,2-二氯乙烯；

5——三氯甲烷；

6——1,1,1-三氯乙烷；

7——四氯化碳；

8——1,2-二氯乙烷；

9——三氯乙烯；

10——二氯一溴甲烷；

11——反-1,2-二溴乙烯；

12——顺-1,2-二溴乙烯；

13——四氯乙烯；

14——1,1,2-三氯乙烷；

15——一氯二溴甲烷；

16——三溴甲烷；

17——1,3-二氯苯；

18——1,4-二氯苯；

19——1,2-二氯苯；

20——1,3,5-三氯苯；

21——1,2,4-三氯苯；

22——六氯丁二烯；

23——1,2,3-三氯苯；

24——1,2,4,5-四氯苯；

25——1,2,3,4-四氯苯；

26——五氯苯；

27——六氯苯。

**图 3-8-2　27 种卤代烃标准色谱图**

利用保留时间定性，即根据标准色谱图各组分的保留时间，确定样品中组分的数目和名称。各组分的出峰顺序和时间分别为：1,1-二氯乙烯，3.099 min；二氯甲烷，3.365 min；反-1,2-二氯乙烯，3.482 min；顺-1,2-二氯乙烯，4.217 min；三氯甲烷，4.516 min；1,1,1-三氯乙烷，4.617 min；四氯化碳，4.734 min；1,2-二氯乙烷，5.183 min；三氯乙烯，5.938 min；二氯一溴甲烷，6.817 min；反-1,2-二溴乙烯，7.223 min；顺-1,2-二溴乙烯，8.572 min；四氯乙烯，8.717 min；1,1,2-三氯乙烷，8.818 min；一氯二溴甲烷，9.325 min；三溴甲烷，11.536 min；1,3-二氯苯，13.248 min；1,4-二氯苯，13.363 min；1,2-二氯苯，13.706 min；1,3,5-三氯苯，14.549 min；1,2,4-三氯苯，15.044 min；六氯丁二烯，15.158 min；1,2,3-三氯苯，15.388 min；1,2,4,5-四氯苯，16.137 min；1,2,3,4-四氯苯，16.585 min；五氯苯，17.675 min；六氯苯，19.865 min。

根据各组分色谱图的峰高或峰面积在工作曲线上查出各组分相应的质量浓度。

表 3-8-3　27 种卤代烃的混合标准使用溶液质量浓度和混合标准系列溶液质量浓度

| 序号 | 组分 | 分子式 | 混合标准使用溶液质量浓度/（mg/L） | 混合标准系列溶液质量浓度/（μg/L） | | | | | |
|---|---|---|---|---|---|---|---|---|---|
| | | | | 1 | 2 | 3 | 4 | 5 | 6 |
| 1 | 1,1-二氯乙烯 | $C_2H_2Cl_2$ | 60.5 | 2.52 | 5.04 | 10.1 | 20.2 | 40.3 | 60.5 |
| 2 | 二氯甲烷 | $CH_2Cl_2$ | 444 | 18.5 | 36.9 | 73.9 | 148 | 296 | 444 |
| 3 | 反-1,2-二氯乙烯 | $C_2H_2Cl_2$ | 612 | 25.6 | 51.2 | 102 | 205 | 408 | 612 |
| 4 | 顺-1,2-二氯乙烯 | $C_2H_2Cl_2$ | 890 | 37.1 | 74.2 | 148 | 297 | 594 | 890 |
| 5 | 三氯甲烷 | $CHCl_3$ | 11.3 | 0.472 | 0.945 | 1.89 | 3.78 | 7.56 | 11.3 |
| 6 | 1,1,1-三氯乙烷 | $C_2H_3Cl_3$ | 5.20 | 0.216 | 0.433 | 0.865 | 1.73 | 3.46 | 5.20 |
| 7 | 四氯化碳 | $CCl_4$ | 1.59 | 0.066 | 0.132 | 0.264 | 0.530 | 1.06 | 1.59 |
| 8 | 1,2-二氯乙烷 | $C_2H_4Cl_2$ | 672 | 28.0 | 56.0 | 112 | 224 | 448 | 672 |
| 9 | 三氯乙烯 | $C_2HCl_3$ | 12.6 | 0.527 | 1.05 | 2.11 | 4.21 | 8.42 | 12.6 |
| 10 | 二氯一溴甲烷 | $CHBrCl_2$ | 15.1 | 0.630 | 1.26 | 2.51 | 5.02 | 10.0 | 15.1 |
| 11 | 反-1,2-二溴乙烯 | $C_2H_2Br_2$ | 22.7 | 0.944 | 1.89 | 3.78 | 7.55 | 15.1 | 22.7 |
| 12 | 顺-1,2-二溴乙烯 | $C_2H_2Br_2$ | 22.7 | 0.944 | 1.89 | 3.78 | 7.55 | 15.1 | 22.7 |
| 13 | 四氯乙烯 | $C_2Cl_4$ | 3.45 | 0.144 | 0.287 | 0.574 | 1.15 | 2.30 | 3.45 |
| 14 | 1,1,2-三氯乙烷 | $C_2H_3Cl_3$ | 176 | 7.33 | 14.6 | 29.3 | 58.6 | 117 | 176 |
| 15 | 一氯二溴甲烷 | $CHBr_2Cl$ | 28.2 | 1.20 | 2.40 | 4.80 | 9.60 | 19.2 | 28.2 |
| 16 | 三溴甲烷 | $CHBr_3$ | 56.4 | 2.35 | 4.70 | 9.39 | 18.8 | 37.6 | 56.4 |
| 17 | 1,3-二氯苯 | $C_6H_4Cl_2$ | 152 | 6.33 | 12.7 | 25.3 | 50.7 | 101 | 152 |
| 18 | 1,4-二氯苯 | $C_6H_4Cl_2$ | 321 | 13.3 | 26.7 | 53.3 | 107 | 214 | 321 |
| 19 | 1,2-二氯苯 | $C_6H_4Cl_2$ | 187 | 7.79 | 15.6 | 31.1 | 62.3 | 125 | 187 |
| 20 | 1,3,5-三氯苯 | $C_6H_3Cl_3$ | 19.8 | 0.824 | 1.65 | 3.29 | 6.59 | 13.2 | 19.8 |
| 21 | 1,2,4-三氯苯 | $C_6H_3Cl_3$ | 29.5 | 1.22 | 2.44 | 4.91 | 9.82 | 19.6 | 29.5 |
| 22 | 六氯丁二烯 | $C_4Cl_6$ | 2.68 | 0.112 | 0.224 | 0.448 | 0.895 | 1.84 | 2.68 |
| 23 | 1,2,3-三氯苯 | $C_6H_3Cl_3$ | 17.3 | 0.721 | 1.44 | 2.88 | 5.77 | 11.5 | 17.3 |
| 24 | 1,2,4,5-四氯苯 | $C_6H_2Cl_4$ | 11.2 | 0.466 | 0.932 | 1.86 | 3.73 | 7.46 | 11.2 |
| 25 | 1,2,3,4-四氯苯 | $C_6H_2Cl_4$ | 10.3 | 0.428 | 0.856 | 1.71 | 3.42 | 6.84 | 10.3 |
| 26 | 五氯苯 | $C_6HCl_5$ | 4.89 | 0.204 | 0.408 | 0.816 | 1.63 | 3.26 | 4.89 |
| 27 | 六氯苯 | $C_6Cl_6$ | 7.41 | 0.309 | 0.618 | 1.24 | 2.47 | 4.94 | 7.41 |

5．精密度和准确度

4 家实验室测定低、中、高浓度的人工合成水样，其相对标准偏差和回收率数据见表 3-8-4。

表 3-8-4　27 种卤代烃低、中、高浓度的相对标准偏差和回收率测定结果

| 序号 | 组分 | 低浓度 | | 中浓度 | | 高浓度 | |
|---|---|---|---|---|---|---|---|
| | | 回收率/% | 相对标准偏差/% | 回收率/% | 相对标准偏差/% | 回收率/% | 相对标准偏差/% |
| 1 | 1,1-二氯乙烯 | 82.5～105 | 3.0～4.2 | 93.9～112 | 4.1～7.4 | 72.1～107 | 4.0～7.3 |
| 2 | 二氯甲烷 | 83.0～91.9 | 1.7～3.9 | 94.2～105 | 1.6～6.3 | 84.9～98.3 | 2.3～5.9 |
| 3 | 反-1,2-二氯乙烯 | 85.8～104 | 2.6～4.0 | 87.3～96.7 | 3.8～6.5 | 74.0～95.8 | 2.3～7.3 |
| 4 | 顺-1,2-二氯乙烯 | 77.7～115 | 3.4～5.6 | 102～115 | 2.8～6.9 | 84.4～113 | 1.6～6.3 |
| 5 | 三氯甲烷 | 92.6～106 | 3.3～4.8 | 91.7～115 | 4.3～7.1 | 77.3～104 | 1.8～6.4 |
| 6 | 1,1,1-三氯乙烷 | 88.6～95.4 | 3.0～4.2 | 97.8～105 | 5.0～7.2 | 78.6～105 | 4.4～6.7 |
| 7 | 四氯化碳 | 81.6～95.5 | 2.7～7.3 | 93.8～104 | 3.5～7.7 | 73.9～93.1 | 3.1～7.1 |
| 8 | 1,2-二氯乙烷 | 77.4～103 | 2.1～5.5 | 103～109 | 3.5～5.3 | 89.6～103 | 2.2～7.0 |
| 9 | 三氯乙烯 | 84.9～90.8 | 2.6～4.4 | 100～112 | 3.9～6.8 | 83.5～102 | 3.1～5.5 |
| 10 | 二氯一溴甲烷 | 85.7～99.4 | 2.7～5.9 | 83.7～104 | 4.3～6.5 | 83.6～101 | 3.1～5.9 |
| 11 | 反-1,2-二溴乙烯 | 82.9～108 | 2.5～4.7 | 87.8～101 | 3.0～5.8 | 80.5～92.7 | 3.8～5.8 |
| 12 | 顺-1,2-二溴乙烯 | 83.0～90.0 | 4.2～5.4 | 91.5～104 | 3.7～6.0 | 86.6～99.3 | 4.4～7.0 |
| 13 | 四氯乙烯 | 77.5～106 | 2.6～5.6 | 93.4～106 | 2.5～7.0 | 78.9～89.6 | 3.6～5.5 |
| 14 | 1,1,2-三氯乙烷 | 98.6～104 | 2.6～4.7 | 105～108 | 3.6～4.8 | 90.5～103 | 2.1～4.1 |
| 15 | 一氯二溴甲烷 | 81.2～85.8 | 2.8～6.0 | 88.5～101 | 3.3～5.8 | 86.3～104 | 2.7～4.8 |
| 16 | 三溴甲烷 | 85.1～101 | 2.8～3.7 | 93.4～94.4 | 2.3～4.0 | 78.4～94.3 | 2.4～4.3 |
| 17 | 1,3-二氯苯 | 84.1～86.2 | 3.7～5.7 | 86.2～101 | 3.6～5.7 | 80.5～92.2 | 2.8～5.3 |
| 18 | 1,4-二氯苯 | 83.5～101 | 3.1～5.1 | 96.8～108 | 3.3～5.6 | 84.6～93.5 | 3.5～5.2 |
| 19 | 1,2-二氯苯 | 78.2～94.6 | 2.5～5.8 | 97.4～108 | 3.4～5.5 | 84.6～102 | 2.7～4.7 |
| 20 | 1,3,5-三氯苯 | 73.7～89.0 | 5.2～6.4 | 82.9～93.0 | 2.9～6.0 | 71.6～97.0 | 2.4～5.9 |
| 21 | 1,2,4-三氯苯 | 76.8～94.3 | 3.9～6.5 | 89.6～102 | 2.8～5.9 | 82.1～95.9 | 3.4～5.2 |
| 22 | 六氯丁二烯 | 78.4～104 | 4.8～6.8 | 85.0～99.6 | 2.4～6.5 | 77.0～97.8 | 5.4～7.2 |
| 23 | 1,2,3-三氯苯 | 76.6～93.8 | 2.6～7.1 | 91.4～102 | 2.6～5.3 | 82.5～89.7 | 3.0～4.8 |
| 24 | 1,2,4,5-四氯苯 | 88.5～97.4 | 2.2～7.6 | 90.8～102 | 3.4～5.7 | 78.1～94.0 | 2.7～5.4 |

表 3-8-4（续）

| 序号 | 组分 | 低浓度 | | 中浓度 | | 高浓度 | |
| --- | --- | --- | --- | --- | --- | --- | --- |
| | | 回收率/% | 相对标准偏差/% | 回收率/% | 相对标准偏差/% | 回收率/% | 相对标准偏差/% |
| 25 | 1,2,3,4-四氯苯 | 83.9～99.8 | 3.1～6.6 | 87.8～103 | 2.8～6.9 | 83.0～95.6 | 2.5～5.4 |
| 26 | 五氯苯 | 88.8～111 | 2.9～7.1 | 89.3～98.5 | 3.1～4.8 | 79.7～113 | 5.3～6.0 |
| 27 | 六氯苯 | 81.0～103 | 3.3～7.0 | 82.5～96.0 | 4.4～7.0 | 78.7～96.2 | 4.5～6.6 |

### （三）丙烯酰胺的高效液相色谱串联质谱法

1. 方法原理

水样通过活性炭固相萃取柱净化和富集，洗脱液经浓缩、定容和过滤后，采用液相色谱分离，串联质谱检测，同位素内标法定量。

2. 样品处理

使用棕色磨口玻璃瓶采集样品，水样充满样品瓶并加盖密封后，于 0 ℃～4 ℃条件下冷藏避光保存，保存时间为 48 h。

将水样预处理，样品过 0.45 μm 水系滤膜后待用。样品进行固相萃取前，首先依次用 5 mL 甲醇、5 mL 水活化平衡活性炭固相萃取柱，不要让甲醇和水流干（液面不低于吸附剂顶部）。然后取预过滤后的 100 mL 水样，加入 50 μL 质量浓度为 100 μg/L $^{13}C_3$-丙烯酰胺内标使用溶液，混匀，内标物在水中的质量浓度为 0.050 μg/L。水样以约 5 mL/min 的流速通过固相萃取柱后，用氮气吹 2 min，干燥固相萃取柱。最后用 10 mL 甲醇洗脱，洗脱液在 40 ℃左右用氮气吹至近干后，用 1.0 mL 水重新溶解，过 0.22 μm 水系滤膜后上机测定。

3. 仪器参考条件

使用高效液相色谱串联质谱仪进行定性和定量分析。

液相色谱仪用于分离目标分析物，其参考条件：色谱柱为极性改性 $C_{18}$ 色谱柱（150 mm×2.1 mm，3.5 μm）或其他等效色谱柱；流动相为甲醇＋水（0.1%甲酸）＝10＋90，以 0.2 mL/min 的流速进行等度洗脱，进样体积为 10 μL；柱温为 25 ℃。

高效液相色谱串联质谱仪配有电喷雾电离源，采用正离子模式。检测方式为多反应监测。脱溶剂气、锥孔气、碰撞气均为高纯氮气，使用前应调节各气体流量以使质谱灵敏度达到检测要求。毛细管电压、锥孔电压等电压值应优化至最佳灵敏度。丙烯酰胺及其内标物的保留时间、母离子、子离子及碰撞能量参考值见表 3-8-5。

表 3-8-5　丙烯酰胺及其内标物的保留时间、母离子、子离子及碰撞能量参考值

| 组分 | 保留时间/min | 母离子（$m/z$） | 子离子（$m/z$） | 碰撞能量/eV |
|---|---|---|---|---|
| 丙烯酰胺 | 2.2 | 72 | 55[a]/44 | 10 |
| $^{13}C_3$-丙烯酰胺 | 2.2 | 75 | 58[a]/45 | 10 |
| [a] 表示定量离子。 | | | | |

4. 结果处理

准确吸取丙烯酰胺标准使用溶液 0 mL、0.20 mL、0.50 mL、1.00 mL、2.00 mL、5.00 mL 分别置于 10.0 mL 容量瓶中并加入 $^{13}C_3$-丙烯酰胺内标使用溶液 0.50 mL，以纯水定容至刻度，标准系列溶液质量浓度为 0 μg/L、2.0 μg/L、5.0 μg/L、10.0 μg/L、20.0 μg/L、50.0 μg/L，$^{13}C_3$-丙烯酰胺质量浓度固定为 5.0 μg/L。以丙烯酰胺峰面积与内标峰面积的比值为纵坐标，以丙烯酰胺的质量浓度为横坐标，绘制标准曲线。根据标准曲线回归方程计算样品溶液中丙烯酰胺的质量浓度。

取 10.0 μL 提取液在与标准测定相同的条件下进行分析，计算丙烯酰胺与内标物峰面积的比值，从标准曲线查得待测液中丙烯酰胺的质量浓度，按公式（3-8-2）计算水样中丙烯酰胺的质量浓度。

$$\rho\,(C_3H_5NO) = \frac{\rho_1 \times V_1}{V_2 \times 1\,000} \tag{3-8-2}$$

式中：

$\rho\,(C_3H_5NO)$——水样中丙烯酰胺的质量浓度，单位为毫克每升（mg/L）；

$\rho_1$——由标准曲线查得的丙烯酰胺的质量浓度，单位为微克每升（μg/L）；

$V_1$——提取后定容体积（1 mL），单位为毫升（mL）；

$V_2$——水样体积（100 mL），单位为毫升（mL）。

5. 精密度和准确度

样本加标平行测定 6 次，加标质量浓度为 0.02 μg/L～0.50 μg/L 时，相对标准偏差小于 5%，回收率为 96.1%～102%。

## （四）邻苯二甲酸二（2-乙基己基）酯的固相萃取气相色谱质谱法

1. 方法原理

水样中有机物通过以聚甲基丙烯酸酯-苯乙烯为吸附剂的大体积固相萃取柱吸附，用少量甲醇、乙酸乙酯和二氯甲烷洗脱，洗脱液经脱水、净化提纯、浓缩定容后，用气相色谱质谱联用仪分离测定。根据待测物的保留时间和质谱图定性，再通过待测物的定量离子与内标定量离子的相对强度和标准曲线定量。每个水样中含有已知浓度的

内标化合物，通过内标校正程序测定。

2. 样品处理

使用 2.5 L 棕色带聚四氟乙烯内衬螺旋盖的样品瓶采集水样，每升水样中加入约 100 mg 抗坏血酸，混合摇匀，以去除余氯。封好样品瓶，于 0 ℃～4 ℃条件下冷藏保存，保存时间为 24 h。

水样若较为浑浊，水样中的颗粒物质会堵塞萃取柱，降低萃取速率，可使用 0.45 μm 的玻璃纤维滤膜预先过滤水样，以缩短萃取时间。水样送到实验室后，用盐酸溶液 $[c(HCl)=6 \text{ mol/L}]$ 将水样的 pH 调至小于 2，过柱富集，萃取液装于密闭玻璃瓶中，于 0 ℃～4 ℃条件下冷藏，密封避光保存，2 d 内完成分析。吸附水样后的固相萃取柱若不能及时洗脱，可在室温下短期保存，一般不超过 10 d，最好在 0 ℃以下低温保存，以减少因吸附滞留而造成的有机物损失。固相萃取柱依次用 5 mL 二氯甲烷、5 mL 乙酸乙酯以约 3 mL/min 的流速缓慢过柱，加压或抽真空尽量让溶剂流干（约 30 s）；然后再依次用 10 mL 甲醇、10 mL 纯水过柱活化，此过程不能让吸附剂暴露在空气中。

量取 1 L 水样，加入 4.0 μL 质量浓度为 500 μg/mL 的内标和回收率指示物，立刻混匀，使其在水样中的质量浓度均为 2.0 μg/L，然后水样以约 15 mL/min 的流速过固相萃取柱。用氮吹或真空抽吸固相萃取柱至干，以去除水分。依次用 3 mL 乙酸乙酯、3 mL 二氯甲烷、1.5 mL 甲醇通过固相萃取柱洗脱，每种溶剂洗脱时浸泡吸附剂 10 min～15 min，所有洗脱液收集在同一收集瓶中。若洗脱液有水分，需过无水硫酸钠干燥柱除水。在室温下用氮气将洗脱液吹至近干，再用乙酸乙酯定容至 1 mL，待测。

3. 仪器参考条件

使用气相色谱质谱联用仪进行定性和定量分析。

气相色谱仪应具有程序升温功能；色谱柱为 DB-5MS（30 m×0.25 mm，0.25 μm）弹性石英毛细管柱或其他等效色谱柱；质谱仪使用电子电离源方式离子化，标准电子能量为 70 eV；配有工作站和数据处理系统。固相萃取柱的萃取相为高交联的聚甲基丙烯酸酯-苯乙烯，或相当性能的固相萃取柱（填充量为 200 mg，容量为 6 mL）。

色谱仪的气化室温度为 250 ℃，柱温初始温度 50 ℃保持 4 min，以每分钟 10 ℃升温至 280 ℃，保持 8 min，载气为高纯氦气 $[\varphi(He) \geqslant 99.999\%]$，柱流量为 1.0 mL/min，不分流进样。质谱仪的扫描范围为 45 u～450 u，离子源温度为 230 ℃，界面传输温度为 280 ℃，扫描时间小于或等于 1 s［全扫描模式（Scan 模式）］。

15 种半挥发性有机物、内标物及回收率指示物定量特征离子信息表见表 3-8-6。半挥发性有机物的总离子流图如图 3-8-3 所示。

表 3-8-6　15 种半挥发性有机物、内标物及回收率指示物定量特征离子信息表

| 序号 | 组分 | 分子式 | 定量离子 | 特征离子 |
|---|---|---|---|---|
| 1 | 敌敌畏 | $C_4H_7Cl_2O_4P$ | 109 | 185,79,220 |
| 2 | 2,4,6-三氯酚 | $C_6H_3Cl_3O$ | 196 | 198,97,132 |
| 3 | 苊-$D_{10}$（内标物） | $C_{12}D_{10}$ | 164 | 162,160,80 |
| 4 | 六氯苯 | $C_6Cl_6$ | 284 | 286,142 |
| 5 | 乐果 | $C_5H_{12}NO_3PS_2$ | 87 | 93,125 |
| 6 | 五氯酚 | $C_6HCl_5O$ | 266 | 264,268,167 |
| 7 | 林丹 | $C_6H_6Cl_6$ | 181 | 219,109,111 |
| 8 | 菲-$D_{10}$（内标物） | $C_{14}D_{10}$ | 188 | 187,94,184 |
| 9 | 百菌清 | $C_8Cl_4N_2$ | 266 | 264,268 |
| 10 | 甲基对硫磷 | $C_8H_{10}NO_5PS$ | 109 | 125,263 |
| 11 | 七氯 | $C_{10}H_5Cl_7$ | 100 | 272,274,237 |
| 12 | 马拉硫磷 | $C_{10}H_{19}O_6PS_2$ | 127 | 173,99,125 |
| 13 | 毒死蜱 | $C_9H_{11}Cl_3NO_3PS$ | 197 | 97,199,125 |
| 14 | 对硫磷 | $C_{10}H_{14}NO_5PS$ | 291 | 97,109,137 |
| 15 | 苉-$D_{10}$（回收率指示物） | $C_{16}D_{10}$ | 212 | 106,211,213 |
| 16 | 滴滴涕 | $C_{14}H_9Cl_5$ | 235 | 237,165,282 |
| 17 | 邻苯二甲酸二（2-乙基己基）酯 | $C_{24}H_{38}O_4$ | 149 | 167,150 |
| 18 | 䓛-$D_{12}$（内标物） | $C_{18}D_{12}$ | 240 | 236,239,241,120 |
| 19 | 溴氰菊酯 | $C_{22}H_{19}Br_2NO_3$ | 181 | 253,77,93 |

4. 结果处理

用全扫描方式获得的总离子流图对样品组分进行定性分析。在总离子流图中，将相对强度最大的 3 个离子称为特征离子，定性分析的方法是将水样组分的保留时间与标准样品组分的保留时间进行比较，同时将样品组分的质谱与数据库内标准质谱进行比较，要符合下列条件：①计算各组分保留时间的标准偏差，样品组分的保留时间漂移应在该组分标准偏差的 3 倍范围以内；②样品组分特征离子的相对强度与浓度相当的标准组分特征离子强度的相对误差在 30% 以内。

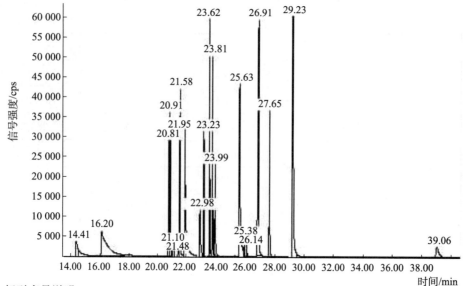

标引序号说明：

14.41 min——敌敌畏；

16.20 min——2,4,6-三氯酚；

20.91 min——六氯苯；

21.10 min——乐果；

21.48 min——五氯酚；

21.58 min——林丹；

21.95 min——百菌清；

22.98 min——甲基对硫磷；

23.23 min——七氯；

23.62 min——马拉硫磷；

23.81 min——毒死蜱；

23.99 min——对硫磷；

26.91 min——4,4′-滴滴涕；

27.65 min——2,4-滴滴涕；

29.23 min——邻苯二甲酸二（2-乙基己基）酯；

39.06 min——溴氰菊酯。

**图 3-8-3　半挥发性有机物的总离子流图**

用选择离子流图对组分进行定量分析，本方法用内标定量。敌敌畏、2,4,6-三氯酚以苊-$D_{10}$为内标，六氯苯、乐果、五氯酚和林丹以菲-$D_{10}$为内标，百菌清、甲基对硫磷、七氯、马拉硫磷、毒死蜱、对硫磷、滴滴涕、邻苯二甲酸二（2-乙基己基）酯和溴氰菊酯以䓛-$D_{12}$为内标。配制含有 15 种目标分析物和 3 个内标物的标准中间溶液，采用逐级稀释的方式配制标准系列溶液，半挥发性有机物的质量浓度分别为 0 μg/mL、0.4 μg/mL、0.8 μg/mL、1.0 μg/mL、2.0 μg/mL 和 4.0 μg/mL（乐果、五氯酚和溴氰菊酯 3 种物质则配制成 0 μg/mL、1.0 μg/mL、2.0 μg/mL、4.0 μg/mL、5.0 μg/mL、10.0 μg/mL 6 个质量浓度），内标的质量浓度为 2 μg/mL。将标准系列溶液按质量浓度从低到高的顺序依次上机测定。以峰面积比值为纵坐标，各组分质量浓度为横坐标，绘制标准曲线。待测物的质量浓度按公式（3-8-3）计算。

$$\rho_x = \frac{A_x \times \rho_{IS}}{A_{IS} \times \overline{RF}} \qquad (3\text{-}8\text{-}3)$$

式中：

$\rho_x$——待测物在水样中的质量浓度，单位为微克每升（$\mu g/L$）；

$A_x$——待测物定量离子的峰面积或峰高；

$\rho_{IS}$——加入仪器中的内标质量浓度，单位为微克每升（$\mu g/L$）；

$A_{IS}$——内标定量离子的峰面积或峰高；

$\overline{RF}$——待测物的平均响应因子。

5. 精密度和准确度

4 家实验室对 15 种半挥发性有机物加标水样进行重复测定，加标回收率和精密度结果见表 3-8-7（加标浓度为加入水中的浓度）。

表 3-8-7　15 种半挥发性有机物的加标回收率和精密度

| 组分 | 线性范围/（$\mu g/L$） | 加标浓度/（$\mu g/L$） | 加标回收率/% | 相对标准偏差/% |
|---|---|---|---|---|
| 敌敌畏 | 0.40～4.00 | 0.4 | 111 | 7.0 |
| | | 2.0 | 119 | 2.1 |
| 2,4,6-三氯酚 | 0.40～4.00 | 0.4 | 73.6 | 7.1 |
| | | 2.0 | 78.8 | 2.6 |
| 六氯苯 | 0.40～4.00 | 0.4 | 73.6 | 5.4 |
| | | 2.0 | 72.8 | 2.4 |
| 乐果 | 1.00～10.0 | 1.0 | 102 | 2.8 |
| | | 5.0 | 118 | 2.4 |
| 五氯酚 | 1.00～10.0 | 1.0 | 119 | 2.3 |
| | | 5.0 | 113 | 1.7 |
| 林丹 | 0.40～4.00 | 0.4 | 88.8 | 5.7 |
| | | 2.0 | 98.5 | 1.7 |
| 百菌清 | 0.40～4.00 | 0.4 | 115 | 3.4 |
| | | 2.0 | 114 | 3.3 |
| 甲基对硫磷 | 0.40～4.00 | 0.4 | 118 | 4.7 |
| | | 2.0 | 109 | 3.0 |
| 七氯 | 0.40～4.00 | 0.4 | 74.9 | 9.1 |
| | | 2.0 | 72.4 | 3.0 |
| 马拉硫磷 | 0.40～4.00 | 0.4 | 117 | 5.6 |
| | | 2.0 | 117 | 2.4 |

表 3-8-7（续）

| 组分 | 线性范围/（μg/L） | 加标浓度/（μg/L） | 加标回收率/% | 相对标准偏差/% |
|---|---|---|---|---|
| 毒死蜱 | 0.40～4.00 | 0.4 | 75.8 | 8.2 |
| | | 2.0 | 76.2 | 3.1 |
| 对硫磷 | 0.40～4.00 | 0.4 | 102 | 4.1 |
| | | 2.0 | 116 | 2.8 |
| 滴滴涕 | 0.40～4.00 | 0.4 | 113 | 5.1 |
| | | 2.0 | 76.0 | 2.5 |
| 邻苯二甲酸二(2-乙基己基)酯 | 0.40～4.00 | 0.4 | 119 | 5.0 |
| | | 2.0 | 113 | 3.2 |
| 溴氰菊酯 | 1.00～10.0 | 1.0 | 91.8 | 2.2 |
| | | 5.0 | 92.8 | 1.0 |

### （五）微囊藻毒素的液相色谱串联质谱法

1. 方法原理

水样经 0.22 μm 微孔滤膜过滤，用液相色谱串联质谱仪进行检测，外标法定量。

2. 样品处理

使用磨口玻璃瓶采集样品，避光存放于 0 ℃～4 ℃冷藏条件下，可保存 7 d。洁净的水样经 0.22 μm 水系针筒式微孔滤膜过滤器过滤后测定，浑浊的水样经定性滤纸过滤后，再经 0.22 μm 水系针筒式微孔滤膜过滤器后测定。如怀疑水中含较多藻细胞，可取适量混匀水样，反复冻融 3 次，混匀后经 0.22 μm 水系针筒式微孔滤膜过滤器后测定。

3. 仪器参考条件

使用液相色谱串联质谱仪进行定性和定量分析。

液相色谱仪用于分离目标分析物，其参考条件：色谱柱为 $C_{18}$ 柱（2.1 mm×150 mm，5 μm）或其他等效色谱柱，柱温为 26 ℃；流动相为甲醇（$CH_3OH$）＋甲酸溶液 [$\varphi(HCOOH)=0.1\%$]＝10＋90，以 0.2 mL/min 的流速进行等度洗脱，进样体积为 20 μL。

三重四极杆质谱仪（MS-MS）检测方式为多反应监测，参考条件：电离方式为正离子电喷雾电离源（ESI＋），喷雾电压为 5 500 V，离子源温度为 600 ℃，气帘气压力为 137.9 kPa（20 psi），碰撞气流速中等，源内气流速为 50 L/min，辅助气流速为 60 L/min，入口电压为 10 V，驻留时间为 100 ms。

微囊藻毒素母离子、子离子、去簇电压、碰撞能量和碰撞池电压见表 3-8-8。

表 3-8-8 微囊藻毒素母离子、子离子、去簇电压、碰撞能量和碰撞池电压

| 组分 | 母离子（$m/z$） | 子离子（$m/z$） | 去簇电压/V | 碰撞能量/eV | 碰撞池电压/V |
|---|---|---|---|---|---|
| 微囊藻毒素-LR（MC-LR） | 995.6 | 213.0[a] | 60 | 75 | 16 |
| | | 375.1 | 60 | 123 | 16 |
| 微囊藻毒素-RR（MC-RR） | 519.9 | 135.0[a] | 110 | 36 | 12 |
| | | 127.1 | 110 | 47 | 10 |
| 微囊藻毒素-YR（MC-YR） | 1 045.6 | 213.0[a] | 60 | 125 | 18 |
| | | 375.1 | 60 | 76 | 17 |
| 微囊藻毒素-LW（MC-LW） | 1 025.4 | 135.0[a] | 60 | 100 | 13 |
| | | 375.1 | 60 | 55 | 19 |
| 微囊藻毒素-LF（MC-LF） | 986.6 | 135.0[a] | 60 | 90 | 13 |
| | | 375.1 | 60 | 50 | 18 |
| [a] 为定量离子，其余为定性离子。 | | | | | |

4. 结果处理

采用外标法进行定量分析。每次分析样品时，用标准使用溶液绘制标准曲线。分别移取 5 种微囊藻毒素混合使用溶液配制质量浓度为 0.50 μg/L、2.0 μg/L、5.0 μg/L、10.0 μg/L、20.0 μg/L 和 50.0 μg/L 的标准系列溶液，标准系列溶液需现用现配。各取 20 μL 分别注入液相色谱串联质谱仪，测定相应的 5 种微囊藻毒素的峰面积，以 5 种微囊藻毒素的质量浓度为横坐标，定量离子的峰面积为纵坐标，绘制标准曲线。样品测定时，定量离子峰面积对应标准曲线中的含量作为定量结果。

根据 5 种微囊藻毒素各个碎片离子的丰度比及保留时间定性，要求所检测的 5 种微囊藻毒素色谱峰信噪比（$S/N$）大于 3，待测试样中待测物的保留时间与标准溶液中待测物的保留时间一致，同时待测试样中待测物的相应监测离子丰度比与同浓度标准溶液中待测物的色谱峰丰度比一致。

5. 精密度和准确度

4 家实验室测定精密度，低浓度（1.0 μg/L）、中浓度（5.0 μg/L）及高浓度（20.0 μg/L）MC-LR 相对标准偏差分别为 3.0%～4.2%、2.2%～3.6%、1.4%～2.9%；MC-RR 相对标准偏差分别为 3.8%～4.2%、2.4%～3.4%、1.2%～3.2%；MC-YR 相对标准偏差分别为 3.4%～4.0%、2.2%～3.7%、1.6%～2.3%；MC-LW 相对标准偏差分别为 3.4%～4.3%、2.2%～3.6%、2.0%～2.3%；MC-LF 相对标准偏差分别为 3.8%～4.6%、2.4%～4.1%、2.1%～2.8%。测定加标回收率，低浓度

（1.0 μg/L）、中浓度（5.0 μg/L）及高浓度（20.0 μg/L）MC-LR 相对标准偏差分别为 98.2%～103%、99.1%～99.9%、94.0%～99.5%；MC-RR 相对标准偏差分别为 96.6%～104%、99.3%～101%、95.0%～101%；MC-YR 相对标准偏差分别为 96.8%～102%、98.4%～99.4%、96.5%～102%；MC-LW 相对标准偏差分别为 92.8%～98.3%、96.6%～98.4%、94.5%～96.0%；MC-LF 相对标准偏差分别为 95.5%～98.2%、98.8%～99.5%、94.5%～97.5%。

### （六）环氧氯丙烷的气相色谱质谱法

1. 方法原理

水样中环氧氯丙烷经过 $C_{18}$ 固相萃取柱富集吸附，用二氯甲烷洗脱，洗脱液旋转蒸发浓缩后，以气相色谱质谱联用法测定。

2. 样品处理

使用 1 L 的棕色磨口塞玻璃瓶采集水样，向所采水样中加 3 滴甲基橙指示剂（0.5 g/L），用氢氧化钠溶液（50 g/L）或盐酸溶液（1+9）调至中性，供气相色谱质谱测定。水样采集后应尽快进行萃取处理，当天不能处理时，要置于 0 ℃～4 ℃条件下冷藏保存。

水样的预处理方法如下：①依次用 6 mL 甲醇和 6 mL 纯水对 $C_{18}$ 固相萃取柱进行活化，共活化 3 次。取水样 1 L，以 20 mL/min 的流速进行水样富集，再用高纯氮气对 $C_{18}$ 固相萃取柱进行干燥，时间为 6 min，最后用 6 mL 二氯甲烷进行两次洗脱，合并洗脱液（当水样浑浊时，可以先用定性滤纸对水样进行过滤，然后再按照上述方法操作）。②将洗脱液置于旋转蒸发器中，用少量二氯甲烷洗涤用于接收的 10 mL 具塞刻度离心管两次，洗液合并倒入浓缩器中，将洗脱液于 40 ℃水浴浓缩至 1.0 mL。

3. 仪器参考条件

使用配有电子电离源的气相色谱质谱联用仪进行定性和定量分析。

仪器参考条件：色谱柱为 HP-INNOWAX 高弹石英毛细管柱（30 m×0.250 mm，0.25 μm）或其他等效色谱柱。气化室温度为 200 ℃，离子源温度为 230 ℃，质谱仪四极杆温度为 150 ℃，载气压力为 52.76 kPa（7.652 2 psi），进样方式为分流进样或者无分流进样，分流比为 3∶1（可以根据仪器响应信号适当调整分流比）。升温程序为初始温度 50 ℃，保持 1 min，以 10 ℃/min 的速率，升温至 130 ℃，保持 1 min。扫描模式为选择离子扫描，定性离子 $m/z$ 为 57，49，62；定量离子 $m/z$ 为 57。溶剂延迟为 4 min。

环氧氯丙烷选择离子（$m/z$，57）质谱图如图 3-8-4 所示。

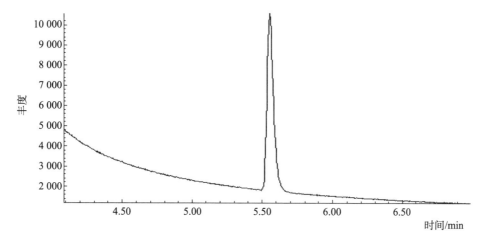

图 3-8-4 环氧氯丙烷选择离子（$m/z$,57）质谱图（环氧氯丙烷 5.548 min，质量浓度为 0.80 mg/L）

4. 结果处理

采用外标法进行定量分析。使用环氧氯丙烷标准储备溶液或直接使用有证标准物质溶液，采用逐级稀释的方式配制质量浓度为 0 mg/L、0.05 mg/L、0.10 mg/L、0.20 mg/L、0.40 mg/L 和 0.80 mg/L 的环氧氯丙烷标准系列溶液。各取标准系列溶液 1 μL 注入气相色谱质谱联用仪，测定峰面积（或峰高），以峰面积（或峰高）为纵坐标，以标准系列溶液中环氧氯丙烷的质量浓度为横坐标，绘制标准曲线。根据标准选择离子质谱图（图 3-8-4）组分的保留时间和选择离子确定组分名称进行定性分析。待测试样中待测物的保留时间与标准溶液中待测物的保留时间一致，同时试样中待测物的相应选择离子丰度比与标准溶液中待测物的离子丰度比符合要求。根据样品的峰面积（或峰高）响应值，通过标准曲线查得样品中环氧氯丙烷的质量浓度，按公式（3-8-4）进行计算。

$$\rho\ (\mathrm{C_3H_5ClO}) = \frac{\rho_1 \times V_1}{V} \tag{3-8-4}$$

式中：

$\rho$（$\mathrm{C_3H_5ClO}$）——水样中环氧氯丙烷的质量浓度，单位为毫克每升（mg/L）；

$\rho_1$——从标准曲线上查出环氧氯丙烷的质量浓度，单位为毫克每升（mg/L）；

$V_1$——浓缩后萃取液的体积，单位为毫升（mL）；

$V$——水样体积，单位为毫升（mL）。

5. 精密度和准确度

5 家实验室测定含环氧氯丙烷 0.10 μg/L～1.0 μg/L 的生活饮用水，相对标准偏差为 1.9%～5.6%，回收率为 90.5%～103%，且计算批内相对标准偏差低于 5%。

### （七）二苯胺的高效液相色谱法

**1. 方法原理**

水样中二苯胺通过 $C_{18}$ 固相萃取柱吸附提取，用甲醇水洗脱，洗脱液用高效液相色谱仪分离测定。根据二苯胺的保留时间定性（当二苯胺色谱峰强度合适时，可用其对应的紫外光谱图进一步确证），外标法定量。

**2. 样品处理**

使用带磨口塞的玻璃瓶采集水样。采样后尽快分析，如不能立刻测定，水样需置于 0 ℃～4 ℃ 条件下冷藏保存。水样使用固相萃取法进行预处理，将固相萃取柱［$C_{18}$ 柱（200 mg）或其他等效固相萃取柱］依次用 10 mL 甲醇、10 mL 超纯水过柱活化，准确量取100 mL 水样，以约 10 mL/min 的流速过固相萃取柱，用 10 mL 甲醇溶液 ［$\varphi(CH_3OH)=20\%$］ 洗涤小柱，用真空泵抽吸至干，将 4 mL 甲醇溶液 ［$\varphi(CH_3OH)=75\%$］ 加入固相萃取柱浸泡吸附剂 10 min 左右，然后洗脱，洗脱液用流动相定容至 5.0 mL，用于高效液相色谱测定。

**3. 仪器参考条件**

使用配有二极管阵列检测器的高效液相色谱仪进行定性和定量分析。色谱柱为 $C_{18}$ 柱（250 mm × 4.6 mm，5 μm）或其他等效色谱柱。流动相为乙酸铵溶液 ［$c(CH_3COONH_4)=0.02$ mol/L］＋甲醇（$CH_3OH$）＝30＋70，高效液相色谱分析前，需经 0.45 μm 滤膜过滤及脱气处理。流速为 0.8 mL/min。检测波长为 280 nm。进样体积为 100 μL。

**4. 结果处理**

采用外标法进行定量分析。使用纯度大于或等于 99.5% 的二苯胺配制的标准储备溶液或直接使用有证标准物质溶液，用流动相稀释为标准使用溶液，再取不同体积标准使用溶液，用流动相配制成二苯胺质量浓度分别为 0.05 mg/L、0.10 mg/L、0.50 mg/L、2.0 mg/L、5.0 mg/L 和 10.0 mg/L 的标准系列溶液，现用现配。分别取不同质量浓度的二苯胺标准系列溶液 100 μL，上机测定，以测得的峰面积为纵坐标，质量浓度为横坐标，绘制标准曲线。

吸取洗脱液 100 μL 进样，进行高效液相色谱分析。根据二苯胺的保留时间定性，当二苯胺色谱峰强度合适时，可用其对应的紫外光谱图进一步确证。根据峰面积从标准曲线上得到二苯胺的质量浓度。

二苯胺标准液相色谱图（质量浓度为 0.50 mg/L）如图 3-8-5 所示。二苯胺标准紫外光谱图如图 3-8-6 所示。

### 5. 精密度和准确度

4 家实验室对二苯胺质量浓度为 0.002 mg/L 和 10 mg/L 的人工合成水样进行测定，相对标准偏差为 0.3%～6.2%；4 家实验室对二苯胺的加标质量浓度为 0.002 mg/L 和 10 mg/L 的人工合成水样做回收试验，回收率为 85.0%～105%。

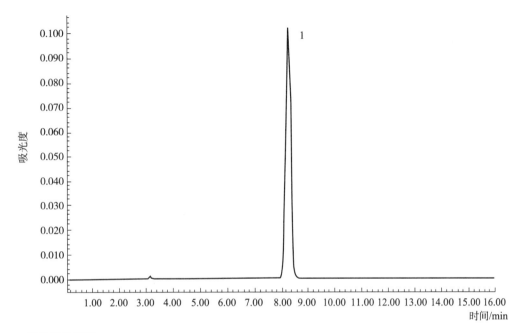

标引序号说明：

1——二苯胺。

图 3-8-5　二苯胺标准液相色谱图（质量浓度为 0.50 mg/L）

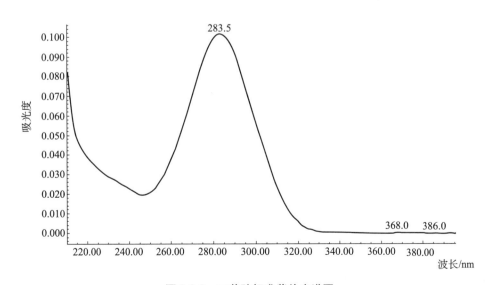

图 3-8-6　二苯胺标准紫外光谱图

### (八) 1,2-二溴乙烯的吹扫捕集气相色谱质谱法

#### 1. 方法原理

水样中的低水溶性挥发性有机化合物1,2-二溴乙烯、1,1-二溴乙烷、1,2-二溴乙烷及内标物氟苯经吹扫捕集装置吹脱、捕集、加热解吸脱附后，导入气相色谱质谱联用仪中分离、测定。根据特征离子和保留时间定性，内标法定量。

#### 2. 样品处理

使用100 mL的棕色玻璃瓶采集水样，瓶中不留顶上空间和气泡，加盖密封，尽快运回实验室进行分析。若不能及时分析，样品应于0 ℃～4 ℃条件下冷藏保存，保存时间为24 h。

#### 3. 仪器参考条件

使用气相色谱质谱联用仪进行定性和定量分析。

吹扫捕集仪需配吹扫样品管，捕集阱填料为1/3 2,6-二苯基呋喃多孔聚合物树脂（Tenax）、1/3 硅胶、1/3 活性炭混合吸附剂，或其他等效吸附剂。色谱柱为石英毛细管柱（30 m×0.25 mm，1.4 μm），固定相为6%氰丙基苯基-甲基聚硅氧烷，或其他等效色谱柱。吹扫捕集时吹扫流速为40 mL/min，吹扫时间为11 min；解吸温度为250 ℃，解吸时间为2 min；烘烤温度为275 ℃，烘烤时间为2 min；进样体积为25 mL，内标体积为2 μL。进样口温度为200 ℃，不分流；柱流量为1.0 mL/min，恒流模式；柱箱起始温度为50 ℃，保持1 min，以5 ℃/min的速率升至80 ℃，再以10 ℃/min的速率升至180 ℃，保持0 min。

质谱仪配有电子电离源，离子源温度为230 ℃，离子化能量为70 eV，采用全扫描模式（Scan模式），扫描范围为60 u～200 u，传输线温度为200 ℃。

标准物质总离子流图如图3-8-7所示。

#### 4. 结果处理

采用内标法进行定量分析。配制1,1-二溴乙烷、1,2-二溴乙烷、1,2-二溴乙烯的混合标准使用溶液，采用逐级稀释的方式配制质量浓度为0.02 μg/L、0.05 μg/L、0.10 μg/L、0.20 μg/L、0.40 μg/L、0.60 μg/L的混合标准系列溶液。将待测水样和标准系列溶液加满进样瓶，不留顶上空间和气泡，加盖密封，放入自动进样器中自动进水样25.0 mL和5.0 μg/mL内标物氟苯2 μL于吹扫捕集装置中，吹脱、捕集、加热解吸脱附后，自动导入气相色谱质谱仪中，绘制工作曲线，进行定性和定量分析，同时做空白试验和标准系列试验。根据标准物质总离子流图（图3-8-7）中的保留时间和特征离子进行定性分析。方法待测组分的相对分子质量和定性、定量离子见表3-8-9。以组分定量离子峰面积与内标氟苯的定量离子峰面积之比为纵坐标，标准溶液质量浓度为横坐标，绘制工作曲线。实际样品在测定前加入等量

的内标物，根据样品的定量离子峰面积与内标氟苯的定量离子峰面积之比，通过工作曲线直接测得样品中待测组分的浓度。

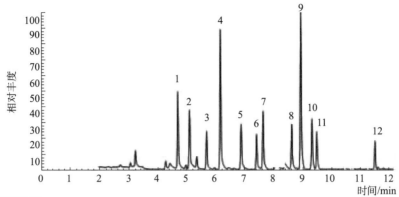

标引序号说明：

1——三氯甲烷，4.72 min；

2——四氯化碳，5.13 min；

3——氟苯，5.71 min；

4——三氯乙烯，6.2 min；

5——一溴二氯甲烷，6.91 min；

6——反-1,2-二溴乙烯，7.37 min；

7——1,1-二溴乙烷，7.67 min；

8——顺-1,2-二溴乙烯，8.58 min；

9——四氯乙烯，8.95 min；

10——二溴一氯甲烷，9.34 min；

11——1,2-二溴乙烷，9.51 min；

12——三溴甲烷，11.54 min。

**图 3-8-7　标准物质总离子流图**

**表 3-8-9　方法待测组分的相对分子质量和定性、定量离子表**

| 组分 | 相对分子质量 | 定量离子（$m/z$） | 定性离子（$m/z$） |
|---|---|---|---|
| 反-1,2-二溴乙烯 | 184 | 186 | 105，107 |
| 1,1-二溴乙烷 | 186 | 107 | 109，188 |
| 顺-1,2-二溴乙烯 | 184 | 186 | 105，107 |
| 1,2-二溴乙烷 | 186 | 107 | 109，188 |
| 氟苯 | 96 | 96 | 77 |

5. 精密度和准确度

5 家实验室分别对质量浓度为 0.02 μg/L、0.10 μg/L、0.40 μg/L 的人工合成水样重复测定 6 次，1,2-二溴乙烯的相对标准偏差为 2.2%～8.3%，回收率为 80.0%～106%；1,1-二溴乙烷的相对标准偏差为 1.4%～9.0%，回收率为 80.0%～107%；1,2-二溴乙烷的相对标准偏差为 1.2%～9.0%，回收率为 82.0%～105%。

### （九）双酚 A 的超高效液相色谱串联质谱法

#### 1. 方法原理

水样经固相萃取柱富集净化，液相色谱串联质谱仪检测，利用多反应监测模式，同位素内标法定量。

#### 2. 样品处理

使用棕色玻璃瓶采集水样，采样时用待测水样清洗采样瓶 2 次～3 次，水样采集后于 0 ℃～4 ℃条件下冷藏保存，保存时间为 7 d。若水样浑浊时需先离心，取上清液再进行富集。

水样富集前先将固相萃取柱依次以 5 mL 甲醇、5 mL 纯水活化。取 100 mL 水样加入 50 μL 100 μg/L 内标混合使用溶液，混匀后上样，水样以 3 mL/min～5 mL/min 的流速通过固相萃取柱。上样完毕后，抽干固相萃取柱中残留的水分。用 10 mL 甲醇分两次洗脱，洗脱液下降滴速控制在 1 滴/3 s 左右，用玻璃试管收集洗脱液，于 50 ℃水浴，氮气吹至近干，用 50%甲醇溶液定容至 1.0 mL，涡旋混匀后待测。

当水样中双酚 A 浓度高时，可采用直接进样分析。取 5 mL 水样加入 50 μL 1 mg/L 内标混合中间溶液于 15 mL 的离心管中，10 000 r/min 高速离心 10 min。取一定量上清液转入色谱进样小瓶，同时加入等体积甲醇（甲醇＋上清液＝50＋50），于 0 ℃～4 ℃条件下冷藏避光保存，混匀后待测。

#### 3. 仪器参考条件

使用超高效液相色谱串联质谱联用仪进行定性和定量分析。

液相色谱仪用于分离目标分析物，其参考条件：色谱柱为 $C_{18}$ 色谱柱（100 mm× 2.1 mm，1.8 μm）或其他等效色谱柱，柱温为 40 ℃。流动相 A 为甲醇，流动相 B 为 0.01%氨水溶液，流动相及梯度洗脱条件见表 3-8-10，进样体积为 10 μL。

表 3-8-10　流动相及梯度洗脱条件

| 时间/min | 流速/（mL/min） | 流动相 A/% | 流动相 B/% |
|---|---|---|---|
| 0.0 | 0.3 | 60 | 40 |
| 3.0 | 0.3 | 95 | 5 |
| 5.0 | 0.3 | 95 | 5 |
| 5.1 | 0.3 | 60 | 40 |
| 6.0 | 0.3 | 60 | 40 |

质谱仪参考条件：配有电喷雾离子源，采用负离子模式，毛细管电压为 2.4 kV，离子源温度为 150 ℃，脱溶剂气温度为 500 ℃，脱溶剂气流量为 800 L/h，锥孔反吹气

流量为50 L/h，质谱采集参数为多反应离子监测模式。各目标物的质谱采集参数见表3-8-11。

表 3-8-11　质谱采集参数

| 组分 | 相对分子量 | 母离子（m/z） | 子离子（m/z） | 锥孔电压/V | 碰撞能量/eV |
|---|---|---|---|---|---|
| 双酚 A（BPA） | 228 | 227 | 212[a] | 46 | 18 |
| | | | 133 | 46 | 26 |
| 双酚 B（BPB） | 242 | 241 | 212[a] | 44 | 18 |
| 双酚 F（BPF） | 200 | 199 | 93[a] | 46 | 22 |
| | | | 105 | 46 | 22 |
| 双酚 A-D$_{16}$（BPA-D$_{16}$）（内标） | 244 | 241 | 223[a] | 48 | 20 |
| | | | 142 | 48 | 26 |
| 4-辛基酚（4-OP） | 206 | 205 | 106[a] | 50 | 20 |
| 4-壬基酚（4-NP） | 220 | 219 | 106[a] | 50 | 20 |
| 4-壬基酚-D$_8$（4-NP-D$_8$）（内标） | 228 | 227 | 112[a] | 48 | 22 |

　　[a] 表示定量子离子。对于不同质谱仪器，仪器参数可能存在差异，测定前应将质谱参数优化到最佳。BPA-D$_{16}$ 为 BPA、BPB、BPF 的内标，4-NP-D$_8$ 为 4-OP、4-NP 的内标。

4. 结果处理

采用内标法进行定量分析。分别取适量的 BPA、BPB、BPF、4-OP 和 4-NP 标准使用溶液，用 50% 甲醇溶液稀释，配制成 BPA、BPF 和 4-NP 质量浓度为 0.5 μg/L、1.0 μg/L、5.0 μg/L、10.0 μg/L、50.0 μg/L 及 BPB 和 4-OP 质量浓度为 0.1 μg/L、1.0 μg/L、5.0 μg/L、10.0 μg/L、50.0 μg/L 的标准混合溶液系列。其中内标 BPA-D$_{16}$、4-NP-D$_8$ 添加质量浓度为 5 μg/L。分别取 10 μL 各浓度标准溶液注入超高效液相色谱串联质谱系统，测定记录各目标物和内标物的定量离子峰面积，以各目标物的质量浓度为横坐标，各目标待测物与相应内标物的峰面积比值为纵坐标，绘制标准曲线。样品测定时，记录各目标物（BPA、BPB、BPF 和 4-OP、4-NP）定量离子峰面积和其对应内标物（BPA-D$_{16}$ 和 4-NP-D$_8$）定量离子的峰面积，计算其比值，采用内标法定量。

需用纯水做空白样品测试。试剂空白除不加试样外，采用完全相同的测定步骤进行操作。取处理后的样品待测液，与测定标准系列溶液相同的仪器条件进样分析。根据标准多反应监测质谱图各组分的离子对和保留时间确定组分名称。在相同试验条件下进行样品测定，如果检出的色谱峰保留时间与标准一致（变化范围在±2.5%之内），并且在扣除背景后的样品质谱图中，所选择的离子均出现，而且所选择的离子丰度比与标准样品的丰度比相一致（相对丰度大于50%，允许的相对偏差为±20%；相对丰度大于20%～50%，允许的相对偏差为±25%；相对丰度大于10%～20%，允许的相对偏差±30%；相对丰度小于或等于10%，允许的相对偏差为±50%），则可判断样品中存在这种化合物。

5. 精密度和准确度

测定纯水加标低、中、高（0.5 μg/L～50 μg/L）3个质量浓度，每个质量浓度分析6个平行样。4家实验室测定结果：BPA的相对标准偏差为1.1%～9.7%，BPB的相对标准偏差为2.2%～9.7%，BPF的相对标准偏差为1.2%～9.2%，4-OP的相对标准偏差为1.3%～9.5%，4-NP的相对标准偏差为1.8%～8.7%。

测定末梢水加标低、中、高（0.5 μg/L～50 μg/L）3个质量浓度，每个质量浓度分析6个平行样。4家实验室对3个质量浓度做加标回收试验，测定结果：BPA加标回收率为70.0%～119%，BPB加标回收率为80.6%～119%，BPF加标回收率为72.2%～109%，4-OP加标回收率为77.2%～118%，4-NP加标回收率为71.4%～102%。

直接进样时不同目标物的相对标准偏差为1.2%～3.5%，回收率为93.0%～104%。

## （十）双酚A的液相色谱法

1. 方法原理

水样经过滤或高速离心后，用反相高效液相色谱分离，荧光检测器检测，根据色谱峰保留时间定性，外标法定量。

2. 样品处理

使用玻璃瓶或聚丙烯塑料瓶采集水样。对于不含余氯的样品，无需额外添加保存剂。对于含余氯的样品，可使用抗坏血酸溶液去除余氯干扰，采样瓶中的每升样品加0.1 g抗坏血酸。水样应冷藏避光保存，保存时间为7 d。取2 mL水样经玻璃纤维针头式过滤器过滤，取续滤液1 mL到色谱进样小瓶（或取2 mL水样于一次性离心管中，10 000 r/min高速离心15 min，取1 mL上清样品转入色谱进样小瓶），避光、0 ℃～4 ℃冷藏保存，待测定。同时用实验纯水代替水样，相同步骤制备实验室内空白试液，空白试液平行制备两份。需要注意，除了玻璃纤维滤膜几乎不会吸附双酚A外，混合纤维、尼龙、聚醚砜等其他实验室常用水系滤膜均会对双酚A造成明显的吸附截留。

3. 仪器参考条件

使用配有荧光检测器的高效液相色谱仪进行定性和定量分析。色谱柱为 $C_{18}$ 柱（4.6 mm×250 mm，5 $\mu$m）或其他等效色谱柱。流动相为甲醇＋纯水＝70＋30，流速为 1.0 mL/min。荧光检测器的激发波长为 228nm，发射波长为 312nm。柱温为室温。进样体积为 100 $\mu$L。

4. 结果处理

采用外标法进行定量分析。使用纯度大于 98.0% 的双酚 A 配制的标准储备溶液或直接使用有证标准物质溶液，用纯水稀释为标准使用溶液。取不同体积标准使用溶液用纯水配制成质量浓度分别为 2 $\mu$g/L、4 $\mu$g/L、10 $\mu$g/L、20 $\mu$g/L、40 $\mu$g/L 的标准系列溶液，现用现配。以测得的峰面积为纵坐标，质量浓度为横坐标，绘制标准曲线。

100 $\mu$L 进样，进行高效液相色谱分析。根据双酚 A 的保留时间定性，根据峰面积从标准曲线上得到双酚 A 的质量浓度。双酚 A 的液相色谱图（质量浓度为 0.01 mg/L）如图 3-8-8 所示。

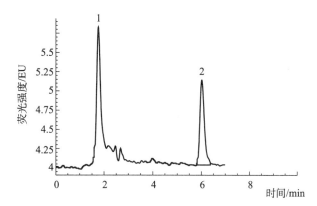

标引序号说明：

1——死体积峰，1.973 min；

2——双酚 A，6.017 min。

**图 3-8-8 双酚 A 的液相色谱图（质量浓度为 0.01 mg/L）**

5. 精密度和准确度

5 家实验室进行验证试验，加标质量浓度为 5 $\mu$g/L、10 $\mu$g/L、20 $\mu$g/L 时，相对标准偏差分别小于 3.5%、2.9%、1.8%，回收率分别为 93.7%～107%、94.2%～103%、95.8%～107%。

### (十一) 土臭素的顶空固相微萃取气相色谱质谱法

**1. 方法原理**

利用固相微萃取纤维吸附样品中的土臭素和 2-甲基异莰醇，顶空富集后用气相色谱质谱联用仪分离测定，内标法定量。

**2. 样品处理**

使用具有聚四氟乙烯瓶垫的棕色玻璃瓶采集水样。采样时，取水至满瓶，瓶中不可有气泡。采集后冷藏、密封保存，保存时间为 24 h。

水样检测前需将水样放置至室温，测定水源水的土臭素和 2-甲基异莰醇时，需经 0.45 $\mu$m 滤膜过滤；在 60 mL 采样瓶中置入磁力搅拌子（如图 3-8-9 所示），加氯化钠 (NaCl) 10 g；加入水样 40 mL 后再加入 10 $\mu$L 内标使用溶液（质量浓度为 40 $\mu$g/L），旋紧瓶盖；将采样瓶置于采样台，60 ℃水浴加热；经 15 s 加热搅拌均匀后，压下萃取纤维至顶部空间进行吸附萃取；萃取 40 min 后，取出萃取纤维，擦干吸附针头水分后，将萃取纤维插入气相色谱进样口，在 250 ℃下解吸 5 min。

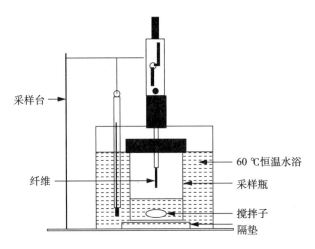

**图 3-8-9 固相微萃取装置图**

**3. 仪器参考条件**

使用气相色谱质谱联用仪进行定性和定量分析。

气相色谱仪采用色谱柱 HP-5（30 m×0.25 mm，0.25 $\mu$m）时，载气为高纯氦气 [$\varphi$ (He) ≥99.999%]；进样口压力为 56.5 kPa，进样口温度为 250 ℃，进样模式为不分流进样；升温程序为起始温度 60 ℃保持 2.5 min，以 8 ℃/min 的速率升至 250 ℃，保持 5 min。气相色谱仪采用色谱柱 DB-5（60 m×0.25 mm，1 $\mu$m）时，载气为高纯氦气 [$\varphi$ (He) ≥99.999%]；进样口压力为 144.8 kPa，进样口温度为 250 ℃，进样

模式为不分流进样；升温程序为起始温度 40 ℃保持 2 min，以 30 ℃/min 的速率升至 180 ℃，然后以 10 ℃/min 的速率升至 270 ℃，保持 3 min。

质谱仪操作条件：配有电子电离源，离子源温度为230 ℃，接口温度为280 ℃，离子化能量为 70 eV，扫描模式为选择离子检测。选择离子检测参数见表 3-8-12 和表 3-8-13。

土臭素、2-甲基异莰醇和 2-异丁基-3-甲氧基吡嗪的色谱图如图 3-8-10 所示。

表 3-8-12　选择离子检测参数（HP-5）

| 组分 | 保留时间/min | 定性离子（$m/z$） | 定量离子（$m/z$） |
| --- | --- | --- | --- |
| 土臭素 | 14.50 | 112，125 | 112 |
| 2-甲基异莰醇 | 10.65 | 95，107，135 | 95 |
| 2-异丁基-3-甲氧基吡嗪 | 10.48 | 94，124，151 | 124 |

表 3-8-13　选择离子检测参数（DB-5）

| 组分 | 保留时间/min | 定性离子（$m/z$） | 定量离子（$m/z$） |
| --- | --- | --- | --- |
| 土臭素 | 17.26 | 112，125 | 112 |
| 2-甲基异莰醇 | 14.18 | 95，107，135 | 95 |
| 2-异丁基-3-甲氧基吡嗪 | 13.45 | 94，124，151 | 124 |

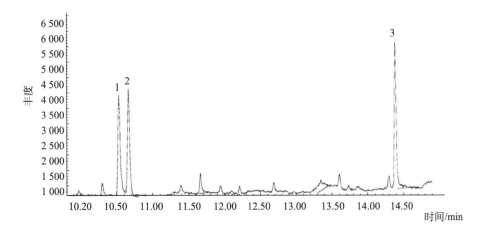

标引序号说明：

1——2-异丁基-3-甲氧基吡嗪；

2——2-甲基异莰醇；

3——土臭素。

图 3-8-10　土臭素、2-甲基异莰醇和 2-异丁基-3-甲氧基吡嗪的色谱图

4. 结果处理

采用内标法进行定量分析。配制土臭素、2-甲基异莰醇和 2-异丁基-3-甲氧基吡嗪的

标准混合使用溶液，采用逐级稀释的方式配制质量浓度为 0 ng/L、5.0 ng/L、10.0 ng/L、20.0 ng/L、50.0 ng/L、100.0 ng/L 的标准混合溶液。分别取 40 mL 标准混合溶液，加入 10 μL 内标（2-异丁基-3-甲氧基吡嗪）添加液，经过前处理后，经气相色谱质谱联用仪进行分析。以峰面积为纵坐标，质量浓度为横坐标，绘制工作曲线。

根据标准物质色谱图（图 3-8-10）中各组分的保留时间和特征离子对进行定性分析。以组分定量离子峰面积与内标氟苯的定量离子峰面积之比为纵坐标，标准溶液质量浓度为横坐标，实际样品在测定前加入等量的内标物，根据样品的定量离子峰面积与内标氟苯的定量离子峰面积之比，通过工作曲线直接测得样品中待测组分的质量浓度。根据标准色谱图中各组分的保留时间对待测水样进行定性分析。根据样品中各组分的峰面积在工作曲线上查出样品的质量浓度，按公式（3-8-5）计算土臭素和 2-甲基异莰醇的质量浓度。

$$\rho_i = \left( \frac{A_i}{A_{is}} - a_i \right) \times \frac{\rho_{is}}{b_i} \qquad (3\text{-}8\text{-}5)$$

式中：

$\rho_i$——样品中土臭素、2-甲基异莰醇的质量浓度，单位为纳克每升（ng/L）；

$A_i$——样品中土臭素、2-甲基异莰醇定量离子峰面积；

$A_{is}$——样品中 2-异丁基-3-甲氧基吡嗪定量离子峰面积；

$a_i$——工作曲线截距；

$\rho_{is}$——样品中 2-异丁基-3-甲氧基吡嗪的质量浓度，单位为纳克每升（ng/L）；

$b_i$——标准曲线斜率。

5. 精密度和准确度

4 家实验室用本方法测定质量浓度分别为 20 ng/L、100 ng/L 的纯水、生活饮用水和水源水的加标水样，重复测定 6 次，其相对标准偏差及回收率分别见表 3-8-14、表 3-8-15 和表 3-8-16。

表 3-8-14　测定结果相对标准偏差及回收率（纯水）

| 组分 | 加标浓度/（ng/L） | 回收率/% | 相对标准偏差/% |
|---|---|---|---|
| 土臭素 | 20 | 97.7～106 | 3.3～8.9 |
| | 100 | 97.0～100 | 2.5～6.0 |
| 2-甲基异莰醇 | 20 | 101～108 | 2.1～9.2 |
| | 100 | 97.6～101 | 4.9～12 |

表 3-8-15　测定结果相对标准偏差及回收率（生活饮用水）

| 组分 | 加标浓度/（ng/L） | 回收率/% | 相对标准偏差/% |
|---|---|---|---|
| 土臭素 | 20 | 93.8～102 | 5.3～7.6 |
| | 100 | 99.9～104 | 4.0～7.7 |
| 2-甲基异莰醇 | 20 | 94.0～104 | 2.9～7.9 |
| | 100 | 96.1～99.9 | 2.4～6.6 |

表 3-8-16　测定结果相对标准偏差及回收率（水源水）

| 组分 | 加标浓度/（ng/L） | 回收率/% | 相对标准偏差/% |
|---|---|---|---|
| 土臭素 | 20 | 94.1～106 | 4.3～7.5 |
| | 100 | 92.9～104 | 2.4～13 |
| 2-甲基异莰醇 | 20 | 85.1～101 | 3.7～8.2 |
| | 100 | 97.5～102 | 1.5～7.9 |

## （十二）五氯丙烷的顶空气相色谱法

### 1. 方法原理

待测水样于密封顶空瓶中，在一定温度下经一定时间的平衡后，水中的五氯丙烷逸至上部空间，在气液两相中达到动态平衡，此时，五氯丙烷在气相中的浓度与它在液相中的浓度成正比。经气相色谱分离，电子捕获检测器检测，以保留时间定性，外标法定量。

### 2. 样品处理

若水样中含有余氯，采样前应向 100 mL 采样瓶中加入 100 mg 抗坏血酸。若无余氯，直接加入适量盐酸溶液（1＋1），使样品 pH 小于或等于 4。样品采集后，加盖密封，于 0 ℃～4 ℃条件下冷藏保存，保存时间为 48 h，样品存放区应无有机物干扰。取 10.0 mL 水样于 20 mL 顶空瓶中，立即密封，摇匀，放入自动顶空进样器内，待测。

### 3. 仪器参考条件

顶空进样器参考条件：顶空样品瓶加热温度为 70 ℃，进样针温度为 90 ℃，传输线温度为 100 ℃；样品瓶加热平衡时间为 15 min，进样时间为 1 min，进样体积为 1.0 mL。

色谱仪参考条件：色谱柱为毛细管柱（30 m×0.25 mm，0.25 μm），固定相为 5%苯基-甲基聚硅氧烷，或其他等效色谱柱；气化室温度为 250 ℃，分流比为 10∶1；程序升温 60 ℃（保持 1 min），以 15 ℃/min 的速率升至 180 ℃（保持 1 min）；载气（氮气）流量为 2 mL/min；检测器温度为 300 ℃；尾吹气流量为 60 mL/min。

4. 结果处理

采用外标法进行定量分析。使用 1,1,1,3,3-五氯丙烷、1,1,1,2,3-五氯丙烷和 1,1,2,3,3-五氯丙烷标准储备溶液或直接使用有证标准物质溶液，采用逐级稀释的方式配制系列标准溶液。配制后的 1,1,1,3,3-五氯丙烷和 1,1,1,2,3-五氯丙烷的质量浓度分别为 0 μg/L、0.10 μg/L、0.20 μg/L、0.50 μg/L、1.0 μg/L、2.0 μg/L、4.0 μg/L、6.0 μg/L；1,1,2,3,3-五氯丙烷的质量浓度分别为 0 μg/L、0.50 μg/L、1.0 μg/L、2.5 μg/L、5.0 μg/L、10 μg/L、20 μg/L、30 μg/L（均为参考浓度系列）；取 10.0 mL 该系列标准溶液于 20 mL 顶空瓶中，密封，放入自动顶空进样器。按照仪器条件，从低浓度到高浓度依次取 1.0 mL 液上气体注入气相色谱仪，以峰面积为纵坐标，质量浓度为横坐标，绘制工作曲线。根据标准色谱图组分的保留时间确定待测水样中组分的数目和名称。直接从工作曲线上查出水样中五氯丙烷的质量浓度。

五氯丙烷标准色谱图如图 3-8-11 所示。

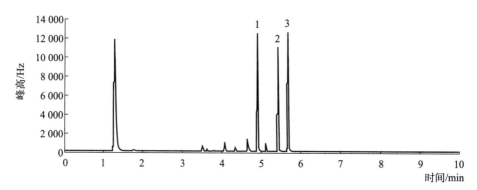

标引序号说明：

1——1,1,1,3,3-五氯丙烷，4.903 min；

2——1,1,1,2,3-五氯丙烷，5.426 min；

3——1,1,2,3,3-五氯丙烷，5.687 min。

**图 3-8-11　五氯丙烷标准色谱图**

需要注意的是，高浓度和低浓度的样品交替分析时会产生残留性污染，在分析特别高浓度的样品后要分析一个纯水空白。为检查本方法中的待测物或其他干扰物质是否在实验室环境中、试剂中、器皿中存在，要求方法的组分的本底值低于方法检出限。由于所测项目和试剂均易挥发，整个前处理试验过程结束后，要尽快检测，以避免数据失真。待测物以及试剂均为有毒有害物质，在操作过程中分析人员要佩戴口罩和手套，并在通风柜中进行作业。

### 5. 精密度和准确度

6 家实验室在 0.10 $\mu g/L$～30 $\mu g/L$ 质量浓度范围内，选择低、中、高不同浓度对生活饮用水进行加标回收试验，每个样品重复测定 6 次，质量浓度为 0.10 $\mu g/L$、1.0 $\mu g/L$ 和 4.0 $\mu g/L$ 时，1,1,1,3,3-五氯丙烷的加标回收率为 85.0%～110%，相对标准偏差为 0.57%～9.0%；1,1,1,2,3-五氯丙烷的加标回收率为 88.0%～120%，相对标准偏差为 0.35%～9.5%。质量浓度为 0.50 $\mu g/L$、5.0 $\mu g/L$ 和 20 $\mu g/L$ 时，1,1,2,3,3-五氯丙烷的加标回收率为 98.0%～115%，相对标准偏差为 1.5%～8.5%。

5 家实验室在 0.10 $\mu g/L$～30 $\mu g/L$ 质量浓度范围内，选择低、中、高不同浓度对水源水进行加标回收试验，每个样品重复测定 6 次，质量浓度为 0.10 $\mu g/L$、1.0 $\mu g/L$ 和 4.0 $\mu g/L$ 时，1,1,1,3,3-五氯丙烷的加标回收率为 92.0%～115%，相对标准偏差为 1.4%～9.7%；1,1,1,2,3-五氯丙烷的加标回收率为 94.0%～120%，相对标准偏差为 1.5%～9.6%。质量浓度为 0.50 $\mu g/L$、5.0 $\mu g/L$ 和 20 $\mu g/L$ 时，1,1,2,3,3-五氯丙烷的加标回收率为 96.0%～118%，相对标准偏差为 1.0%～7.6%。

## （十三）五氯丙烷的吹扫捕集气相色谱质谱法

### 1. 方法原理

仪器自动将待测水样用注射器注入吹扫捕集装置的吹扫管中，于室温下通以惰性气体（氦气或氮气），把水样中的挥发性有机化合物以及加入的内标和标记化合物吹脱出来，捕集在装有适当吸附剂的捕集管内。吹脱程序完成后捕集管被加热并以氦气（或氮气）反吹，将所吸附的组分解吸入毛细管气相色谱仪中，组分经程序升温色谱分离后，用质谱仪检测。通过与标准物质保留时间和色谱图相比较进行定性，内标法定量。

### 2. 样品处理

若水样中含有余氯，采样前应向 100 mL 采样瓶中加入 100 mg 抗坏血酸。若无余氯，则直接加入适量盐酸溶液（1+1），使样品 pH 小于或等于 4。样品采集后，加盖密封，于 0 ℃～4 ℃条件下冷藏保存，保存时间为 48 h，样品存放区应无有机物干扰。水样测定前，在无待测物污染的环境下迅速倒出水样置于进样瓶中，瓶中不留顶上空间和气泡，同时加入内标氟苯溶液，使其质量浓度为 5.0 $\mu g/L$，旋紧瓶盖放在吹扫捕集进样器上，待测。

### 3. 仪器参考条件

使用气相色谱质谱联用仪进行定性和定量分析。

色谱柱为毛细管柱（30 m×0.25 mm，1.4 $\mu m$），固定相为 6%氰丙基苯基-甲基聚硅氧烷，或其他等效色谱柱。吹扫捕集条件：吹扫温度为室温，吹扫流速为 50 mL/min，吹扫时间为 11 min；解吸温度为 180 ℃，解吸时间为 3 min；烘烤温度为 280 ℃，烘烤时间为 2 min。色谱条件：进样口温度为 250 ℃，分流比为 30∶1；载气（氦气）柱流量为 1.0 mL/min，恒流模式；柱箱起始温度为 50 ℃，保持 1 min，以 10 ℃/min 的升温速率升至 180 ℃，保持 1 min。质谱条件：电子离子源，温度为 230 ℃，离子化能量为 70 eV，扫描方式为全扫描，扫描范围为 35 u～200 u，传输线温度为 200 ℃。

以标样核对特征离子色谱峰的保留时间及对应的化合物。五氯丙烷标准色谱图（质量浓度均为 5 μg/L）如图 3-8-12 所示。

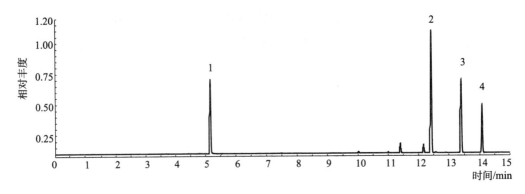

标引序号说明：

1——氟苯，5.185 min；                    3——1,1,1,2,3-五氯丙烷，13.396 min；

2——1,1,1,3,3-五氯丙烷，12.421 min；      4——1,1,2,3,3-五氯丙烷，14.073 min。

**图 3-8-12   五氯丙烷标准色谱图（质量浓度均为 5 μg/L）**

4. 结果处理

通过与标准物质保留时间和色谱图相比较进行定性，采用内标法进行定量分析。使用 3 种五氯丙烷 {1,1,1,3,3-五氯丙烷［$w(C_3H_3Cl_5)$＝98%］、1,1,1,2,3-五氯丙烷［$w(C_3H_3Cl_5)$＝97%］、1，1，2，3，3-五氯丙烷［$w(C_3H_3Cl_5)$＝99%］均为色谱纯} 标准物质或直接使用有证标准物质，配制成 3 种五氯丙烷混合标准使用溶液，混合标准使用溶液各组分质量浓度分别为 $\rho$（1,1,1,3,3-五氯丙烷）＝5.0 μg/mL、$\rho$（1,1,1,2,3-五氯丙烷）＝5.0 μg/mL、$\rho$（1,1,2,3,3-五氯丙烷）＝5.0 μg/mL，现用现配。取 7 个 100 mL 容量瓶，先加入适量纯水，用微量注射器分别取混合标准溶液 0 μL、10 μL、20 μL、50 μL、100 μL、150 μL、200 μL，同时加入 100 μL 内标氟苯溶液，使其质量浓度为 5.0 μg/L，用纯水定容至刻度。配制后的 1,1,1,3,3-五氯丙烷、1,1,1,2,3-五氯丙烷和 1,1,2,3,3-五氯丙烷的质量浓度分别为 0 μg/L、0.50 μg/L、1.0 μg/L、2.5 μg/L、5.0 μg/L、7.5 μg/L、10 μg/L（均为参考浓度系列）；取 40 mL

该系列标准溶液于 40 mL 进样瓶中，旋紧瓶盖，放入吹扫捕集仪上。标准系列溶液和内标溶液均由全自动吹扫仪自动按吹扫序列设定值自动加入并运行，以待测组分的峰面积与内标的峰面积比值为纵坐标，以待测组分的质量浓度为横坐标，绘制工作曲线。

根据标准色谱图组分的保留时间，确定被测组分的名称，样品中待测物的保留时间与相应标准物质的保留时间相比较，变化范围应在 $\pm2.5\%$ 之内；同时将待测物的质谱图与标准物质的质谱图做对照。直接从工作曲线上查出水样中待测组分的质量浓度。方法待测组分的相对分子质量和定量离子（$m/z$）见表 3-8-17。

表 3-8-17　方法待测组分的相对分子质量和定量离子（$m/z$）

| 序号 | 组分 | 相对分子质量 | 定量离子 | 定性离子 |
|---|---|---|---|---|
| 1 | 1,1,1,3,3-五氯丙烷 | 216 | 181 | 83,179 |
| 2 | 1,1,1,2,3-五氯丙烷 | 216 | 117 | 119,83 |
| 3 | 1,1,2,3,3-五氯丙烷 | 216 | 143 | 145,96 |
| 4 | 氟苯 | 96 | 96 | 77 |

5. 精密度和准确度

6 家实验室在 0.50 μg/L～10 μg/L 质量浓度范围内，选择低、中、高不同浓度对生活饮用水进行加标回收试验，每个样品重复测定 6 次，质量浓度为 1.0 μg/L、5.0 μg/L 和 8.0 μg/L 时，1,1,1,3,3-五氯丙烷的回收率为 84.0%～110%，相对标准偏差为 0.46%～5.9%；1,1,1,2,3-五氯丙烷的回收率为 88.0%～120%，相对标准偏差为 0.63%～6.6%；1,1,2,3,3-五氯丙烷的回收率为 88.0%～118%，相对标准偏差为 0.84%～8.8%。

5 家实验室在 0.50 μg/L～10 μg/L 质量浓度范围内，选择低、中、高不同浓度对水源水进行加标回收试验，每个样品重复测定 6 次，质量浓度为 1.0 μg/L、5.0 μg/L 和 8.0 μg/L 时，1,1,1,3,3-五氯丙烷的加标回收率为 82.0%～110%，相对标准偏差为 0.87%～11%；1,1,1,2,3-五氯丙烷的加标回收率为 90.0%～120%，相对标准偏差为 1.2%～11%；1,1,2,3,3-五氯丙烷的加标回收率为 88.0%～120%，相对标准偏差为 0.83%～15%。

## （十四）丙烯酸的高效液相色谱法

1. 方法原理

生活饮用水中丙烯酸经十八烷基硅烷键合硅胶色谱柱分离，紫外检测器检测，保留时间定性，外标法定量。

2. 样品处理

使用具塞磨口玻璃瓶采集水样，水样置于 0 ℃～4 ℃条件下冷藏保存，可保存 48 h。水样经 0.22 μm 滤膜过滤后直接进行测定。

同一批样品至少测定一个空白样品，当高、低浓度的样品交替分析时，为避免污染，在测定高浓度样品时，应紧随着分析空白样品，以保证样品没有交叉污染。同一批样品至少测定一个加标样品，样品量大时，适当增加加标样品的数量。

3. 仪器参考条件

使用配有紫外检测器的高效液相色谱仪进行定性和定量分析。色谱柱为十八烷基硅烷键合硅胶色谱柱（4.6 mm×250 mm，5 μm）或其他等效色谱柱。流动相 A 为 0.2%磷酸溶液，流动相 B 为乙腈，流速为 1.0 mL/min，使用梯度洗脱程序（见表 3-8-18）。检测波长为 205 nm，柱温为 30 ℃，进样体积为 100 μL。

表 3-8-18　梯度洗脱程序

| 时间/min | 流速/（mL/min） | 流动相 A/% | 流动相 B/% |
|---|---|---|---|
| 0.0 | 1.0 | 90 | 10 |
| 10.0 | 1.0 | 90 | 10 |
| 10.1 | 1.0 | 40 | 60 |
| 17.0 | 1.0 | 40 | 60 |
| 17.1 | 1.0 | 90 | 10 |
| 22.0 | 1.0 | 90 | 10 |

4. 结果处理

采用外标法进行定量分析。使用纯度大于或等于 98.0%的丙烯酸标准品配制标准储备溶液或直接使用有证标准物质，用纯水稀释为标准使用溶液，再取不同体积标准使用溶液用纯水配制成质量浓度分别为 0 μg/L、50 μg/L、100 μg/L、200 μg/L、400 μg/L、600 μg/L、800 μg/L 的标准溶液系列，现用现配。以丙烯酸的峰面积为纵坐标，质量浓度为横坐标，绘制标准曲线。

100 μL 进样，进行高效液相色谱分析。根据丙烯酸的保留时间定性，根据峰面积从标准曲线上得到丙烯酸的质量浓度。丙烯酸标准色谱图（质量浓度为 200 μg/L）如图 3-8-13 所示。

5. 精密度和准确度

6 家实验室对丙烯酸质量浓度为 50 μg/L、200 μg/L 和 600 μg/L 水样进行测定，6 次测量结果的相对标准偏差分别为 0.2%～3.3%、0.3%～1.5% 和 0.3%～2.6%，回收率分别为 93.5%～108%、98.6%～105% 和 98.2%～105%。

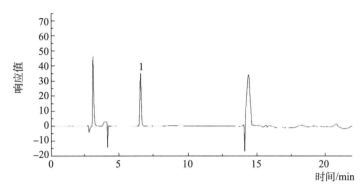

标引序号说明：

1——丙烯酸，6.50 min。

图 3-8-13　丙烯酸标准色谱图（质量浓度为 200 μg/L）

## （十五）丙烯酸的离子色谱法

### 1. 方法原理

水样中的丙烯酸阴离子随氢氧化钾（或氢氧化钠）淋洗液进入阴离子交换分离系统（由保护柱和分离柱组成），根据分离柱对各离子亲和度的差异被分离，经阴离子抑制后用电导检测器测量，通过丙烯酸的相对保留时间进行定性分析，以色谱峰面积或峰高进行定量测定。

### 2. 样品处理

使用清洁干燥的 250 mL 棕色玻璃瓶采集水样，采集的水样于 0 ℃～4 ℃条件下冷藏避光运输或保存，保存时间为 14 d。水样经 0.22 μm 孔径聚偏氟乙烯材质滤膜过滤后进行测定。

### 3. 仪器参考条件

使用配有电导检测器的离子色谱仪进行定性和定量分析。阴离子色谱柱填料为聚苯乙烯-二乙烯基苯共聚物，具有季铵功能基的分离柱（4 mm×250 mm）或其他等效色谱柱。阴离子保护柱为具有季铵功能基的保护柱（填料为聚苯乙烯-二乙烯基苯共聚物，4 mm×50 mm）或其他等效保护柱。抑制器为阴离子抑制器或其他性能等效的抑制器。进样体积为 100 μL，柱箱温度为 35 ℃。抑制器电流为 124 mA。淋洗液以 1.0 mL/min 的流速进行梯度洗脱，0 min～12 min，氢氧化钾浓度为 3 mmol/L；12.1 min～20 min，氢氧化钾浓度为 50 mmol/L；20.1 min～25 min，氢氧化钾浓度为 3 mmol/L。

丙烯酸标准色谱图（质量浓度为 0.18 mg/L）如图 3-8-14 所示，丙烯酸管网水加标色谱图（质量浓度为 0.16 mg/L）如图 3-8-15 所示。

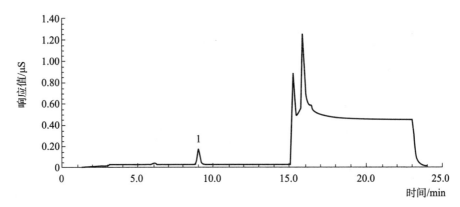

标引序号说明：

1——丙烯酸，9.034 min。

**图 3-8-14　丙烯酸标准色谱图（质量浓度为 0.18 mg/L）**

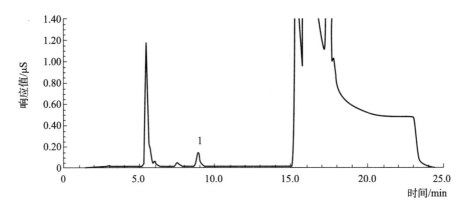

标引序号说明：

1——丙烯酸，9.034 min。

**图 3-8-15　丙烯酸管网水加标色谱图（质量浓度为 0.16 mg/L）**

4. 结果处理

采用外标法进行定量分析。使用丙烯酸标准物质配制的标准储备溶液或直接使用有证标准物质溶液，采用逐级稀释的方式配制质量浓度为 0 mg/L、0.005 mg/L、0.010 mg/L、0.020 mg/L、0.040 mg/L、0.080 mg/L、0.120 mg/L、0.160 mg/L、0.200 mg/L 的标准系列溶液。按照浓度由小到大的顺序，依次上机测定。以丙烯酸的峰面积（或峰高）为纵坐标，以丙烯酸的质量浓度为横坐标，绘制标准曲线。为确保标准曲线的有效性，标准样品进样完成后，进行一次单点校正。若进样体积为 100 μL，本方法丙烯酸的最低检测质量浓度为 4.68 μg/L。

5. 精密度和准确度

6 家实验室对质量浓度为 10.0 μg/L～180 μg/L 的丙烯酸进行精密度和准确度测试，低（20.0 μg/L）、中（100 μg/L）、高（180 μg/L）3 个质量浓度的水源水相对标准偏差分别为 0.26%～6.0%、0.56%～5.0%、0.85%～3.2%，回收率分别为79.0%～112%、97.8%～101%、94.1%～100%；低（20.0 μg/L）、中（100 μg/L）、高（180 μg/L）3 个质量浓度的生活饮用水相对标准偏差分别为 0.16%～3.8%、0.14%～4.2%、0.17%～4.6%，回收率分别为 74.3%～110%、91.4%～105%、96.3%～117%。

### （十六）戊二醛的液相色谱串联质谱法

1. 方法原理

水中戊二醛与 2,4-二硝基苯肼（DNPH）反应生成戊二醛-2,4-二硝基苯腙（戊二醛与 DNPH 的反应示意图如图 3-8-16 所示），滤膜过滤后进样。经液相色谱仪分离后进入串联质谱仪，采用多反应监测模式，选取高响应异构体为定性定量离子，根据保留时间和特征离子定性，外标法定量。

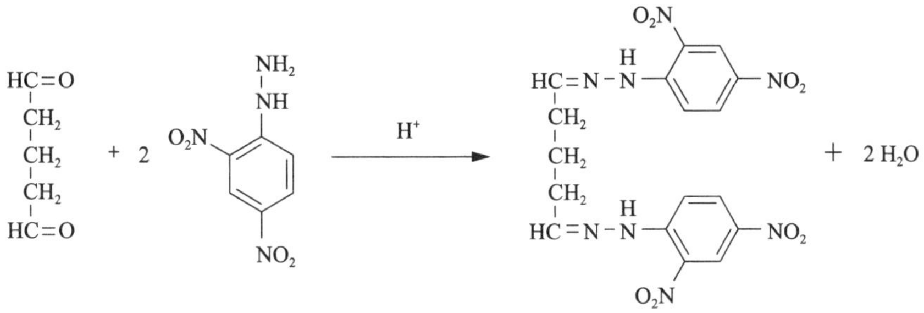

图 3-8-16　戊二醛与 DNPH 的反应示意图

2. 样品处理

使用棕色玻璃瓶采集水样。对于含余氯的样品，可采用抗坏血酸溶液去除余氯干扰，按样品体积与抗坏血酸溶液体积为 1 000∶1 的比例加入。采集的水样于 0 ℃～4 ℃条件下冷藏避光保存，保存时间为 24 h。吸取 1.00 mL 水样于玻璃瓶中，加入3.50 mL 乙腈和 0.50 mL 2,4-二硝基苯肼 $[c(C_6H_6N_4O_4)=0.12 \text{ mmol/L}]$，立即混匀，于室温（10 ℃～30 ℃）下反应 30 min，经 0.22 μm 滤膜过滤后进行测定。

3. 仪器参考条件

使用液相色谱串联质谱仪进行定性和定量分析。液相色谱用于分离目标分析物，色谱柱为 $C_{18}$ 色谱柱（2.1 mm×100 mm，1.8 μm）或其他等效色谱柱。流动相 A 为

2.5 mmol/L 的乙酸铵水溶液，流动相 B 为乙腈，流速为 0.40 mL/min，进样体积为 10 $\mu$L。梯度洗脱程序见表 3-8-19。

表 3-8-19　梯度洗脱程序

| 时间/min | 流动相 A/% | 流动相 B/% |
|---|---|---|
| 0 | 80 | 20 |
| 1.00 | 40 | 60 |
| 3.50 | 10 | 90 |
| 4.50 | 10 | 90 |
| 4.70 | 80 | 20 |
| 6.50 | 80 | 20 |

液相色谱串联质谱仪配有电喷雾电离源，采用负离子模式，离子喷雾电压为 4 500 V，离子源温度为 500 ℃，气帘气为 137.9 kPa，碰撞气为 41.4 kPa，雾化气为 344.8 kPa，辅助气为 344.8 kPa。检测模式为多反应监测模式，目标分析物母离子为 459.0（$m/z$），定量子离子为 182.1（$m/z$），定性子离子为 163.0（$m/z$），锥孔电压为 90 V，定量子离子碰撞能为 23.8 eV，定性子离子碰撞能为 25.2 eV。

戊二醛-2,4-二硝基苯肼（DNPH）衍生组分色谱图如图 3-8-17 所示。

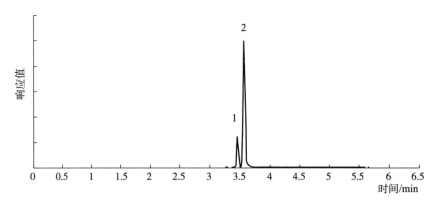

标引序号说明：

1——衍生组分 1，3.46 min；

2——衍生组分 2，3.57 min。

注：衍生组分 1（保留时间 3.46 min）和衍生组分 2（保留时间 3.57 min）为戊二醛-DNPH 的同分异构体，采用衍生组分 2 进行定量。

图 3-8-17　戊二醛-2,4-二硝基苯肼（DNPH）衍生组分色谱图

4. 结果处理

采用外标法进行定量分析。使用戊二醛标准储备溶液或直接使用有证标准物质溶液，采用逐级稀释的方式配制质量浓度为 1.00 μg/L、2.00 μg/L、5.00 μg/L、10.0 μg/L、25.0 μg/L、50.0 μg/L、75.0 μg/L、100 μg/L 的戊二醛标准系列溶液，与水样采用同等步骤进行衍生化后，将标准系列溶液按浓度从低到高的顺序依次上机测定。以质量浓度为横坐标，选取高响应衍生组分 2 的色谱峰面积为纵坐标，绘制工作曲线。根据戊二醛-2,4-二硝基苯肼（DNPH）衍生组分色谱图（图 3-8-17）中的保留时间和特征离子对进行定性分析。根据水样衍生化生成的组分 2 的峰高或峰面积从工作曲线上查出戊二醛的质量浓度。

如果使用戊二醛标准物质配制标准储备溶液，在配制时需按下述方法对标准储备溶液进行标定。

（1）称取经 270 ℃～300 ℃烘干至恒量的基准无水碳酸钠 0.8 g（精确至 0.000 1 g），置于 250 mL 碘量瓶中，加纯水 50 mL 使其溶解。加甲基红-溴甲酚绿混合指示液 10 滴，用配制的硫酸滴定液 $[c(H_2SO_4)≈0.25 \text{ mol/L}]$ 进行滴定。待溶液由绿色转变为紫红色时，煮沸 2 min。冷却至室温后，继续滴定至溶液由绿色变为暗紫色，记录用去的硫酸滴定液体积。按公式（3-8-6）计算硫酸滴定液浓度。

$$c = \frac{m}{0.106\ 0 \times V} \tag{3-8-6}$$

式中：

　　$c$——硫酸滴定液浓度，单位为摩尔每升（mol/L）；

　　$m$——无水碳酸钠质量，单位为克（g）；

　　$V$——硫酸滴定液体积，单位为毫升（mL）；

0.106 0——与 1.00 mL 硫酸滴定液 $[c(H_2SO_4)=1.000 \text{ mol/L}]$ 相当的以克表示的无水碳酸钠的质量，单位为克每毫摩尔（g/mmol）。

（2）吸取适量标准储备溶液，使其相当于约 0.2 g 戊二醛，置于 250 mL 碘量瓶中，准确加入 6.5% 三乙醇胺溶液 20.0 mL 与盐酸羟胺中性溶液 25.0 mL，摇匀。静置反应 1 h 后，用 0.25 mol/L 硫酸滴定液进行滴定。待溶液显蓝绿色，记录硫酸滴定液用量。同时，以不含戊二醛的三乙醇胺、盐酸羟胺中性溶液重复上述操作作为空白对照。重复测定 2 次，取平均值，按公式（3-8-7）计算戊二醛含量。

注：先用盐酸（1%）或 10 g/L 氢氧化钠溶液将戊二醛标准储备液调节 pH 至 7.0，再用上述方法进行含量测定。

$$\rho(C_5H_8O_2) = \frac{c \times (V_2 - V_1) \times 0.100\ 1}{V} \times 1\ 000 \qquad (3\text{-}8\text{-}7)$$

式中：

$\rho(C_5H_8O_2)$——标准储备溶液中戊二醛含量，单位为克每升（g/L）；

$c$——硫酸滴定液浓度，单位为摩尔每升（mol/L）；

$V_2$——标准储备溶液滴定中用去的硫酸滴定液体积，单位为毫升（mL）；

$V_1$——空白对照滴定中用去的硫酸滴定液体积，单位为毫升（mL）；

$V$——戊二醛标准溶液体积，单位为毫升（mL）；

0.100 1——与 1.00 mL 硫酸滴定液 $[c(H_2SO_4) = 1.000\ mol/L]$ 相当的以克表示的戊二醛的质量，单位为毫克每摩尔（mg/mol）。

5. 精密度和准确度

在生活饮用水中加入 1.00 μg/L、10.0 μg/L、50.0 μg/L 3 个质量浓度加标水平的戊二醛时，经 6 家实验室测定，相对标准偏差和回收率的分别为 1.2%～22% 和 80.7%～120%，1.4%～19% 和 78.0%～127%，1.3%～18% 和 75.7%～120%。水源水中加入 1.00 μg/L、10.0 μg/L、50.0 μg/L 戊二醛时，经 6 家实验室测定，相对标准偏差和回收率分别为 4.3%～17% 和 76.8%～125%，2.6%～11% 和 89.4%～127%，2.2%～11% 和 74.1%～120%。

### （十七）环烷酸的超高效液相色谱质谱法

1. 方法原理

水样经过滤后直接进样，然后经超高效液相色谱仪分离后进入质谱，采用单离子检测扫描模式，根据保留时间和特征离子定性，外标法定量。

环烷酸总质量浓度以 8 种一元环烷酸的总质量浓度计，其中环戊基乙酸＋环己基甲酸的总质量浓度以环戊基乙酸计。

2. 样品处理

使用干净干燥的 100 mL 棕色玻璃瓶采集水样，水样在常温下可保存 3 d，于 0 ℃～4 ℃ 条件下可冷藏保存 7 d。水样经 0.22 μm 滤膜过滤，按水样体积比 1∶1 000 加入甲酸后直接上机测定。

3. 仪器参考条件

使用配有电喷雾电离源的超高效液相色谱质谱仪进行定性和定量分析。液相色谱流动相 A 为纯水，流动相 B 为乙腈/异丙醇（90∶10，体积比）溶液，流速为 0.3 mL/min，采用梯度洗脱，梯度洗脱程序见表 3-8-20。色谱柱为 $C_{18}$ 反相柱（2.1 mm×100 mm，

1.7 $\mu$m）或其他等效色谱柱，样品进样体积为 10 $\mu$L。8 种环烷酸的标准色谱图如
图 3-8-18 所示。

表 3-8-20　梯度洗脱程序

| 时间/min | 流动相 A/% | 流动相 B/% |
|---|---|---|
| 0 | 75 | 25 |
| 3.00 | 40 | 60 |
| 4.00 | 5 | 95 |
| 5.00 | 5 | 95 |
| 5.01 | 75 | 25 |
| 6.00 | 75 | 25 |

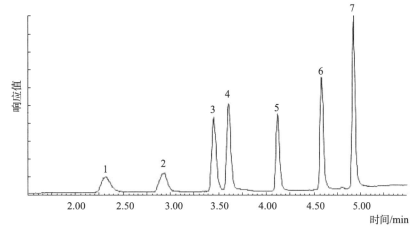

标引序号说明：

1——环戊基甲酸，2.28 min；

2——环戊基乙酸＋环己基甲酸，2.89 min；

3——环己基乙酸，3.42 min；

4——环戊基丙酸，3.58 min；

5——环己基丙酸，4.10 min；

6——环己基丁酸，4.56 min；

7——环己基戊酸，4.91 min。

图 3-8-18　8 种环烷酸的标准色谱图

质谱采用电喷雾电离源，负离子模式，单离子检测扫描，毛细管电压为 2.5 kV，
离子源温度为 120 ℃，脱溶剂气温度为 400 ℃，脱溶剂气流速为 800 L/h，锥孔气流速
为 50 L/h。8 种环烷酸的质谱参数表见表 3-8-21。

表 3-8-21　8 种环烷酸的质谱参数表

| 序号 | 环烷酸名称 | 分子式 | 相对分子质量 | 分子离子 | 锥孔电压/V |
|------|-----------|--------|--------------|----------|------------|
| 1 | 环戊基甲酸 | $C_6H_{10}O_2$ | 114.14 | 112.97 | 34.0 |
| 2 | 环戊基乙酸 | $C_7H_{12}O_2$ | 128.17 | 126.97 | 30.0 |
| 3 | 环己基甲酸 | | | | |
| 4 | 环戊基丙酸 | $C_8H_{14}O_2$ | 142.20 | 141.09 | 30.0 |
| 5 | 环己基乙酸 | $C_8H_{14}O_2$ | 142.20 | 140.97 | 34.0 |
| 6 | 环己基丙酸 | $C_9H_{16}O_2$ | 156.22 | 155.03 | 38.0 |
| 7 | 环己基丁酸 | $C_{10}H_{18}O_2$ | 170.25 | 169.10 | 38.0 |
| 8 | 环己基戊酸 | $C_{11}H_{20}O_2$ | 184.28 | 183.10 | 38.0 |

4. 结果处理

使用环戊基甲酸、环戊基乙酸、环戊基丙酸、环己基乙酸、环己基丙酸、环己基丁酸和环己基戊酸标准品，用氨水（1＋99）溶解配制环烷酸标准储备溶液，在棕色试剂瓶中于 0 ℃～4 ℃条件下冷藏保存，可保存 3 个月。用纯水稀释环烷酸标准储备溶液配制环烷酸标准使用溶液，用 0.1%甲酸水溶液稀释环烷酸标准使用溶液配制标准系列溶液。标准系列溶液中，环戊基甲酸的质量浓度分别为 10.0 μg/L、25.0 μg/L、50.0 μg/L、100 μg/L、250 μg/L、500 μg/L、1 000 μg/L，环戊基乙酸的质量浓度分别为 4.00 μg/L、10.0 μg/L、20.0 μg/L、40.0 μg/L、100.0 μg/L、200 μg/L、400 μg/L，其余 5 种环烷酸的质量浓度分别为 2.00 μg/L、5.00 μg/L、10.0 μg/L、20.0 μg/L、50.0 μg/L、100 μg/L、200 μg/L。

本方法同时检测 8 种环烷酸，环戊基丙酸和环己基乙酸通过分子离子峰和保留时间综合定性，其他 5 种环烷酸通过分子离子峰进行定性。根据峰面积在标准曲线上查出相应的质量浓度，其中，环戊基乙酸和环己基甲酸的质量浓度根据环戊基乙酸和环己基甲酸的总峰面积在环戊基乙酸的标准曲线上查出。环烷酸的总质量浓度按公式（3-8-8）计算。

$$\rho = \sum_{i=1}^{6}(\rho_i) + \rho_j \qquad (3\text{-}8\text{-}8)$$

式中：

$\rho$——水样中环烷酸总质量浓度，单位为微克每升（μg/L）；

$\rho_i$——水样中环戊基甲酸、环戊基丙酸、环己基乙酸、环己基丙酸、环己基丁酸和环己基戊酸 6 种单体的质量浓度，单位为微克每升（μg/L）；

$\rho_j$——水样中环戊基乙酸＋环己基甲酸的总质量浓度，以环戊基乙酸计，单位为微克每升（μg/L）。

5. 精密度和准确度

经 5 家实验室测定，不同类型水样中加标不同浓度环烷酸的精密度（相对标准偏差）和回收率见表 3-8-22。

表 3-8-22　不同类型水样中加标不同浓度环烷酸的精密度和回收率

| 水样类型 | 加标浓度/（μg/L） | | 环烷酸名称 | 精密度/% | 回收率/% |
|---|---|---|---|---|---|
| 生活饮用水 | 低浓度 | 25.0 | 环戊基甲酸 | 0.71～5.0 | 77.7～109 |
| | | 10.0 | 环戊基乙酸＋环己基甲酸[a] | 1.1～7.5 | 81.8～109 |
| | | 5.00 | 环戊基丙酸 | 1.0～6.5 | 79.7～104 |
| | | 5.00 | 环己基乙酸 | 1.0～6.9 | 80.0～108 |
| | | 5.00 | 环己基丙酸 | 0.92～4.7 | 83.2～108 |
| | | 5.00 | 环己基丁酸 | 0.94～8.8 | 81.7～108 |
| | | 5.00 | 环己基戊酸 | 1.2～13 | 75.9～105 |
| | 中浓度 | 100 | 环戊基甲酸 | 0.36～3.8 | 91.9～117 |
| | | 40.0 | 环戊基乙酸＋环己基甲酸[a] | 1.3～4.9 | 84.5～108 |
| | | 20.0 | 环戊基丙酸 | 0.61～5.3 | 85.3～115 |
| | | 20.0 | 环己基乙酸 | 0.43～5.3 | 89.0～113 |
| | | 20.0 | 环己基丙酸 | 0.67～3.2 | 90.4～116 |
| | | 20.0 | 环己基丁酸 | 0.56～4.4 | 88.4～118 |
| | | 20.0 | 环己基戊酸 | 0.72～6.1 | 76.8～111 |
| | 高浓度 | 500 | 环戊基甲酸 | 0.41～3.1 | 81.0～105 |
| | | 200 | 环戊基乙酸＋环己基甲酸[a] | 0.41～2.8 | 85.0～106 |
| | | 100 | 环戊基丙酸 | 0.45～2.9 | 85.3～110 |
| | | 100 | 环己基乙酸 | 0.47～3.6 | 90.8～109 |
| | | 100 | 环己基丙酸 | 0.33～4.1 | 84.4～113 |
| | | 100 | 环己基丁酸 | 0.95～4.1 | 78.0～114 |
| | | 100 | 环己基戊酸 | 0.80～6.4 | 74.6～107 |

表 3-8-22（续）

| 水样类型 | 加标浓度/（μg/L） | | 环烷酸名称 | 精密度/% | 回收率/% |
|---|---|---|---|---|---|
| 水源水 | 低浓度 | 25.0 | 环戊基甲酸 | 0.94～4.3 | 90.4～100 |
| | | 10.0 | 环戊基乙酸＋环己基甲酸[a] | 1.9～9.1 | 85.0～98.1 |
| | | 5.00 | 环戊基丙酸 | 0.82～3.1 | 88.8～97.3 |
| | | 5.00 | 环己基乙酸 | 0.94～7.5 | 82.6～99.3 |
| | | 5.00 | 环己基丙酸 | 1.6～3.7 | 88.9～98.1 |
| | | 5.00 | 环己基丁酸 | 1.6～4.9 | 86.5～99.1 |
| | | 5.00 | 环己基戊酸 | 1.4～5.0 | 82.7～94.6 |
| | 中浓度 | 100 | 环戊基甲酸 | 0.39～3.6 | 91.6～96.0 |
| | | 40.0 | 环戊基乙酸＋环己基甲酸[a] | 1.5～5.8 | 87.5～97.4 |
| | | 20.0 | 环戊基丙酸 | 0.77～3.5 | 92.4～97.4 |
| | | 20.0 | 环己基乙酸 | 0.52～5.3 | 91.0～97.1 |
| | | 20.0 | 环己基丙酸 | 0.71～2.9 | 89.5～96.9 |
| | | 20.0 | 环己基丁酸 | 0.95～4.3 | 87.8～96.6 |
| | | 20.0 | 环己基戊酸 | 1.2～2.9 | 78.2～80.2 |
| | 高浓度 | 500 | 环戊基甲酸 | 0.48～4.9 | 84.3～91.3 |
| | | 200 | 环戊基乙酸＋环己基甲酸[a] | 1.2～4.1 | 87.8～95.3 |
| | | 100 | 环戊基丙酸 | 0.76～2.4 | 86.7～91.4 |
| | | 100 | 环己基乙酸 | 0.83～4.0 | 89.0～92.8 |
| | | 100 | 环己基丙酸 | 0.22～2.8 | 86.9～93.1 |
| | | 100 | 环己基丁酸 | 0.91～3.6 | 86.3～94.9 |
| | | 100 | 环己基戊酸 | 1.5～4.4 | 85.6～93.8 |
| [a] 环戊基乙酸＋环己基甲酸以环戊基乙酸计。 | | | | | |

## （十八）苯甲醚的吹扫捕集气相色谱质谱法

### 1. 方法原理

水样中的低水溶性挥发性有机化合物苯甲醚及内标物氟苯经吹扫捕集装置吹脱、捕集、加热解吸脱附后，导入气相色谱质谱联用仪中分离、测定。根据特征离子和保留时间定性，内标法定量。

### 2. 样品处理

使用 100 mL 棕色玻璃瓶采集水样，瓶中不留顶上空间和气泡，加盖密封，尽快运回实验室分析。若不能及时分析，水样应于 0 ℃～4 ℃条件下冷藏保存，保存时间为 24 h。

### 3. 仪器参考条件

吹扫捕集参考条件：吹扫流速为 40 mL/min，吹扫时间为 11 min；解吸温度为 250 ℃，解吸时间为 2 min；烘烤温度为 275 ℃，烘烤时间为 2 min；进样体积为 5 mL，内标体积为 2 $\mu$L。

色谱参考条件：进样口温度为 200 ℃，分流比为 50 : 1；柱流量为 1.0 mL/min，恒流模式；柱箱起始温度为 50 ℃，保持 1 min，以 5 ℃/min 的速率升温至 75 ℃，再以 10 ℃/min 的速率升温至 120 ℃，保持 1 min。

质谱参考条件：电子电离源，温度为 230 ℃；离子化能量为 70 eV；全扫描模式，扫描范围为 60 u～140 u；传输线温度为 150 ℃。

### 4. 结果处理

采用内标法进行定量分析。使用纯度大于或等于 99.5% 或色谱纯的苯甲醚配制的标准储备溶液或直接使用有证标准物质溶液，采用逐级稀释的方式配制质量浓度为 1.0 $\mu$g/L、2.0 $\mu$g/L、5.0 $\mu$g/L、10.0 $\mu$g/L、20.0 $\mu$g/L、40.0 $\mu$g/L 的标准系列溶液。苯甲醚定量离子峰面积与内标氟苯的定量离子峰面积之比为纵坐标，苯甲醚标准溶液质量浓度为横坐标，绘制工作曲线。实际样品在测定前加入等量的内标物，根据样品的苯甲醚定量离子峰面积与内标氟苯的定量离子峰面积之比，通过工作曲线测得样品中苯甲醚质量浓度。

根据苯甲醚、苯及 8 种苯系物标准物质总离子流图（图 3-8-19）中的保留时间和待测组分的特征离子对进行定性分析。

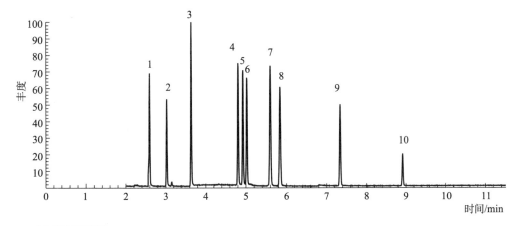

标引序号说明：

1——苯，2.59 min；        6——间-二甲苯，5.03 min；

2——氟苯，3.02 min；      7——异丙苯，5.6 min；

3——甲苯，3.64 min；      8——邻-二甲苯，5.84 min；

4——乙苯，4.80 min；      9——苯乙烯，7.34 min；

5——对二甲苯，4.94 min；  10——苯甲醚，8.91 min。

**图 3-8-19 苯甲醚、苯及 8 种苯系物标准物质总离子流图**

需要注意的是，高低浓度样品交替分析时会产生残留性污染，分析高浓度样品后要分析一个纯水空白；为避免残留污染，每批样品测定前，采样瓶、进样瓶和吹扫样品管均应在 120 ℃下烘烤 2 h。

根据待测组分的特征离子和保留时间定性。方法待测组分的相对分子质量、定量离子、定性离子见表 3-8-23。

表 3-8-23　方法待测组分的相对分子质量、定量离子、定性离子

| 组分 | 相对分子质量 | 定量离子（m/z） | 定性离子（m/z） |
|---|---|---|---|
| 苯甲醚 | 108 | 108 | 78，65 |
| 氟苯 | 96 | 96 | 77 |

5. 精密度和准确度

5 家实验室分别对质量浓度为 1.0 μg/L、10.0 μg/L、40.0 μg/L 的人工合成水样重复测定 6 次，相对标准偏差为 2.2%～3.2%，回收率为 82.0%～101%。

## （十九）萘酚的高效液相色谱法

1. 方法原理

水样经滤膜过滤后，直接进样，经高效液相色谱柱分离，荧光检测器测定。

2. 样品处理

使用硬质玻璃瓶采集水样。采集时，使水样在瓶中溢流从而保证瓶中不留气泡。对于不含余氯的水样，在每 100 mL 水样中加入 0.92 g～0.95 g 柠檬酸二氢钾，用精密 pH 试纸指示，调节水样 pH 至 3.8 左右，以防水样中可能存在的甲萘威水解干扰 α-萘酚的测定。对于含余氯的水样，每 100 mL 水样中先加入 8 mg～32 mg 硫代硫酸钠，再加入 0.92 g～0.95 g 柠檬酸二氢钾。水样于 0 ℃～4 ℃条件下避光冷藏保存，可保存 28 d。水样经 0.22 μm 聚偏氟乙烯材质滤膜过滤后直接进行测定。

3. 仪器参考条件

使用配有荧光检测器的高效液相色谱仪进行测定。α-萘酚和 β-萘酚的激发波长（$E_x$）均为 230 nm，α-萘酚的发射波长（$E_m$）为 460 nm，β-萘酚的发射波长（$E_m$）为 360 nm。使用 $C_{18}$ 色谱柱（150 mm×2.1 mm，3.5 μm）分离目标分析物，柱温为 25 ℃。液相色谱的流动相为甲醇和纯水，流速为 0.2 mL/min，进样体积为 10 μL。

α-萘酚和 β-萘酚的荧光色谱图（质量浓度均为 0.5 mg/L）如图 3-8-20 所示。

4. 结果处理

采用外标法进行定量分析。将 α-萘酚和 β-萘酚的标准物质用甲醇定容配制为各物

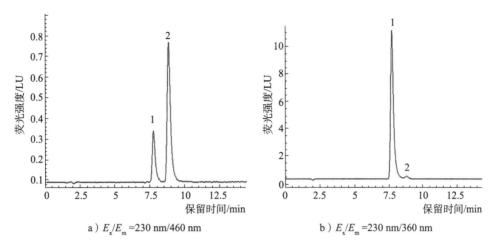

a) $E_x/E_m=230$ nm/460 nm    b) $E_x/E_m=230$ nm/360 nm

标引序号说明：

1——β-萘酚；

2——α-萘酚。

**图 3-8-20　α-萘酚和β-萘酚的荧光色谱图（质量浓度均为 0.5 mg/L）**

质的单物质标准储备溶液，在−10 ℃冰箱中避光保存，可保存 6 个月，也可直接使用有证标准物质溶液。考虑水样中萘酚含量水平不同，可配制高浓度和低浓度两个浓度水平的标准系列溶液，分别通过不同浓度水平的混合标准中间溶液，采用逐级稀释的方式进行配制。高浓度水平的混合标准中间溶液含有 α-萘酚 50.0 mg/L、β-萘酚 5.00 mg/L，在−10 ℃冰箱中避光保存，可保存 6 个月。采用该浓度的混合标准中间溶液配制 α-萘酚质量浓度为 0.1 mg/L、0.2 mg/L、0.5 mg/L、1.0 mg/L、2.0 mg/L、5.0 mg/L；β-萘酚质量浓度为 0.01 mg/L、0.02 mg/L、0.05 mg/L、0.10 mg/L、0.20 mg/L、0.50 mg/L 的标准系列使用溶液，现用现配。低浓度水平的混合标准中间溶液含有α-萘酚0.50 mg/L、β-萘酚 0.050 mg/L，在−10 ℃冰箱中避光保存，可保存 6 个月。采用该浓度的混合标准中间溶液配制 α-萘酚质量浓度为 0.001 mg/L、0.002 mg/L、0.005 mg/L、0.01 mg/L、0.02 mg/L、0.10 mg/L；β-萘酚质量浓度为 0.000 1 mg/L、0.000 2 mg/L、0.000 5 mg/L、0.001 mg/L、0.002 mg/L、0.010 mg/L 的标准系列使用溶液，现用现配。

目标分析物的出峰顺序为β-萘酚、α-萘酚。取标准使用溶液注入高效液相色谱仪分析，以峰高或峰面积为纵坐标，质量浓度为横坐标，绘制标准曲线，根据样品中萘酚的预估含量水平，选择不同浓度水平的标准曲线进行定量。根据水样测定的峰高或峰面积，从各自标准曲线上查出 α-萘酚和β-萘酚的质量浓度。

5. 精密度和准确度

α-萘酚加标质量浓度为 0.005 mg/L 时，重复 6 次实验，相对标准偏差为 2.1%～

4.7%，回收率为 80.0%～98.8%；加标质量浓度为 0.050 mg/L 时，相对标准偏差为 0.6%～2.9%，回收率为 94.7%～101%；加标质量浓度为 0.500 mg/L 时，相对标准偏差为 0.2%～2.8%，回收率为 93.0%～100%。

β-萘酚加标质量浓度为 0.005 mg/L 时，重复 6 次实验，相对标准偏差为 2.3%～6.6%，回收率为 93.3%～104%；加标质量浓度为 0.050 mg/L 时，相对标准偏差为 0.8%～7.9%，回收率为 84.0%～96.9%；加标质量浓度为 0.500 mg/L 时，相对标准偏差为 0.2%～1.7%，回收率为 96.3%～99.3%。

### （二十）全氟辛酸的超高效液相色谱串联质谱法

**1. 方法原理**

水样经固相萃取柱富集浓缩后氮吹至近干，复溶后上机测定；以超高效液相色谱串联质谱的多反应监测模式检测，根据保留时间以及特征离子定性，采用同位素内标法定量分析。

**2. 样品处理**

使用 1 L 棕色螺口聚丙烯采样瓶采集样品，在采样前用自来水反复冲洗采样瓶，再用纯水冲洗 3 遍，最后用甲醇冲洗两遍，晾干备用。采样时，使水样在瓶中溢流出而不留气泡，加盖密封。水样需冷藏避光保存和运输。准确量取 1 L 待测水样，加入 4.625 g 乙酸铵调节 pH 至 6.8～7.0，每升水样中加入同位素内标混合标准溶液。若水样浑浊，可采用醋酸纤维滤膜进行抽滤处理。

通过固相萃取的方法对水样中的目标分析物进行富集和净化，采用混合型弱阴离子交换反相吸附剂（WAX）固相萃取柱处理水样，上样前，依次用 5 mL 氨水-甲醇溶液、7 mL 甲醇和 10 mL 纯水进行固相萃取柱的活化，上样时流速控制在约 8 mL/min，水样全部过柱后，用 5 mL 乙酸铵水溶液 $[c(CH_3COONH_4)=0.025 \text{ mol/L}]$（pH=4）和 12 mL 纯水淋洗固相萃取柱，负压吹干固相萃取柱，依次用 5 mL 甲醇和 7 mL 氨水-甲醇溶液 $[\varphi(NH_3 \cdot H_2O)=0.1\%]$ 进行洗脱，收集全部洗脱液于 15 mL 聚丙烯离心管中。将收集的样品在小于或等于 40 ℃ 的水浴温度下氮吹至近干，用甲醇水溶液（3+7）定容至 1 mL，涡旋混匀后待上机测定。

**3. 仪器参考条件**

使用超高效液相色谱串联质谱联用仪进行定性和定量分析。

液相色谱仪用于分离目标分析物，色谱柱为 BEH $C_{18}$ 色谱柱（2.1 mm×50 mm，1.7 μm）或其他等效色谱柱。有机相流动相（流动相 A）为甲醇，水相流动相（流动相 B）为 0.005 mol/L 的乙酸铵水溶液，流速 0.3 mL/min，进样体积为 10 μL，色谱柱柱温为 40 ℃。流动相梯度洗脱程序见表 3-8-24。

11 种全氟化合物标准色谱图（质量浓度均为 10 μg/L）如图 3-8-21 所示。

表 3-8-24　流动相梯度洗脱程序

| 时间/min | 流动相 A/% | 流动相 B/% |
|---|---|---|
| 0 | 25 | 75 |
| 0.5 | 25 | 75 |
| 10.0 | 85 | 15 |
| 10.5 | 95 | 5 |
| 14.0 | 95 | 5 |
| 14.1 | 25 | 75 |
| 16.0 | 25 | 75 |

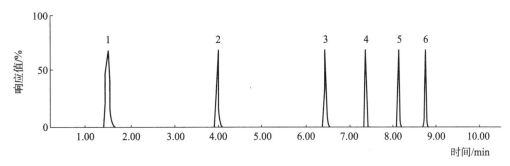

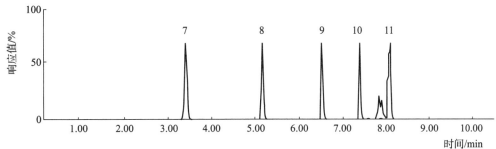

标引序号说明：

1——全氟丁酸（PFBA）；　5——全氟壬酸（PFNA）；　9——全氟己烷磺酸（PFHxS）；

2——全氟丁烷磺酸（PFBS）；6——全氟癸酸（PFDA）；　10——全氟庚烷磺酸（PFHpS）；

3——全氟庚酸（PFHpA）；　7——全氟戊酸（PFPA）；　11——全氟辛烷磺酸（PFOS）。

4——全氟辛酸（PFOA）；　8——全氟己酸（PFHxA）；

图 3-8-21　11 种全氟化合物标准色谱图（质量浓度均为 10 μg/L）

超高效液相色谱串联质谱联用仪进行目标分析物的定性和定量监测。离子源为电喷雾离子源，负离子模式，源温度为 150 ℃，脱溶剂温度为 500 ℃，脱溶剂气流量为 1 000 L/h，采用多级反应监测模式。

11 种全氟化合物及其同位素内标质谱参考条件见表 3-8-25。

表 3-8-25　11 种全氟化合物及其同位素内标质谱参考条件

| 目标分析物 | 母离子（m/z） | 锥孔电压/V | 子离子（m/z） | 碰撞能量/eV |
|---|---|---|---|---|
| 全氟丁酸（PFBA） | 212.88 | 20 | 169.00[a] | 8 |
| | | | 96.76 | 14 |
| 全氟戊酸（PFPA） | 262.88 | 15 | 219.00[a] | 6 |
| | | | 68.79 | 46 |
| 全氟己酸（PFHxA） | 312.97 | 12 | 268.92[a] | 10 |
| | | | 118.87 | 18 |
| 全氟庚酸（PFHpA） | 362.94 | 15 | 168.88[a] | 14 |
| | | | 118.87 | 22 |
| 全氟辛酸（PFOA） | 412.94 | 20 | 168.87[a] | 18 |
| | | | 218.86 | 12 |
| 全氟壬酸（PFNA） | 462.87 | 15 | 218.87[a] | 14 |
| | | | 168.87 | 16 |
| 全氟癸酸（PFDA） | 512.86 | 10 | 218.87[a] | 15 |
| | | | 268.87 | 15 |
| 全氟丁烷磺酸（PFBS） | 298.92 | 40 | 79.78[a] | 30 |
| | | | 98.77 | 26 |
| 全氟己烷磺酸（PFHxS） | 398.84 | 20 | 79.78[a] | 38 |
| | | | 98.70 | 34 |
| 全氟庚烷磺酸（PFHpS） | 448.84 | 15 | 79.78[a] | 38 |
| | | | 98.77 | 34 |
| 全氟辛烷磺酸（PFOS） | 498.78 | 18 | 79.78[a] | 52 |
| | | | 98.77 | 36 |
| 全氟己酸内标<br>（PFHxA$^{13}$C$_2$） | 314.75 | 15 | 269.90[a] | 10 |
| | | | 119.31 | 20 |
| 全氟辛酸内标<br>（PFOA$^{13}$C$_4$） | 416.75 | 15 | 168.88[a] | 16 |
| | | | 221.86 | 12 |
| 全氟辛烷磺酸内标<br>（PFOS$^{13}$C$_4$） | 502.96 | 18 | 79.84[a] | 52 |
| | | | 98.83 | 36 |

[a] 标注的为各物质的定量离子。

**注：** 在特征性子离子的选取上可根据各实验室检测设备的具体情况来确定。

4. 结果处理

采用内标法进行定量分析。使用全氟化合物标准物质和同位素内标物质，分别用甲醇定容配制单物质标准储备溶液，储备溶液冷藏避光密封保存，可保存 1 周，或可直接使用有证标准物质溶液。使用单物质标准储备溶液配制混合标准溶液，再通过逐级稀释的方式配制全氟化合物标准系列溶液，可配制进样质量浓度为 5.00 $\mu g/L$、10.00 $\mu g/L$、20.00 $\mu g/L$、50.00 $\mu g/L$、100.00 $\mu g/L$、200.00 $\mu g/L$ 的标准系列溶液，每个标准系列溶液中含有质量浓度为 10.00 $\mu g/L$ 的内标物质。将标准系列溶液由低浓度至高浓度依次进样检测，以目标待测物质量浓度为横坐标，外标峰面积与其对应的内标峰面积比值为纵坐标进行线性回归，绘制标准曲线。全氟丁酸（PFBA）、全氟戊酸（PFPA）、全氟己酸（PFHxA）、全氟庚酸（PFHpA）可采用内标物质全氟己酸$^{13}$C$_2$ 进行内标法定量，全氟辛酸（PFOA）、全氟壬酸（PFNA）、全氟癸酸（PFDA）可采用内标物质全氟辛酸$^{13}$C$_4$ 进行内标法定量，全氟丁烷磺酸（PFBS）、全氟己烷磺酸（PFHxS）、全氟庚烷磺酸（PFHpS）、全氟辛烷磺酸（PFOS）可采用内标物质全氟辛烷磺酸$^{13}$C$_4$ 进行内标法定量。

根据样品中分析物的保留时间进行目标分析物定性分析，按照该方法仪器参考条件测定的各目标分析物的保留时间分别为：PFBA，1.51 min；PFPA，3.51 min；PFBS，4.03 min；PFHxA，5.26 min；PFHpA，6.48 min；PFHxS，6.60 min；PFOA，7.40 min；PFHpS，7.47 min；PFNA，8.15 min；PFOS，8.20 min；PFDA，8.79 min。将待测样品中各目标待测物峰面积与其对应的内标峰面积比值代入标准曲线获得各目标待测物的进样浓度，再根据公式（3-8-9）计算水样中的目标待测物的质量浓度。

$$\rho = \frac{\rho_1 \times V_1}{V} \tag{3-8-9}$$

式中：

$\rho$——样品中各目标待测物质量浓度，单位为纳克每升（ng/L）；

$\rho_1$——进样质量浓度，单位为微克每升（$\mu g/L$）；

$V_1$——样品的定容体积，单位为毫升（mL）；

$V$——取样体积，单位为升（L）。

5. 精密度和准确度

选取生活饮用水进行加标回收率测定，在低（5 ng/L）、中（10 ng/L）、高（50 ng/L）3 个质量浓度加标水平，按照所建立的方法进行样品处理及测定，每个质量浓度重复 6 份平行样品，计算平均加标回收率和精密度。5 家实验室平均加标回收率和精密度测定结果见表 3-8-26。

表 3-8-26　方法回收率和精密度（$n=6$）

| 序号 | 组分 | 低浓度 | | 中浓度 | | 高浓度 | |
|---|---|---|---|---|---|---|---|
| | | 回收率/% | 相对标准偏差/% | 回收率/% | 相对标准偏差/% | 回收率/% | 相对标准偏差/% |
| 1 | PFBA | 80.9～95.9 | 1.8～5.1 | 60.7～95.9 | 1.3～12 | 80.0～102 | 0.96～5.2 |
| 2 | PFPA | 88.8～107 | 2.4～9.2 | 83.3～95.4 | 2.2～7.2 | 84.0～105 | 2.1～6.9 |
| 3 | PFHxA | 84.1～116 | 1.2～9.1 | 91.2～103 | 2.4～4.9 | 91.8～101 | 1.6～6.4 |
| 4 | PFHpA | 66.7～102 | 1.2～11 | 92.6～105 | 2.1～8.9 | 94.3～114 | 2.2～13 |
| 5 | PFOA | 85.4～123 | 2.3～13 | 88.9～98.8 | 2.5～11 | 96.9～107 | 2.4～11 |
| 6 | PFNA | 95.9～111 | 1.0～9.2 | 52.4～98.8 | 2.1～10 | 84.7～101 | 3.2～9.8 |
| 7 | PFDA | 68.8～110 | 2.6～12 | 82.2～121 | 2.8～14 | 81.5～103 | 2.3～7.1 |
| 8 | PFBS | 97.1～122 | 1.6～6.2 | 96.0～121 | 1.7～5.6 | 97.3～115 | 2.4～9.2 |
| 9 | PFHxS | 81.1～121 | 2.5～7.3 | 89.5～109 | 1.4～4.8 | 95.6～108 | 2.1～7.6 |
| 10 | PFHpS | 56.1～121 | 1.7～7.4 | 90.4～130 | 0.74～9.1 | 90.8～116 | 2.0～11 |
| 11 | PFOS | 64.1～113 | 2.8～6.5 | 75.4～113 | 2.4～7.9 | 86.6～110 | 2.4～7.0 |

## （二十一）二甲基二硫醚的吹扫捕集气相色谱质谱法

### 1. 方法原理

使用吹扫捕集装置，在设定的温度下，惰性气体将在特制吹扫瓶内水样中的二甲基二硫醚和二甲基三硫醚吹出，被捕集阱吸附，经热脱附，待测物由惰性气体带入气相色谱质谱仪进行分离和测定。

### 2. 样品处理

使用 500 mL 棕色玻璃瓶采集水样至满瓶，根据水样消毒剂浓度，定量添加能够刚好完全消除消毒剂的抗坏血酸和盐酸羟胺：液氯消毒的末梢水，每消除 1 mg 余氯需要分别加入 20 μL 抗坏血酸溶液和 90 μL 盐酸羟胺溶液；二氧化氯消毒的末梢水，每消除 1 mg 二氧化氯需要分别加入 40 μL 抗坏血酸溶液和 1.55 mL 盐酸羟胺溶液；水源水中无需添加保存剂。密封样品瓶，冷藏保存，保存时间为 8 h。取出水样放置到室温，小心地将水样倒入 40 mL 吹扫瓶中至正好溢流并盖上瓶盖；同时取实验用水倒入 40 mL 吹扫瓶中至正好溢流并盖上瓶盖，此为样品空白。

### 3. 仪器参考条件

使用配有吹扫捕集系统的气相色谱质谱仪进行定性和定量分析。

吹扫捕集参考条件：吹扫管和定量环为 25 mL，捕集阱填料为 2,6-二苯基呋喃多孔聚合物树脂（Tenax）/硅胶（Silica gel）/活性炭混合吸附剂（Carbon Molecular Sieve），或其他等效捕集阱；吹扫温度为 60 ℃，吹扫时间为 11 min；热脱附温度为 200 ℃，热脱附时间为 1 min；烘焙温度为 210 ℃，烘焙时间为 10 min。

气相色谱参考条件：毛细管色谱柱为中等极性毛细管色谱柱 Elite-624，固定液为 6%氰丙基苯和 94%二甲基硅氧烷（60 m×0.25 mm，1.8 $\mu$m），或其他等效色谱柱；柱温箱升温的初始温度为 70 ℃，以 30 ℃/min 的速率升至 220 ℃，保持 5 min；毛细管色谱柱载气为氦气，流速为 2 mL/min；进样口温度为 280 ℃，进样模式为分流模式，分流比为 10∶1。

质谱参考条件：电子电离源为 70 eV，溶剂延迟为 4 min，离子源温度为 230 ℃，四级杆温度为 150 ℃，检测模式为选择离子监测。

二甲基二硫醚和二甲基三硫醚的保留时间、定量离子、定性离子以及各定性离子的相对丰度见表 3-8-27。二甲基二硫醚和二甲基三硫醚标准溶液选择离子流图（质量浓度均为 30 ng/L）如图 3-8-22 所示。

表 3-8-27 二甲基二硫醚和二甲基三硫醚的保留时间、定量离子、定性离子以及各定性离子的相对丰度

| 组分 | 保留时间/min | 定量离子（m/z） | 定性离子 1（m/z） | 定性离子 2（m/z） |
|---|---|---|---|---|
| 二甲基二硫醚 | 5.495 | 94（100） | 79（57） | 46（25） |
| 二甲基三硫醚 | 7.288 | 126（100） | 79（51） | 47（36） |

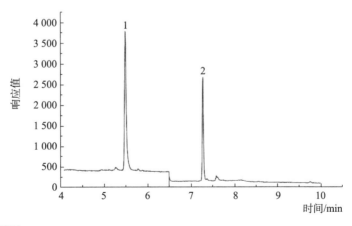

标引序号说明：

1——二甲基二硫醚，5.49 min；

2——二甲基三硫醚，7.29 min。

图 3-8-22 二甲基二硫醚和二甲基三硫醚标准溶液选择离子流图（质量浓度均为 30 ng/L）

4. 结果处理

采用外标法进行单离子定量测定。使用二甲基二硫醚和二甲基三硫醚标准储备溶液或直接使用有证标准物质溶液，采用逐级稀释的方式配制质量浓度为 10 ng/L、30 ng/L、50 ng/L、70 ng/L、90 ng/L 以及 100 ng/L 的二甲基二硫醚和二甲基三硫醚标准系列溶液，与水样采用相同步骤进行吹扫捕集后，将标准系列溶液按浓度从低到高的顺序依次上机测定。以定量离子的峰面积为纵坐标，质量浓度为横坐标，绘制工作曲线。根据标准样品选择离子流图（图 3-8-22）中各组分的保留时间、监测离子以及各监测离子之间的丰度比，进行定性分析。进行定性分析时，如果检出的色谱峰的保留时间和标准样品一致，并且在扣除背景后的样品质谱图中，所选择的离子均出现，而且所选择的离子的相对丰度与标准物质的离子相对丰度相一致（相对丰度大于 50%，允许±30% 偏差；相对丰度在 20%～50% 之间，允许±50% 偏差），则可确定水样中存在待测物。定量分析采用外标法单离子定量测定，直接从工作曲线上查出水样中二甲基二硫醚和二甲基三硫醚的质量浓度。

5. 精密度和准确度

5 家实验室对低（10 ng/L）、中（40 ng/L）、高（80 ng/L）3 个质量浓度加标水平的末梢水（出厂水）及水源水中的二甲基二硫醚和二甲基三硫醚，进行回收率和相对标准偏差试验，分别重复测定 6 次，结果见表 3-8-28。

表 3-8-28　二甲基二硫醚和二甲基三硫醚的回收率和相对标准偏差

| 组分 | 回收率/% | 相对标准偏差/% |
|---|---|---|
| 二甲基二硫醚 | 81.3～120 | 0.90～7.9 |
| 二甲基三硫醚 | 73.6～118 | 1.1～7.6 |

## （二十二）多环芳烃的高效液相色谱法

1. 方法原理

水中多环芳烃经苯乙烯二苯乙烯聚合物柱富集后，甲醇水溶液淋洗杂质，二氯甲烷洗脱，浓缩后用乙腈水溶液复溶，经高效液相色谱分离，紫外串联荧光检测器检测，保留时间定性，峰面积外标法定量。

2. 样品处理

使用具塞的磨口玻璃瓶采集水样。采集水样时先加抗坏血酸于采样瓶中，每升水样加 0.1 g 抗坏血酸，余氯含量高时可增加用量。采 2 L～4 L 水样，加磷酸调 pH 小于 2，密封；水样置于 0 ℃～4 ℃条件下避光保存，保存时间为 7 d。为降低本底值，试验用玻璃器皿要在马弗炉中 300 ℃烧至少 2 h，或玻璃瓶在盛水样前，用 5 mL～10 mL 的甲醇润洗瓶壁两遍，去除瓶中的多环芳烃本底。本底值可能来自溶剂、试剂和玻璃器皿，如使用塑料材料，可选择聚四氟乙烯材质。氮吹时，连接管路采用可拆卸、易清洗的不锈钢材质（尽量避免使用塑料材质的物品）。

水样使用固相萃取法进行预处理。取 500 mL 水样于广口玻璃瓶或聚四氟乙烯的瓶中，加入 10 mL 甲醇，摇匀；将 10 mL 二氯甲烷、6 mL 甲醇、6 mL 水依次加入苯乙烯二苯乙烯聚合物柱（填料 250 mg，容量 6 mL）或其他等效固相萃取柱中，进行固相萃取柱活化；以 3 mL/min～6 mL/min 的流速过柱富集，为降低瓶壁对目标物的吸附，上样结束后用 10 mL 50%甲醇水溶液（pH＜2）润洗样品瓶，洗涤液同样过柱；用 6 mL 80%甲醇水淋洗固相萃取柱（流速小于或等于 3 mL/min），淋洗结束后用洗耳球按压挤干固相萃取柱上液体（不宜负压抽干，否则会造成萘等部分目标物回收率偏低）；用 10 mL 二氯甲烷洗脱（流速小于或等于1 mL/min）或分次浸泡洗脱（5 次×2 mL，浸泡 2 min），洗脱液用 10 mL 玻璃试管收集；向洗脱液表面滴加 100 μL 吐温-20 的甲醇溶液后用小流量氮吹至近干。用 50%乙腈水溶液 1.0 mL 复溶，在漩涡振荡仪振荡混匀，将浓缩的洗脱液通过滤膜（尼龙滤膜或亲水性滤膜）过滤后转移至进样瓶中，进样分析。

氮吹时需控制水浴温度在 40 ℃以下，用微弱气流氮吹，不要吹干，吹干会导致损失增加。氮吹时，连接管路采用可拆卸、易清洗的不锈钢材质（尽量避免使用塑料材质的物品）。每批次分析样品前，用纯水代替样品做空白试验。

3. 仪器参考条件

使用配有荧光检测器和紫外检测器或二极管阵列检测器的高效液相色谱仪进行定性和定量分析。色谱柱为 PAH C$_{18}$色谱柱（250 mm×4.6 mm，5 μm）或其他等效色谱柱。流动相 A 为纯水，流动相 B 为乙腈，流速为 1.0 mL/min，使用梯度洗脱程序，见表 3-8-29。柱温为 30 ℃。进样体积为 20 μL。16 种多环芳烃用紫外与荧光检测器串联检测，不同物质参考保留时间和对应检测波长见表 3-8-30，因其中苊烯无荧光响应，采用紫外检测器或二极管阵列检测器测定，其他 15 种化合物用荧光检测器检测。

表 3-8-29　梯度洗脱程序

| 时间/min | 流动相 A/% | 流动相 B/% |
|---|---|---|
| 0 | 50 | 50 |
| 5 | 50 | 50 |
| 20 | 0 | 100 |
| 28 | 0 | 100 |
| 32 | 50 | 50 |
| 36 | 50 | 50 |

表 3-8-30　16 种多环芳烃参考保留时间和对应检测波长

| 组分 | 保留时间/min | 荧光激发波长/nm | 荧光发射波长/nm | 紫外检测波长/nm |
|---|---|---|---|---|
| 萘 | 10.494 | 280 | 340 | — |
| 苊烯 | 11.734 | — | — | 228 |
| 苊 | 13.480 | 280 | 340 | — |
| 芴 | 13.957 | 280 | 340 | — |
| 菲 | 15.028 | 300 | 400 | — |
| 蒽 | 16.174 | 300 | 400 | — |
| 荧蒽 | 17.189 | 300 | 500 | — |
| 芘 | 18.008 | 300 | 400 | — |
| 苯并［a］蒽 | 20.576 | 300 | 400 | — |
| 䓛 | 21.299 | 300 | 400 | — |
| 苯并［b］荧蒽 | 23.017 | 300 | 430 | — |
| 苯并［k］荧蒽 | 24.015 | 300 | 430 | — |
| 苯并［a］芘 | 24.946 | 300 | 430 | — |
| 二苯并［a,h］蒽 | 26.517 | 300 | 400 | — |
| 苯并［ghi］苝 | 27.499 | 300 | 430 | — |
| 茚并［1,2,3-cd］芘 | 28.604 | 300 | 500 | — |

　　方法通过保留时间定性，峰面积定量。在参考的色谱条件下，多环芳烃色谱图如图 3-8-23 和图 3-8-24 所示。

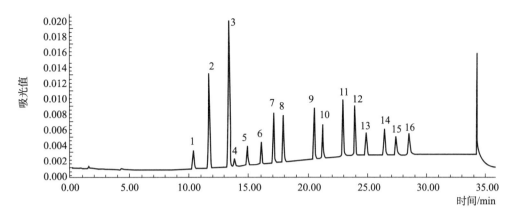

标引序号说明：

1——萘，10.400 min；  7——荧蒽，17.090 min；  12——苯并［k］荧蒽，23.917 min；

2——苊烯，11.636 min；  8——芘，17.909 min；  13——苯并［a］芘，24.844 min；

3——苊，13.380 min；  9——苯并［a］蒽，20.477 min；  14——二苯并［a,h］蒽，26.419 min；

4——芴，13.854 min；  10——䓛，21.198 min；  15——苯并［ghi］苝，27.412 min；

5——菲，14.939 min；  11——苯并［b］荧蒽，22.919 min；16——茚并［1,2,3-cd］芘，28.504 min。

6——蒽，16.076 min；

**图 3-8-23  紫外检测器 228 nm 下 16 种多环芳烃色谱图（质量浓度均为 100 ng/mL）**

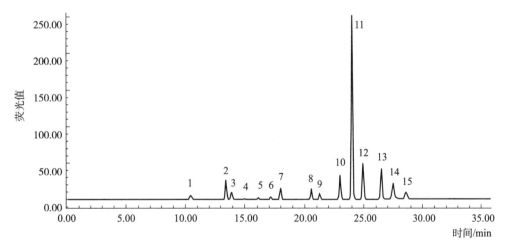

标引序号说明：

1——萘，10.494 min；  6——荧蒽，17.189 min；  11——苯并［k］荧蒽，24.015 min；

2——苊，13.480 min；  7——芘，18.008 min；  12——苯并［a］芘，24.946 min；

3——芴，13.957 min；  8——苯并［a］蒽，20.576 min；  13——二苯并［a,h］蒽，26.517 min；

4——菲，15.028 min；  9——䓛，21.299 min；  14——苯并［ghi］苝，27.499 min；

5——蒽，16.174 min；  10——苯并［b］荧蒽，23.017 min；15——茚并［1,2,3-cd］芘，28.604 min。

**图 3-8-24  荧光检测器下 15 种多环芳烃色谱图（质量浓度均为 100 ng/mL）**

4. 结果处理

采用外标法进行定量分析。使用萘、苊烯、苊、芴、菲、蒽、荧蒽、芘、苯并[a]蒽、䓛、苯并[b]荧蒽、苯并[k]荧蒽、苯并[a]芘、二苯并[a,h]蒽、苯并[ghi]苝、茚并[1,2,3-cd]芘16种多环芳烃纯品配制的标准储备溶液或直接使用有证标准物质溶液，用乙腈稀释为标准使用溶液，再取不同体积的标准使用溶液用乙腈配制成标准系列溶液。可配制苯并[a]芘标准系列溶液的质量浓度分别为0 ng/mL、2.0 ng/mL、5.0 ng/mL、10.0 ng/mL、20.0 ng/mL、50.0 ng/mL、100.0 ng/mL，其余15种多环芳烃标准系列溶液的质量浓度分别为0 ng/mL、20.0 ng/mL、50.0 ng/mL、100.0 ng/mL、150.0 ng/mL、200.0 ng/mL，现用现配。在仪器参数条件下测定，以标准物质的质量浓度为横坐标，对应峰面积为纵坐标，绘制标准曲线。根据公式（3-8-10)计算水样中待测物的质量浓度。

$$\rho = \frac{\rho_1 \times V_1}{V} \times 1\,000 \qquad (3\text{-}8\text{-}10)$$

式中：

$\rho$——样品中各目标待测物质量浓度，单位为纳克每升（ng/L）；

$\rho_1$——曲线上查得的待测物质量浓度，单位为纳克每毫升（ng/mL）；

$V_1$——样品的定容体积，单位为毫升（mL）；

$V$——取样体积，单位为毫升（mL）。

5. 精密度和准确度

经5家实验室测定，精密度和准确度（$n=6$）见表3-8-31。

表3-8-31　水样加标的精密度和准确度

| 组分 | 加标浓度/（ng/L） | 末梢水加标回收率/% | 水源水加标回收率/% | 相对标准偏差/% |
|---|---|---|---|---|
| 萘 | 20 | 60.5～91.0 | 71.8～83.8 | 2.6～9.3 |
| | 100 | 62.0～75.2 | 64.0～86.8 | 0.95～14 |
| | 200 | 60.0～89.0 | 61.7～83.9 | 0.85～14 |
| 苊烯 | 20 | 76.9～119 | 90.1～119 | 1.3～5.6 |
| | 100 | 81.8～95.7 | 90.0～106 | 1.1～5.6 |
| | 200 | 83.9～96.0 | 84.7～99.5 | 0.73～4.4 |
| 苊 | 20 | 65.6～93.3 | 68.0～95.1 | 1.7～7.5 |
| | 100 | 77.4～92.9 | 79.9～99.7 | 0.49～6.1 |
| | 200 | 74.3～95.6 | 74.9～90.5 | 0.43～3.9 |
| 芴 | 20 | 81.1～99.0 | 83.6～99.5 | 1.2～7.8 |
| | 100 | 80.1～97.6 | 89.6～107 | 1.3～5.7 |
| | 200 | 85.7～95.4 | 86.1～97.3 | 1.1～4.8 |

表 3-8-31（续）

| 组分 | 加标浓度/（ng/L） | 末梢水加标回收率/% | 水源水加标回收率/% | 相对标准偏差/% |
|---|---|---|---|---|
| 菲 | 20 | 77.8～112 | 88.4～106 | 3.4～7.0 |
| | 100 | 88.1～115 | 91.4～111 | 0.34～5.7 |
| | 200 | 94.1～102 | 96.3～103 | 1.5～5.5 |
| 蒽 | 20 | 87.0～113 | 87.4～115 | 3.2～6.7 |
| | 100 | 83.1～98.1 | 84.9～110 | 0.44～5.7 |
| | 200 | 76.5～95.2 | 77.7～103 | 0.28～5.6 |
| 荧蒽 | 20 | 80.5～101 | 86.6～97.7 | 1.6～6.9 |
| | 100 | 94.9～101 | 90.0～107 | 0.32～4.9 |
| | 200 | 94.1～97.6 | 95.0～97.8 | 0.39～4.3 |
| 芘 | 20 | 92.3～102 | 92.0～110 | 0.75～7.3 |
| | 100 | 85.6～101 | 87.5～106 | 0.16～6.0 |
| | 200 | 90.2～99.8 | 81.3～99.0 | 0.12～6.5 |
| 苯并[a]蒽 | 20 | 79.0～101 | 85.7～103 | 1.4～8.6 |
| | 100 | 85.9～95.2 | 85.9～103 | 0.53～5.6 |
| | 200 | 91.3～93.9 | 89.3～96.6 | 0.71～6.6 |
| 䓛 | 20 | 95.2～107 | 92.3～110 | 1.2～6.1 |
| | 100 | 92.4～98 | 93.0～105 | 0.44～6.4 |
| | 200 | 88.3～95.3 | 89.8～96.0 | 0.77～5.1 |
| 苯并[b]荧蒽 | 20 | 86.0～96.7 | 80.2～92.2 | 2.6～7.5 |
| | 100 | 88.5～92.9 | 87.9～101 | 0.51～5.6 |
| | 200 | 89.3～93.3 | 83.0～95.4 | 1.2～6.2 |
| 苯并[k]荧蒽 | 20 | 83.5～92.6 | 78.1～88.6 | 1.3～8.7 |
| | 100 | 86.3～90.5 | 84.2～102 | 0.13～6.8 |
| | 200 | 82.4～92.7 | 80.3～97.0 | 0.45～5.7 |
| 苯并[a]芘 | 10 | 76.1～85.0 | 78.8～102 | 1.1～3.8 |
| | 20 | 79.2～87.5 | 72.9～91.4 | 1.7～8.8 |
| | 100 | 76.1～84.6 | 82.2～93.1 | 0.48～7.1 |
| | 200 | 74.8～89.3 | 77.5～88.4 | 0.94～6.2 |
| 二苯并[a,h]蒽 | 20 | 75.6～87.4 | 70.5～87.3 | 1.3～6.8 |
| | 100 | 81.4～90.0 | 81.4～96.0 | 0.16～7.7 |
| | 200 | 77.0～89.9 | 80.1～90.6 | 1.1～5.4 |
| 苯并[ghi]苝 | 20 | 76.8～86.8 | 70.9～93.5 | 2.0～6.7 |
| | 100 | 77.8～87.7 | 77.8～93.3 | 0.26～6.1 |
| | 200 | 80.5～93.8 | 77.4～93.3 | 0.39～5.3 |

表 3-8-31（续）

| 组分 | 加标浓度/（ng/L） | 末梢水加标回收率/% | 水源水加标回收率/% | 相对标准偏差/% |
|---|---|---|---|---|
| 茚并[1,2,3-cd]芘 | 20 | 74.2～92.9 | 72.3～95.0 | 1.8～7.3 |
| | 100 | 78.1～88.9 | 80.9～94.6 | 0.30～6.5 |
| | 200 | 79.4～91.5 | 81.1～94.6 | 0.48～5.2 |

## （二十三）多氯联苯的气相色谱质谱法

### 1. 方法原理

水样中多氯联苯被 $C_{18}$ 固相萃取柱吸附，用二氯甲烷和乙酸乙酯洗脱，洗脱液经浓缩，用气相色谱毛细管柱分离各组分后，以质谱作为检测器，进行测定。根据保留时间和碎片离子质荷比定性，内标法定量。

### 2. 样品处理

水样采集在棕色玻璃瓶中，采样体积为 1 L～2 L。采集的水样于 0 ℃～4 ℃条件下冷藏避光保存，保存时间为 14 d。水样如有浑浊杂质，需经 0.45 μm 滤膜过滤。取 1 L 水样加入 5 mL 甲醇和 0.15 mL 定量内标使用溶液，混匀待用。

水样依次用 5 mL 二氯甲烷、5 mL 乙酸乙酯、5 mL 甲醇和 5 mL 纯水活化 $C_{18}$ 固相萃取柱，活化时，使液面始终高于吸附剂顶部；水样以约 10 mL/min 的流速通过活化的 $C_{18}$ 固相萃取柱，水样近干时瓶中加 5 mL 甲醇和 10 mL 纯水清洗后继续上样；吸附完毕后，保持真空泵继续工作，使 $C_{18}$ 固相萃取柱干燥（约 30 min）；依次用 5 mL 二氯甲烷和 5 mL 乙酸乙酯洗脱 $C_{18}$ 固相萃取柱，洗脱速度约为 1 mL/min，收集复合洗脱液；洗脱液在 40 ℃下，用氮气吹干（约 1.5 h）；加正己烷至 0.35 mL，加入回收内标使用溶液 0.15 mL，混匀后待测。

### 3. 仪器参考条件

使用配有电子电离源的气相色谱质谱联用仪进行定性和定量分析。色谱柱为石英毛细管柱（30 m×0.25 mm，0.25 μm），固定相为 5%二苯基-95%二甲基聚硅氧烷，或其他等效色谱柱。色谱柱进样口温度为 270 ℃，进样方式为不分流进样，载气（氦气）流量为恒流模式，1.0 mL/min，进样体积为 1 μL。升温程序为起始温度 100 ℃，保持 2 min，以 15 ℃/min 的速率升温至 180 ℃，再以 3 ℃/min 的速率升温至 240 ℃，再以 10 ℃/min 的速率升温至 285 ℃，保持 4 min。

质谱仪进行目标分析物的定性和定量监测。接口温度为 270 ℃，离子源温度为 230 ℃，电离模式为电子电离源，电子能量为 70 eV。扫描方式为选择离子模式，分为 3 段：第一段为 8 min～20.5 min，第二段为 20.5 min～25.5 min，第三段为 25.5 min～

35.8 min。

多氯联苯测定相关参数见表 3-8-32。多氯联苯标准系列溶液总离子流图（质量浓度均为 100 μg/L）如图 3-8-25 所示。

表 3-8-32　多氯联苯测定相关参数

| 组分 | 类别 | 定量内标 | 保留时间/min | 定性离子（m/z） | 定量离子（m/z） |
|---|---|---|---|---|---|
| $^{13}C_{12}$-PCB28 | 定量内标 1 | — | 13.072 | 268 | 270 |
| PCB28 | 目标物 | 定量内标 1 | 13.072 | 256 | 258 |
| $^{13}C_{12}$-PCB52 | 定量内标 2 | — | 14.297 | 302 | 304 |
| PCB52 | 目标物 | 定量内标 2 | 14.297 | 290 | 292 |
| $^{13}C_{12}$-PCB101 | 定量内标 3 | — | 17.906 | 336 | 338 |
| PCB101 | 目标物 | 定量内标 3 | 17.906 | 324 | 326 |
| PCB81 | 目标物 | 定量内标 3 | 19.141 | 290 | 292 |
| PCB77 | 目标物 | 定量内标 3 | 19.607 | 290 | 292 |
| PCB123 | 目标物 | 定量内标 3 | 20.720 | 324 | 326 |
| PCB118 | 目标物 | 定量内标 3 | 20.834 | 324 | 326 |
| PCB114 | 目标物 | 定量内标 3 | 21.373 | 324 | 326 |
| $^{13}C_{12}$-PCB153 | 定量内标 4 | — | 21.946 | 372 | 374 |
| PCB153 | 目标物 | 定量内标 4 | 21.946 | 360 | 362 |
| PCB105 | 目标物 | 定量内标 5 | 22.134 | 324 | 326 |
| $^{13}C_{12}$-PCB138 | 定量内标 5 | — | 23.330 | 372 | 374 |
| PCB138 | 目标物 | 定量内标 5 | 23.330 | 360 | 362 |
| PCB126 | 目标物 | 定量内标 5 | 23.789 | 324 | 326 |
| PCB167 | 目标物 | 定量内标 5 | 24.784 | 360 | 362 |
| PCB156 | 目标物 | 定量内标 5 | 25.950 | 360 | 362 |
| PCB157 | 目标物 | 定量内标 6 | 26.248 | 360 | 362 |
| $^{13}C_{12}$-PCB180 | 定量内标 6 | — | 26.836 | 406 | 408 |
| PCB180 | 目标物 | 定量内标 6 | 26.836 | 394 | 396 |
| PCB169 | 目标物 | 定量内标 6 | 27.907 | 360 | 362 |
| PCB189 | 目标物 | 定量内标 6 | 29.452 | 394 | 396 |
| $^{13}C_{12}$-PCB194 | 回收内标 | 定量内标 6 | 30.628 | 440 | 442 |

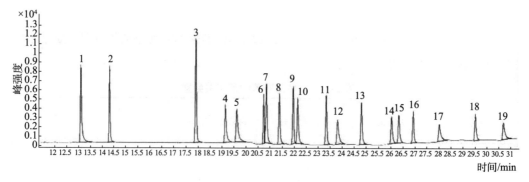

标引序号说明：

1——¹³C₁₂-PCB28，PCB28；　8——PCB114；　　　　15——PCB157；

2——¹³C₁₂-PCB52，PCB52；　9——¹³C₁₂-PCB153，PCB153；　16——¹³C₁₂-PCB180，PCB180；

3——¹³C₁₂-PCB101，PCB101；　10——PCB105；　　　　17——PCB169；

4——PCB81；　　　　　　　11——¹³C₁₂-PCB138，PCB138；　18——PCB189；

5——PCB77；　　　　　　　12——PCB126；　　　　19——¹³C₁₂-PCB194。

6——PCB123；　　　　　　13——PCB167；

7——PCB118；　　　　　　14——PCB156；

图 3-8-25　多氯联苯标准系列溶液总离子流图（质量浓度均为 100 μg/L）

### 4．结果处理

采用内标法进行定量分析。分别吸取不同体积的标准使用溶液、定量内标使用溶液和回收内标使用溶液，用正己烷配制成质量浓度为 5 μg/L、10 μg/L、25 μg/L、50 μg/L、100 μg/L、200 μg/L，定量内标和回收内标质量浓度均为 30 μg/L 的标准系列溶液。标准系列溶液按照浓度从低到高的顺序依次上机测定，以待测物与对应定量内标物质量浓度的比值为横坐标，待测物与对应定量内标物峰面积的比值为纵坐标，绘制标准曲线。根据标准系列溶液总离子流图组分的保留时间和碎片离子质荷比进行定性分析。取待测样品，按照与绘制标准曲线相同的仪器参考条件进行测定。每批次分析样品中，回收内标响应值的相对标准偏差应小于 20%。样品中各组分的质量浓度按公式（3-8-11）计算。

$$\rho = \frac{(A_x/A_{is}) - b}{a} \times \frac{C_{is}}{V} \qquad (3\text{-}8\text{-}11)$$

式中：

$\rho$——样品中目标物的质量浓度，单位为微克每升（μg/L）；

$A_x$——目标物的峰面积；

$A_{is}$——定量内标组分的峰面积；

$C_{is}$——样品中加入的定量内标含量，单位为微克（μg）；

$a$——标准曲线斜率；

$b$——标准曲线截距；

$V$——水样体积，单位为升（L）。

### 5. 精密度和准确度

6家实验室对各组分加标质量浓度在 $0.01\ \mu g/L \sim 0.40\ \mu g/L$ 之间的样品重复测定6次，多氯联苯加标回收率和精密度见表3-8-33。

表 3-8-33　多氯联苯加标回收率和精密度

| 序号 | 组分 | 加标回收率/% | 精密度/% |
|---|---|---|---|
| 1 | PCB28 | 78.7～110 | 0.36～7.8 |
| 2 | PCB52 | 65.7～109 | 0.31～9.2 |
| 3 | PCB101 | 70.2～108 | 0.45～7.9 |
| 4 | PCB81 | 75.8～120 | 0.59～15 |
| 5 | PCB77 | 70.4～120 | 0.82～15 |
| 6 | PCB123 | 72.2～115 | 0.18～13 |
| 7 | PCB118 | 77.8～116 | 0.13～9.4 |
| 8 | PCB114 | 80.8～114 | 0.22～8.9 |
| 9 | PCB153 | 67.0～133 | 0.18～13 |
| 10 | PCB105 | 77.9～118 | 0.20～11 |
| 11 | PCB138 | 75.7～124 | 0.35～14 |
| 12 | PCB126 | 71.4～115 | 0.61～13 |
| 13 | PCB167 | 70.4～125 | 0.22～13 |
| 14 | PCB156 | 61.2～128 | 0.17～18 |
| 15 | PCB157 | 71.8～113 | 0.22～11 |
| 16 | PCB180 | 76.8～113 | 1.2～9.3 |
| 17 | PCB169 | 74.2～120 | 0.94～12 |
| 18 | PCB189 | 73.7～118 | 0.85～9.2 |

6家实验室重复测定6次，回收内标 $^{13}C_{12}$-PCB194 精密度为 $2.2\% \sim 4.6\%$。

## （二十四）药品及个人护理品的超高效液相色谱串联质谱法

### 1. 方法原理

水样经固相萃取柱吸附浓缩，用甲醇溶液洗脱后，氮气吹至近干，用初始流动相定容，以超高效液相色谱串联质谱的多反应监测模式检测生活饮用水中39种药品及个人护理品（Pharmaceutical and Personal Care Products，PPCPs），根据保留时间和特征离子定性，内标法定量。

2. 样品处理

使用 1 L 棕色螺口玻璃瓶采集水样，避免水样在运输过程中受到污染。采样前采样瓶需用自来水反复冲洗，用甲醇冲洗 2 遍，再用纯水冲洗 3 遍，晾干备用（不使用洗涤剂进行清洗，不加热和刷洗）。采样时，采样人员佩戴一次性手套，避免涂抹皮肤用药。水样如从龙头处取样，应打开龙头放水数分钟再采集水样，满瓶采样。采样现场在水样中添加抗坏血酸（每升水样中添加 30 mg），适当振荡至抗坏血酸溶解，抗坏血酸需要避光保存。采集的水样低温（0 ℃～4 ℃）避光保存。水样运输过程中加冰排冷藏，冰排体积不少于水样体积的 1/2。采样前冰排在 −18 ℃ 以下的冰箱或冰柜中冷冻 24 h 以上，冰排内的蓄冷剂应全部冷冻结冰、凝固透彻后方可使用。

水样如有悬浮物需经 0.45 μm 滤膜过滤。量取 1 L 水样，加入质量浓度为 1 000 μg/L 的内标混合溶液 20 μL，充分混匀后加入 5.848 g 磷酸二氢钾、3.8 mL 磷酸调节 pH 约为 2，再加入 0.5 g 金属螯合剂乙二胺四乙酸二钠充分混匀。用 HLB 固相萃取柱进行富集净化。上样前分别用 10 mL 甲醇和 10 mL 纯水活化平衡固相萃取柱，以 6 mL/min 的流速上样后，用 10 mL 纯水淋洗，在负压下固相萃取柱干燥 10 min 后，用 10 mL 甲醇进行洗脱。洗脱液收集在 15 mL 离心管中，氮气吹至近干。用 1 mL 5% 甲醇溶液溶解，充分混匀后超声 30 s，供超高效液相色谱串联质谱仪测定分析。

3. 仪器参考条件

使用超高效液相色谱串联质谱仪进行定性和定量分析。

色谱仪参考条件：色谱柱为 HSS $T_3$ 柱（2.1 mm×100 mm，1.8 μm）或其他等效柱，柱温设置为 40℃，进样体积为 10 μL。水相流动相（流动相 A）为 0.1% 甲酸水溶液，有机相流动相（流动相 B）为甲醇，采用梯度洗脱模式，流速为 0.35 mL/min，梯度洗脱程序见表 3-8-34。

39 种 PPCPs 的标准溶液色谱图如图 3-8-26 所示。

表 3-8-34　梯度洗脱程序

| 时间/min | 流动相 A/% | 流动相 B/% |
|---|---|---|
| 0 | 95 | 5 |
| 3.00 | 80 | 20 |
| 6.00 | 70 | 30 |
| 10.00 | 60 | 40 |
| 12.00 | 30 | 70 |
| 15.00 | 5 | 95 |
| 15.50 | 95 | 5 |
| 18.00 | 95 | 5 |

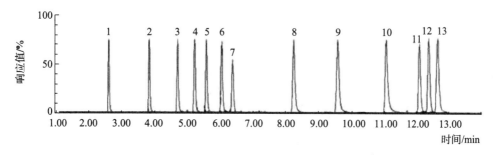

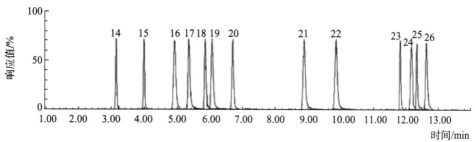

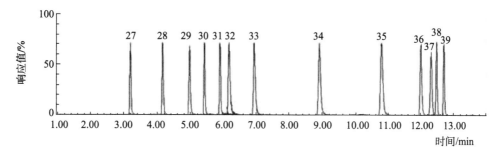

标引序号说明:

1——磺胺醋酰，2.61 min；
2——磺胺吡啶，3.82 min；
3——甲氧苄啶，4.69 min；
4——磺胺二甲嘧啶，5.20 min；
5——头孢氨苄，5.59 min；
6——磺胺甲噁唑，6.03 min；
7——头孢拉定，6.39 min；
8——磺胺苯吡唑，8.23 min；
9——磺胺喹噁啉，9.56 min；
10——苯海拉明，11.05 min；
11——青霉素 G，12.09 min；
12——泰乐菌素，12.37 min；
13——苯唑西林，12.64 min；

14——对乙酰氨基酚，3.11 min；
15——1,7-二甲基黄嘌呤，3.96 min；
16——磺胺对甲氧嘧啶，4.91 min；
17——噻菌灵，5.31 min；
18——磺胺氯哒嗪，5.85 min；
19——氨苄西林，6.11 min；
20——磺胺邻二甲氧嘧啶，6.69 min；
21——西诺沙星，8.88 min；
22——噁喹酸，9.87 min；
23——地尔硫卓，11.87 min；
24——卡马西平，12.30 min；
25——氟西汀，12.39 min；
26——氯唑西林，12.69 min；

27——磺胺嘧啶，3.22 min；
28——磺胺甲基嘧啶，4.18 min；
29——磺胺甲二唑，5.01 min；
30——奥美普林，5.44 min；
31——环丙沙星，5.95 min；
32——恩氟沙星，6.20 min；
33——沙拉沙星，6.96 min；
34——磺胺间二甲氧嘧啶，8.96 min；
35——头孢噻呋，10.80 min；
36——氟甲喹，12.05 min；
37——红霉素，12.37 min；
38——脱氢硝苯地平，12.48 min；
39——克拉红霉素，12.78 min。

**图 3-8-26 39 种 PPCPs 的标准溶液色谱图**

　　质谱仪参考条件：离子源为电喷雾离子源，正离子扫描，多反应监测模式分析，源温度为 120 ℃，脱溶剂温度为 350 ℃，脱溶剂气流量为 650 L/h，锥孔气流量为 50 L/h，毛细管电压为 2.0 kV。39 种 PPCPs 和 10 种内标物质的多反应监测条件见表 3-8-35。

表 3-8-35　39 种 PPCPs 和 10 种内标物质的多反应监测条件

| 序号 | 组分 | 特征离子（m/z） | 锥孔电压/V | 碰撞能量/eV |
|---|---|---|---|---|
| 1 | 对乙酰氨基酚 | 151.84＞64.90[a] | 38 | 28 |
| | | 151.84＞92.67 | 38 | 22 |
| 2 | 1,7-二甲基黄嘌呤 | 180.97＞123.89[a] | 14 | 18 |
| | | 180.97＞68.92 | 14 | 30 |
| 3 | 噻菌灵 | 202.00＞174.90[a] | 24 | 24 |
| | | 202.00＞130.90 | 24 | 32 |
| 4 | 磺胺醋酰 | 214.95＞155.87[a] | 25 | 10 |
| | | 214.95＞91.81 | 25 | 20 |
| 5 | 卡马西平 | 237.07＞178.90[a] | 48 | 36 |
| | | 237.06＞164.99 | 48 | 40 |
| 6 | 磺胺吡啶 | 249.96＞91.89[a] | 38 | 28 |
| | | 249.96＞155.89 | 38 | 16 |
| 7 | 磺胺嘧啶 | 250.96＞91.88[a] | 30 | 26 |
| | | 250.96＞155.93 | 30 | 14 |
| 8 | 磺胺甲噁唑 | 253.96＞91.94[a] | 36 | 26 |
| | | 253.96＞155.87 | 36 | 14 |
| 9 | 苯海拉明 | 256.07＞151.92[a] | 20 | 36 |
| | | 256.07＞167.01 | 20 | 10 |
| 10 | 氟甲喹 | 262.05＞244.00[a] | 28 | 16 |
| | | 262.05＞201.93 | 30 | 32 |
| 11 | 噁喹酸 | 262.20＞244.20[a] | 28 | 16 |
| | | 262.20＞160.20 | 28 | 36 |
| 12 | 西诺沙星 | 263.00＞245.20[a] | 27 | 15 |
| | | 263.00＞189.00 | 45 | 28 |
| 13 | 磺胺甲基嘧啶 | 264.97＞91.88[a] | 36 | 28 |
| | | 264.97＞107.88 | 36 | 26 |

表 3-8-35（续）

| 序号 | 组分 | 特征离子（$m/z$） | 锥孔电压/V | 碰撞能量/eV |
|:---:|:---:|:---:|:---:|:---:|
| 14 | 磺胺甲二唑 | 270.93>155.94[a] | 34 | 14 |
| | | 270.93>91.88 | 34 | 26 |
| 15 | 奥美普林 | 275.11>122.91[a] | 26 | 24 |
| | | 275.11>80.89 | 26 | 44 |
| 16 | 磺胺二甲嘧啶 | 278.99>185.92[a] | 44 | 16 |
| | | 278.99>91.88 | 44 | 32 |
| 17 | 磺胺对甲氧嘧啶 | 280.97>91.88[a] | 44 | 28 |
| | | 280.97>107.82 | 44 | 26 |
| 18 | 磺胺氯哒嗪 | 284.92>155.88[a] | 40 | 14 |
| | | 284.92>91.88 | 40 | 28 |
| 19 | 甲氧苄啶 | 291.11>230.02[a] | 30 | 22 |
| | | 291.11>122.91 | 30 | 24 |
| 20 | 磺胺喹噁啉 | 300.97>91.88[a] | 18 | 30 |
| | | 300.97>155.88 | 18 | 16 |
| 21 | 氟西汀 | 310.10>147.99[a] | 20 | 8 |
| | | 310.10>90.96 | 20 | 80 |
| 22 | 磺胺间二甲氧嘧啶 | 310.98>155.94[a] | 40 | 20 |
| | | 310.98>91.88 | 40 | 32 |
| 23 | 磺胺邻二甲氧嘧啶 | 311.04>155.94[a] | 30 | 18 |
| | | 311.04>91.88 | 30 | 28 |
| 24 | 磺胺苯吡唑 | 315.05>158.07[a] | 40 | 28 |
| | | 315.05>91.87 | 40 | 36 |
| 25 | 环丙沙星 | 332.10>230.98[a] | 22 | 34 |
| | | 332.10>245.02 | 22 | 22 |
| 26 | 青霉素G | 334.97>159.90[a] | 20 | 10 |
| | | 334.97>175.97 | 20 | 10 |
| 27 | 脱氢硝苯地平 | 345.07>284.07[a] | 40 | 26 |
| | | 345.07>267.95 | 40 | 26 |
| 28 | 头孢氨苄 | 348.13>157.94[a] | 28 | 6 |
| | | 348.13>105.85 | 28 | 26 |
| 29 | 头孢拉定 | 350.10>157.94[a] | 30 | 6 |
| | | 350.10>105.85 | 30 | 26 |

表 3-8-35（续）

| 序号 | 组分 | 特征离子（m/z） | 锥孔电压/V | 碰撞能量/eV |
|------|------|----------------|-----------|-------------|
| 30 | 氨苄西林 | 350.14＞105.92[a] | 22 | 18 |
| | | 350.14＞113.85 | 22 | 32 |
| 31 | 恩氟沙星 | 360.20＞316.10[a] | 32 | 22 |
| | | 360.20＞342.20 | 32 | 20 |
| 32 | 沙拉沙星 | 386.20＞342.10[a] | 37 | 18 |
| | | 386.20＞299.10 | 37 | 27 |
| 33 | 苯唑西林 | 402.04＞159.96[a] | 32 | 12 |
| | | 402.04＞242.99 | 32 | 12 |
| 34 | 地尔硫卓 | 415.19＞177.92[a] | 30 | 26 |
| | | 415.19＞108.85 | 30 | 66 |
| 35 | 氯唑西林 | 436.07＞159.97[a] | 40 | 12 |
| | | 436.07＞276.96 | 40 | 12 |
| 36 | 头孢噻呋 | 524.06＞240.98[a] | 28 | 16 |
| | | 524.06＞125.10 | 28 | 56 |
| 37 | 红霉素 | 734.56＞158.06[a] | 28 | 32 |
| | | 734.56＞82.90 | 28 | 52 |
| 38 | 克拉红霉素 | 748.57＞158.00[a] | 20 | 30 |
| | | 748.57＞82.96 | 20 | 48 |
| 39 | 泰乐菌素 | 916.49＞174.05[a] | 35 | 40 |
| | | 916.49＞100.85 | 35 | 50 |
| 40 | 红霉素[13]C-D$_3$ | 738.34＞162.03[a] | 28 | 32 |
| | | 738.34＞82.96 | 28 | 50 |
| 41 | 沙拉沙星 D$_8$ | 394.18＞303.08[a] | 37 | 26 |
| | | 394.18＞274.02 | 37 | 40 |
| 42 | 氟西汀 D$_5$ | 315.13＞153.02[a] | 20 | 8 |
| | | 315.13＞94.94 | 20 | 80 |
| 43 | 甲氧苄啶[13]C$_3$ | 294.00＞122.96[a] | 30 | 24 |
| | | 294.00＞230.98 | 30 | 22 |
| 44 | 磺胺二甲嘧啶[13]C$_6$ | 284.94＞185.94[a] | 44 | 16 |
| | | 284.94＞97.93 | 44 | 32 |
| 45 | 磺胺甲噁唑[13]C$_6$ | 259.95＞98.05[a] | 36 | 26 |
| | | 259.95＞161.93 | 36 | 14 |

表 3-8-35（续）

| 序号 | 组分 | 特征离子（$m/z$） | 锥孔电压/V | 碰撞能量/eV |
|---|---|---|---|---|
| 46 | 头孢氨苄 $D_5$ | 353.13＞110.85[a] | 28 | 26 |
| | | 353.13＞179.10 | 28 | 20 |
| 47 | 噻菌灵 $D_4$ | 206.00＞178.92[a] | 24 | 24 |
| | | 206.00＞134.90 | 24 | 32 |
| 48 | 环丙沙星$^{13}C_3$-$^{15}N$ | 336.10＞234.98[a] | 22 | 34 |
| | | 336.10＞245.02 | 22 | 22 |
| 49 | 对乙酰氨基酚 $D_3$ | 155.09＞64.95[a] | 38 | 28 |
| | | 155.09＞92.92 | 38 | 22 |
| [a] 定量离子对，可根据各实验室检测设备的具体情况来确定。 | | | | |

**4. 结果处理**

采用内标法进行定量分析。配制含有 39 种目标分析物的混合标准溶液以及混合内标物质溶液，采用逐级稀释的方式配制标准系列溶液，每个质量浓度的溶液中均含有内标物质 20 ng/mL。标准系列溶液按照浓度从低到高的顺序依次上机测定，以待测物峰面积与相应内标物质（见表 3-8-36）峰面积的比值为纵坐标，其对应的质量浓度为横坐标，绘制标准曲线。

表 3-8-36 39 种 PPCPs 对应的内标物质

| 序号 | 内标物质[a] | 目标待测物 |
|---|---|---|
| 1 | 磺胺二甲嘧啶$^{13}C_6$ | 磺胺吡啶、磺胺醋酰、磺胺对甲氧嘧啶、磺胺二甲嘧啶、磺胺甲基嘧啶、磺胺间二甲氧嘧啶、磺胺邻二甲氧嘧啶、磺胺氯哒嗪、磺胺嘧啶 |
| 2 | 磺胺甲噁唑$^{13}C_6$ | 磺胺苯吡唑、磺胺甲噁唑、磺胺甲二唑、磺胺喹噁啉 |
| 3 | 甲氧苄啶$^{13}C_3$ | 噁喹酸、氟甲喹、西诺沙星、克拉红霉素、地尔硫卓、苯海拉明、奥美普林、甲氧苄啶、1,7-二甲基黄嘌呤、卡马西平、脱氢硝苯地平 |
| 4 | 头孢氨苄 $D_5$ | 氨苄西林、苯唑西林、氯唑西林、青霉素 G、头孢氨苄、头孢拉定、头孢噻呋 |
| 5 | 环丙沙星$^{13}C_3$-$^{15}N$ | 恩氟沙星、环丙沙星 |
| 6 | 对乙酰氨基酚 $D_3$ | 对乙酰氨基酚 |
| 7 | 氟西汀 $D_5$ | 氟西汀 |
| 8 | 红霉素$^{13}C$-$D_3$ | 红霉素 |

表 3-8-36（续）

| 序号 | 内标物质[a] | 目标待测物 |
|---|---|---|
| 9 | 噻菌灵 $D_4$ | 泰乐菌素、噻菌灵 |
| 10 | 沙拉沙星 $D_8$ | 沙拉沙星 |
| [a] 也可使用目标待测物本身的同位素内标进行定量。 | | |

样品经固相萃取处理后，与标准系列溶液相同条件下进行分析测定，通过与标准物质比对，根据目标分析物的保留时间和特征离子确定待测组分，分别将测定的 39 种目标分析物的峰面积与对应内标物质峰面积的比值代入标准曲线，得到进样质量浓度 $\rho_1$，按公式（3-8-12）计算样品的质量浓度。

$$\rho = \frac{\rho_1 \times V_1}{V} \qquad (3\text{-}8\text{-}12)$$

式中：

$\rho$——样品中 PPCPs 的质量浓度，单位为纳克每升（ng/L）；

$\rho_1$——进样质量浓度，单位为微克每升（μg/L）；

$V_1$——样品的定容体积，单位为毫升（mL）；

$V$——取样体积，单位为升（L）。

5. 精密度和准确度

对生活饮用水水样进行 PPCPs 加标回收测定，在低（1 ng/L～5 ng/L）、中（4 ng/L～20 ng/L）、高（20 ng/L～100 ng/L）3 个加标质量浓度水平，按照上述方法进行样品处理及测定。每个质量浓度水平重复测定 6 份平行样品，计算加标回收率和相对标准偏差。5 家实验室加标回收率和精密度结果见表 3-8-37。

表 3-8-37　方法回收率和精密度（$n=6$）

| 序号 | 组分 | 低浓度 | | 中浓度 | | 高浓度 | |
|---|---|---|---|---|---|---|---|
| | | 回收率/% | 相对标准偏差/% | 回收率/% | 相对标准偏差/% | 回收率/% | 相对标准偏差/% |
| 1 | 青霉素 G | 71.6～101 | 5.8～15 | 68.0～79.0 | 4.8～17 | 66.7～80.8 | 4.4～16 |
| 2 | 氨苄西林 | 78.3～118 | 5.0～16 | 67.6～114 | 4.1～17 | 80.8～109 | 0.40～14 |
| 3 | 苯唑西林 | 83.5～117 | 4.0～17 | 76.1～113 | 3.1～15 | 81.4～110 | 1.4～16 |
| 4 | 氯唑西林 | 69.7～120 | 0.60～26 | 80.9～116 | 4.5～14 | 65.3～109 | 3.9～18 |
| 5 | 头孢拉定 | 63.2～114 | 5.2～27 | 87.8～120 | 3.0～120 | 86.4～120 | 2.6～11 |
| 6 | 头孢氨苄 | 78.4～120 | 1.1～14 | 83.8～120 | 3.4～11 | 81.2～112 | 4.9～17 |
| 7 | 头孢噻呋 | 68.1～115 | 5.4～15 | 78.3～117 | 4.0～16 | 75.9～114 | 3.1～7.9 |

表 3-8-37（续）

| 序号 | 组分 | 低浓度 | | 中浓度 | | 高浓度 | |
|---|---|---|---|---|---|---|---|
| | | 回收率/% | 相对标准偏差/% | 回收率/% | 相对标准偏差/% | 回收率/% | 相对标准偏差/% |
| 8 | 红霉素 | 103～120 | 1.2～6.9 | 89.7～120 | 3.5～12 | 98.7～120 | 2.5～16 |
| 9 | 克拉红霉素 | 81.6～113 | 2.8～7.7 | 67.4～118 | 1.8～17 | 69.9～98.4 | 5.6～8.3 |
| 10 | 泰乐菌素 | 76.1～112 | 4.0～10 | 62.5～123 | 4.7～27 | 80.2～124 | 3.9～14 |
| 11 | 磺胺醋酰 | 91.9～107 | 2.2～11 | 92.7～116 | 3.5～17 | 89.3～120 | 3.0～13 |
| 12 | 磺胺吡啶 | 101～109 | 2.6～8.7 | 87.2～115 | 2.2～17 | 93.2～111 | 2.9～20 |
| 13 | 磺胺嘧啶 | 74.8～115 | 2.0～11 | 76.9～103 | 3.5～17 | 87.8～109 | 3.7～12 |
| 14 | 磺胺甲噁唑 | 73.0～112 | 1.6～6.9 | 86.2～111 | 3.3～12 | 85.9～114 | 1.2～5.6 |
| 15 | 磺胺甲基嘧啶 | 72.0～114 | 3.1～9.2 | 65.9～114 | 2.2～8.0 | 64.2～119 | 2.6～16 |
| 16 | 磺胺甲二唑 | 75.0～117 | 5.3～9.8 | 82.2～104 | 3.5～18 | 86.9～112 | 1.9～14 |
| 17 | 磺胺二甲嘧啶 | 94.7～110 | 1.9～9.3 | 82.8～113 | 1.7～16 | 94.9～112 | 1.0～13 |
| 18 | 磺胺对甲氧嘧啶 | 90.7～117 | 2.7～12 | 84.7～116 | 3.9～16 | 90.8～109 | 2.1～12 |
| 19 | 磺胺氯哒嗪 | 62.3～116 | 3.8～11 | 60.0～103 | 2.6～18 | 63.2～111 | 1.0～11 |
| 20 | 磺胺喹噁啉 | 80.9～114 | 3.5～11 | 82.0～111 | 1.7～16 | 86.8～119 | 3.5～12 |
| 21 | 磺胺间二甲氧嘧啶 | 94.3～115 | 2.8～8.1 | 87.9～118 | 1.4～18 | 101～120 | 3.5～12 |
| 22 | 磺胺邻二甲氧嘧啶 | 97.1～120 | 2.5～10 | 88.3～120 | 1.8～17 | 96.3～120 | 1.7～13 |
| 23 | 磺胺苯吡唑 | 77.6～111 | 3.4～9.2 | 82.5～116 | 1.7～16 | 76.1～119 | 2.7～8.8 |
| 24 | 氟甲喹 | 85.7～115 | 1.1～10 | 71.5～105 | 3.5～16 | 81.2～114 | 2.1～13 |
| 25 | 噁喹酸 | 76.3～124 | 1.4～9.5 | 66.3～104 | 4.1～14 | 73.1～106 | 1.9～14 |
| 26 | 西诺沙星 | 109～120 | 1.8～9.8 | 64.7～114 | 3.7～25 | 86.4～110 | 0.7～18 |
| 27 | 环丙沙星 | 97.3～117 | 6.0～8.2 | 83.7～118 | 6.8～15 | 73.9～113 | 2.7～14 |
| 28 | 恩氟沙星 | 81.2～108 | 1.9～20 | 69.3～103 | 4.1～16 | 83.0～120 | 1.6～12 |
| 29 | 沙拉沙星 | 90.0～115 | 1.7～13 | 75.9～98.9 | 4.4～16 | 67.7～119 | 1.7～7.8 |
| 30 | 噻菌灵 | 61.0～110 | 3.6～9.1 | 77.5～110 | 2.4～14 | 72.8～109 | 1.0～6.2 |
| 31 | 对乙酰氨基酚 | 96.7～116 | 2.1～14 | 87.6～116 | 7.7～14 | 87.1～111 | 2.7～12 |
| 32 | 卡马西平 | 91.0～102 | 2.0～7.3 | 82.8～109 | 2.8～17 | 81.1～103 | 3.5～6 |
| 33 | 氟西汀 | 84.7～122 | 2.7～11 | 81.9～108 | 1.7～13 | 87.0～113 | 4.6～11 |
| 34 | 地尔硫卓 | 91.0～117 | 2.2～11 | 95.1～108 | 1.7～16 | 87.1～103 | 3.4～12 |
| 35 | 脱氢硝苯地平 | 92.3～119 | 1.8～8.1 | 93.8～104 | 1.4～12 | 93.4～105 | 1.2～6.5 |
| 36 | 苯海拉明 | 79.7～104 | 2.2～20 | 77.9～103 | 2.8～19 | 76.1～113 | 2.9～17 |
| 37 | 奥美普林 | 80.3～103 | 2.4～8.0 | 67.9～107 | 3.5～15 | 72.0～105 | 2.1～8.3 |
| 38 | 甲氧苄啶 | 75.0～112 | 1.9～8.5 | 80.0～110 | 2.0～12 | 95.7～116 | 1.7～6.8 |
| 39 | 1,7-二甲基黄嘌呤 | 91.4～114 | 1.4～11 | 73.4～118 | 3.1～16 | 77.5～100 | 1.1～14 |

## 二、修订方法

GB/T 5750.8—2023 中更改了 1 个检验方法，对苯的顶空毛细管柱气相色谱法的内容进行了修订。

### 1. 方法原理

待测水样置于密封的顶空瓶中，在一定温度下，水中的二氯甲烷、苯、甲苯、1,2-二氯乙烷、乙苯、对二甲苯、间二甲苯、异丙苯、邻二甲苯、氯苯和苯乙烯在气液两相中达到动态平衡，此时，二氯甲烷等在气相中的浓度与在液相中的浓度成正比。取液上气体样品用带有氢火焰离子检测器的气相色谱仪进行分析，以保留时间定性，外标法定量。通过测定气相中有机物的浓度，可计算出水样中有机物的浓度。

### 2. 样品处理

使用棕色磨口玻璃瓶采集水样，取自来水时先放水 1 min，将水样沿瓶壁缓慢加入瓶中，瓶中不留顶上空间和气泡，加盖密封。样品待测组分易挥发，需低温保存，尽快测定。在顶空瓶中加入 3.7 g 氯化钠，准确吸取移入 10 mL 水样，立即密封顶空瓶，轻轻摇匀。手动进样时，密封的顶空瓶放入水浴温度为 60 ℃的水浴箱中平衡 15 min。若为自动顶空进样，密封的顶空瓶直接放入自动顶空进样系统中，在 60 ℃高速振荡的条件下平衡 15 min。抽取顶空瓶内液上空间气体，用气相色谱仪进行测定。

### 3. 仪器参考条件

使用配有氢火焰离子检测器的气相色谱仪进行定性和定量分析。色谱柱为强极性毛细管色谱柱［聚乙二醇（PEG）毛细管色谱柱：DB-WAX，30 m×0.32 mm，0.25 μm］或其他等效色谱柱。

气相色谱仪参考条件：进样口温度为 220 ℃；检测器温度为 250 ℃；气体采用恒流进样模式，载气流量为 2.0 mL/min，分流比为 1：1；氢气流量为 40 mL/min，空气流量为 450 mL/min；柱箱升温程序的初始温度为 40 ℃，以 5 ℃/min 的速率升温至 45 ℃，保持 2.5 min，再以 15 ℃/min 的速率升温至 90 ℃，保持 2.0 min，程序运行完成后于 150 ℃保持 5 min，总运行时间为 13.5 min。

顶空进样系统参考条件：炉温为 60 ℃，定量管温度为 70 ℃，传输线温度为 80 ℃；传输线压力为 63 kPa，顶空瓶压力为 72 kPa；样品平衡时间为 15 min，充压时间为 0.15 min，充入定量管时间为 0.15 min，定量管平衡时间为 0.10 min，进样时间为 1.0 min；顶空进样系统采用高速振荡模式。

手动进样时，放待测样品于 60 ℃恒温水浴箱中，平衡 15 min 后用洁净的微量注射器于待测样品中抽吸几次，排除气泡，取 1 000 $\mu$L 液上气体样品迅速注入带有氢火焰离子检测器的气相色谱仪中进行测定，并立即拔出注射器。自动顶空进样时，放待测样品于自动顶空进样器中，60 ℃高速振荡平衡 15 min 后，吸取 1 000 $\mu$L 液上气体样品注入带有氢火焰离子检测器的气相色谱仪中进行测定。

11 种有机物标准色谱图如图 3-8-27 所示。

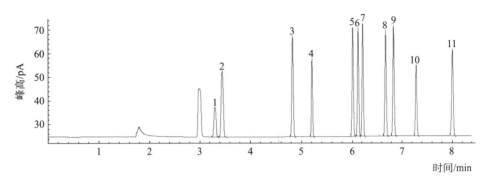

标引序号说明：

1——二氯甲烷，3.304 min；  5——乙苯，6.000 min；  9——邻二甲苯，6.819 min；

2——苯，3.446 min；  6——对二甲苯，6.108 min；  10——氯苯，7.278 min；

3——甲苯，4.815 min；  7——间二甲苯，6.203 min；  11——苯乙烯，7.995 min。

4——1,2-二氯乙烷，5.199 min；  8——异丙苯，6.662 min；

**图 3-8-27　11 种有机物标准色谱图**

### 4. 结果处理

采用外标法进行定量分析。配制含有 11 种目标分析物的混合标准使用溶液，采用逐级稀释的方式配制混合标准系列溶液，11 种有机物的混合标准使用溶液和混合标准系列溶液质量浓度可参考表 3-8-38。再取 6 个顶空瓶，分别称取 3.7 g 氯化钠于 6 个顶空瓶中，加入11 种有机物的混合标准系列溶液各 10 mL，立即密封顶空瓶，轻轻摇匀。手动进样时，密封的顶空瓶放入水浴温度为 60 ℃的水浴箱中平衡 15 min，抽取顶空瓶内液上空间气体 1 000 $\mu$L 注入色谱仪。若为自动顶空进样时，密封的顶空瓶直接放入自动顶空进样系统。以测得的峰面积或峰高为纵坐标，各组分的质量浓度为横坐标，分别绘制工作曲线。

**表 3-8-38　11 种有机物的混合标准使用溶液和混合标准系列溶液质量浓度**

| 序号 | 组分 | 混合标准使用溶液质量浓度/（mg/L） | 混合标准系列溶液质量浓度/（$\mu$g/L） | | | | | |
|---|---|---|---|---|---|---|---|---|
| | | | 1 | 2 | 3 | 4 | 5 | 6 |
| 1 | 二氯甲烷 | 400 | 20.0 | 40.0 | 80.0 | 160 | 240 | 320 |
| 2 | 苯 | 100 | 5.00 | 10.0 | 20.0 | 40.0 | 60.0 | 80.0 |
| 3 | 甲苯 | 100 | 5.00 | 10.0 | 20.0 | 40.0 | 60.0 | 80.0 |

表 3-8-38（续）

| 序号 | 组分 | 混合标准使用溶液质量浓度/（mg/L） | 混合标准系列溶液质量浓度/（μg/L） | | | | | |
|---|---|---|---|---|---|---|---|---|
| | | | 1 | 2 | 3 | 4 | 5 | 6 |
| 4 | 1,2-二氯乙烷 | 400 | 20.0 | 40.0 | 80.0 | 160 | 240 | 320 |
| 5 | 乙苯 | 100 | 5.00 | 10.0 | 20.0 | 40.0 | 60.0 | 80.0 |
| 6 | 对二甲苯 | 100 | 5.00 | 10.0 | 20.0 | 40.0 | 60.0 | 80.0 |
| 7 | 间二甲苯 | 100 | 5.00 | 10.0 | 20.0 | 40.0 | 60.0 | 80.0 |
| 8 | 异丙苯 | 100 | 5.00 | 10.0 | 20.0 | 40.0 | 60.0 | 80.0 |
| 9 | 邻二甲苯 | 100 | 5.00 | 10.0 | 20.0 | 40.0 | 60.0 | 80.0 |
| 10 | 氯苯 | 100 | 5.00 | 10.0 | 20.0 | 40.0 | 60.0 | 80.0 |
| 11 | 苯乙烯 | 100 | 5.00 | 10.0 | 20.0 | 40.0 | 60.0 | 80.0 |

利用保留时间定性，即根据标准色谱图各组分的保留时间，确定样品中组分的数目和名称。各组分的出峰顺序为：二氯甲烷、苯、甲苯、1,2-二氯乙烷、乙苯、对二甲苯、间二甲苯、异丙苯、邻二甲苯、氯苯、苯乙烯。各组分的保留时间如图 3-8-27 所示。根据色谱图的峰高或峰面积在工作曲线上查出相应的质量浓度。

5. 精密度和准确度

5 家实验室测定含 11 种有机物低、中、高浓度的人工合成水样，其相对标准偏差和回收率数据见表 3-8-39。

表 3-8-39  11 种有机物低、中、高浓度水样测定结果

| 序号 | 组分 | 低浓度 | | 中浓度 | | 高浓度 | |
|---|---|---|---|---|---|---|---|
| | | 回收率/% | 相对标准偏差/% | 回收率/% | 相对标准偏差/% | 回收率/% | 相对标准偏差/% |
| 1 | 二氯甲烷 | 90.5～106 | 3.0～4.4 | 90.8～104 | 1.8～2.9 | 90.0～101 | 1.8～4.5 |
| 2 | 苯 | 91.2～102 | 1.3～3.8 | 91.5～104 | 2.3～4.3 | 92.5～98.4 | 2.2～3.1 |
| 3 | 甲苯 | 89.6～99.6 | 1.5～4.9 | 91.0～100 | 2.1～5.7 | 92.7～98.0 | 1.6～3.9 |
| 4 | 1,2-二氯乙烷 | 88.0～109 | 2.3～6.5 | 94.5～106 | 1.7～3.4 | 87.9～102 | 1.2～3.2 |
| 5 | 乙苯 | 91.4～102 | 1.0～3.4 | 91.5～98.0 | 1.9～4.2 | 90.8～97.3 | 1.4～3.3 |
| 6 | 对二甲苯 | 89.6～97.4 | 2.4～4.2 | 87.0～96.6 | 2.0～4.7 | 90.0～96.5 | 1.5～3.2 |
| 7 | 间二甲苯 | 94.0～106 | 2.0～5.8 | 82.0～96.9 | 1.7～3.6 | 90.8～99.7 | 1.4～3.2 |
| 8 | 异丙苯 | 87.8～97.4 | 2.2～3.8 | 89.0～99.5 | 1.7～5.1 | 86.7～97.3 | 1.7～3.0 |
| 9 | 邻二甲苯 | 92.8～98.1 | 1.4～4.3 | 91.0～98.0 | 2.1～3.5 | 86.7～98.2 | 1.6～3.2 |
| 10 | 氯苯 | 93.4～100 | 1.8～5.8 | 86.5～98.5 | 1.9～3.3 | 92.5～97.5 | 1.6～2.6 |
| 11 | 苯乙烯 | 93.4～99.0 | 1.6～3.8 | 91.0～97.8 | 1.3～4.5 | 91.3～97.4 | 1.4～1.9 |

### 三、删除方法

GB/T 5750.8—2023 中删除了 12 个检验方法。其中，四氯化碳的填充柱气相色谱法、1,1,1-三氯乙烷的气相色谱法、氯乙烯的填充柱气相色谱法、邻苯二甲酸二（2-乙基己基）酯的气相色谱法、环氧氯丙烷的气相色谱法、苯的溶剂萃取-填充柱气相色谱法和顶空-填充柱气相色谱法、氯苯的气相色谱法、二氯苯的气相色谱法、苯胺的气相色谱法、六氯丁二烯的气相色谱法，这些方法均采用填充柱法，操作烦琐且目前均有其他方法代替，因此，在本次修订中予以删除。此外，苯并［a］芘的纸层析-荧光分光光度法操作烦琐，已被淘汰，因此，也在本次修订中予以删除。

# 第九节  农药指标（GB/T 5750.9—2023）

GB/T 5750.9—2023《生活饮用水标准检验方法  第 9 部分：农药指标》描述了生活饮用水中滴滴涕、六六六、林丹、对硫磷、甲基对硫磷、内吸磷、马拉硫磷、乐果、百菌清、甲萘威、溴氰菊酯、灭草松、2,4-滴、敌敌畏、呋喃丹、毒死蜱、莠去津、草甘膦、七氯、六氯苯、五氯酚、氟苯脲、氟虫脲、除虫脲、氟啶脲、氟铃脲、杀铃脲、氟丙氧脲、敌草隆、氯虫苯甲酰胺、利谷隆、甲氧隆、氯硝柳胺、甲氰菊酯、氯氟氰菊酯、氰戊菊酯、氯菊酯、乙草胺的测定方法和水源水中滴滴涕（毛细管柱气相色谱法）、六六六、林丹（毛细管柱气相色谱法）、对硫磷（毛细管柱气相色谱法）、甲基对硫磷（毛细管柱气相色谱法）、内吸磷、马拉硫磷（毛细管柱气相色谱法）、乐果（毛细管柱气相色谱法）、甲萘威（高压液相色谱法—紫外检测器、分光光度法、高压液相色谱法—荧光检测器）、灭草松（液液萃取气相色谱法）、2,4-滴（液液萃取气相色谱法）、敌敌畏（毛细管柱气相色谱法）、呋喃丹（高效液相色谱法）、毒死蜱（液液萃取气相色谱法）、莠去津（高效液相色谱法）、草甘膦（高效液相色谱法）、七氯（液液萃取气相色谱法）、五氯酚（衍生化气相色谱法、顶空固相微萃取气相色谱法）的测定方法。具体修订内容如下。

### 一、新增方法

GB/T 5750.9—2023 中增加了 9 个检验方法：甲基对硫磷的液相色谱串联质谱法、百菌清的毛细管柱气相色谱法、甲萘威的液相色谱串联质谱法、溴氰菊酯的高效液相色谱法、草甘膦的离子色谱法、氟苯脲的液相色谱串联质谱法、氯硝柳胺的萃取-反萃取分光光度法和高效液相色谱法、乙草胺的气相色谱质谱法。

## （一）甲基对硫磷的液相色谱串联质谱法

### 1. 方法原理

水样经针式微孔滤膜过滤后直接进样，以液相色谱串联质谱的多反应监测方式检测生活饮用水中呋喃丹、莠去津和甲基对硫磷 3 种农药，外标法定量。

### 2. 样品处理

使用硬质磨口玻璃瓶采集水样，当有余氯存在时，加入硫代硫酸钠，使硫代硫酸钠在水样中质量浓度为 100 mg/L，混匀以消除余氯影响，水样于 0 ℃～4 ℃条件下冷藏避光保存，保存时间为 24 h。洁净的水样过 0.22 μm 水系微孔滤膜后测定，浑浊的水样经定性滤纸过滤后再经 0.22 μm 水系微孔滤膜过滤后测定。

### 3. 仪器参考条件

使用液相色谱串联质谱仪进行定性和定量分析。

色谱仪参考条件：液相色谱用于分离目标分析物，色谱柱为 $C_{18}$ 柱（2.1 mm×150 mm，5 μm）或等效色谱柱。流动相为乙腈＋甲酸溶液 $[\varphi(\mathrm{HCOOH})＝0.1\%]＝60＋40$，等度洗脱，流速为 0.3 mL/min，进样体积为 20 μL，柱温为 30 ℃。

质谱仪参考条件：三重四极杆串联质谱仪检测，采用多反应监测，电离方式为正离子电喷雾电离源，喷雾电压为 5 500 V，离子源温度为 600 ℃，气帘气压力为 206.8 kPa（30 psi），喷雾气压力为 334.8 kPa（50 psi），辅助加热气压力为 413.7 kPa（60 psi），入口电压为 10 V，驻留时间为 100 ms。3 种农药的母离子、子离子、去簇电压、碰撞能量和碰撞池电压见表 3-9-1。

表 3-9-1　3 种农药的母离子、子离子、去簇电压、碰撞能量和碰撞池电压

| 化合物 | 母离子（m/z） | 子离子（m/z） | 去簇电压/V | 碰撞能量/eV | 碰撞池电压/V |
|---|---|---|---|---|---|
| 莠去津 | 216.1 | 174.0[a] | 100 | 25 | 11 |
| | | 104.0 | 100 | 39 | 11 |
| 呋喃丹 | 222.1 | 123.0[a] | 90 | 29 | 10 |
| | | 165.1 | 90 | 17 | 10 |
| 甲基对硫磷 | 264.0 | 232.0[a] | 80 | 22 | 15 |
| | | 125.0 | 80 | 23 | 15 |
| [a] 定量离子。 | | | | | |

4. 结果处理

采用外标法进行定量分析。用甲醇溶解定容配制呋喃丹、莠去津和甲基对硫磷标准储备溶液，储备溶液于−20 ℃条件下保存，可保存 1 年。用标准储备溶液配制混合使用溶液，再由此配制标准系列溶液，呋喃丹、莠去津和甲基对硫磷 3 种农药的质量浓度分别为 0.50 μg/L、2.0 μg/L、5.0 μg/L、10.0 μg/L、20.0 μg/L 和 50.0 μg/L。各取 20 μL 标准系列溶液分别注入液相色谱串联质谱系统，测定相应的呋喃丹、莠去津和甲基对硫磷 3 种农药的峰面积，以标准系列溶液中呋喃丹、莠去津和甲基对硫磷 3 种农药的质量浓度为横坐标，以对应 3 种农药定量离子的峰面积为纵坐标，绘制标准曲线。

根据 3 种农药各个碎片离子的丰度比及保留时间进行定性分析，呋喃丹、莠去津和甲基对硫磷的保留时间分别为 2.24 min、2.60 min 和 4.21 min。以 3 种农药定量离子峰面积对应标准曲线中查得的含量作为定量结果。

5. 精密度和准确度

4 家实验室向自来水中加入 3 种农药的质量浓度均为 0.50 μg/L、10.0 μg/L 和 50.0 μg/L 时，日内重复测定的相对标准偏差莠去津为 3.3%～4.9%、2.1%～4.4%、1.2%～2.4%；呋喃丹为 3.0%～4.8%、2.3%～2.9%、1.2%～2.3%；甲基对硫磷为 4.3%～4.5%、3.1%～4.0%、2.2%～2.8%。10 d 内日间重复测定的相对标准偏差莠去津为 3.8%～4.8%、3.7%～4.6%、2.9%～4.1%；呋喃丹为 3.6%～4.7%、3.1%～3.9%、2.7%～3.9%；甲基对硫磷为 3.7%～4.7%、2.4%～3.8%、2.1%～3.5%。

4 家实验室向自来水中加入 0.50 μg/L、10.0 μg/L 和 50.0 μg/L 的 3 种农药标准，平均回收率莠去津为 92.2%～96.8%、96.1%～102%、95.4%～98.2%；呋喃丹为 91.0%～97.8%、95.3%～102%、93.2%～99.6%；甲基对硫磷为 96.2%～99.8%、94.0%～98.0%、97.8%～103%。

## （二）百菌清的毛细管柱气相色谱法

1. 方法原理

生活饮用水中的百菌清经过有机溶剂萃取后，进入色谱柱进行分离，用具有电子捕获检测器的气相色谱仪测定，以保留时间定性，外标法定量。

2. 样品处理

使用磨口玻璃瓶采集水样。水样采集后应该尽快进行萃取处理，当天不能处理时，要置于 0 ℃～4 ℃条件下冷藏保存，尽快分析。取 500 mL 水样于分液漏斗中，用 20.0 mL 石油醚，分两次萃取，每次充分振摇 3 min，静置分层去水相后，合并石油醚萃取液经无水硫酸钠脱水，浓缩至 10.0 mL 供测定用。同时用纯水按水样方法操作，做空白实验，空白色谱图不得检出干扰峰。

3. 仪器参考条件

使用配有电子捕获检测器的气相色谱仪进行定性和定量分析。气化室进样口温度为 300 ℃，检测器温度为 300 ℃，柱温为 210 ℃，载气压力为 68.95 kPa（10 psi），进样方式采用分流进样或者无分流进样，分流比为 10∶1（可以根据仪器响应信号适当调整分流比）。

4. 结果处理

采用外标法进行定量分析。使用百菌清标准储备溶液或直接使用有证标准物质溶液，采用逐级稀释的方式配制百菌清标准使用溶液，临用时用石油醚稀释百菌清标准使用溶液配制成 0 μg/mL、0.05 μg/mL、0.10 μg/mL、0.50 μg/mL、1.00 μg/mL 和 2.00 μg/mL 的百菌清标准系列溶液。准确吸取 1.00 μL 注入色谱仪测定，以百菌清质量浓度为横坐标，相应的峰高或峰面积为纵坐标，绘制标准曲线。百菌清标准物质色谱图如图 3-9-1所示。

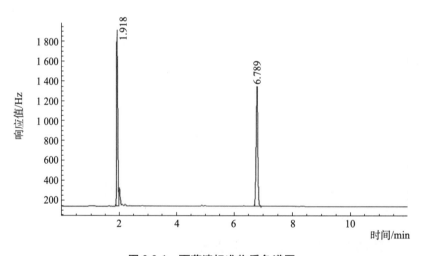

**图 3-9-1　百菌清标准物质色谱图**

百菌清保留时间为 6.789 min。根据样品的峰高（或峰面积），通过标准曲线查出样品中百菌清的质量浓度，按公式（3-9-1）进行计算。

$$\rho = \frac{\rho_1 \times V_1}{V} \tag{3-9-1}$$

式中：

$\rho$——水样中百菌清的质量浓度，单位为毫克每升（mg/L）；

$\rho_1$——从标准曲线上查得百菌清的质量浓度，单位为微克每毫升（μg/mL）；

$V_1$——浓缩后萃取液的体积，单位为毫升（mL）；

　$V$——水样体积，单位为毫升（mL）。

5. 精密度和准确度

3 家实验室测定加标百菌清质量浓度为 5 $\mu g/L$、15 $\mu g/L$ 和 30 $\mu g/L$ 的生活饮用水，相对标准偏差为 1.4%～5.0%，回收率为 90.0%～104%，批内相对标准偏差低于 5%。

### （三）甲萘威的液相色谱串联质谱法

1. 方法原理

调节水样至 pH≤2，用反相固相萃取柱富集，丙酮洗脱目标物，浓缩定容后经液相色谱串联质谱法测定，基质匹配外标法定量。检测仪器灵敏度满足最低检测质量浓度 0.000 5 mg/L 时，水样经微孔滤膜过滤后直接上机测定，外标法定量。

2. 样品处理

使用玻璃瓶采集水样。对于不含余氯的样品，无需额外添加保存剂，对于含余氯的样品，在瓶中每升水样添加 0.1 g 抗坏血酸。

用砂芯漏斗或配有玻璃纤维滤膜的溶剂过滤器过滤水样，以去除悬浮物、沉淀、藻类及其他微生物。向过滤后的水样中加入 0.2%（体积比）的盐酸酸化，使 pH≤2，作为试样，做好标记，密封避光于 0 ℃～4 ℃条件下冷藏保存，保存时间为 7 d。

用反相 $C_{18}$ 固相萃取柱或相当性能的固相萃取柱（填充量为 60 mg，容量为 3 mL）对水样进行富集浓缩。用 3 mL 甲醇和 3 mL 纯水活化固相萃取柱。根据测定仪器的灵敏度量取 10.0 mL～200 mL 酸化试样至固相萃取柱中，以 1 mL/min 过柱富集，用 3 mL 纯水淋洗，抽干，用 6 mL 丙酮洗脱，洗脱液于 35 ℃下氮气吹干，向其中加入 1.0 mL 水，漩涡溶解 1 min，尼龙微孔滤膜过滤，供仪器测定。

3. 仪器参考条件

采用液相色谱串联质谱仪对目标分析物进行测定。

液相色谱仪参考条件：色谱柱为 $C_{18}$ 柱（2.1 mm×50 mm，1.7 $\mu m$）或等效色谱柱。流动相及梯度洗脱条件见表 3-9-2，柱温为 35℃，进样体积为 5 $\mu L$。

各待测物多反应监测质量色谱图如图 3-9-2 所示。

表 3-9-2　流动相及梯度洗脱条件

| 时间/min | 流量/（mL/min） | 甲醇/% | 5 mmol/L 乙酸铵溶液/% |
| --- | --- | --- | --- |
| 0.0 | 0.25 | 10 | 90 |
| 0.5 | 0.25 | 10 | 90 |

表 3-9-2（续）

| 时间/min | 流量/（mL/min） | 甲醇/% | 5 mmol/L 乙酸铵溶液/% |
|---|---|---|---|
| 4.5 | 0.25 | 75 | 25 |
| 4.6 | 0.25 | 95 | 5 |
| 5.5 | 0.25 | 95 | 5 |
| 5.6 | 0.25 | 10 | 90 |
| 8.0 | 0.25 | 10 | 90 |

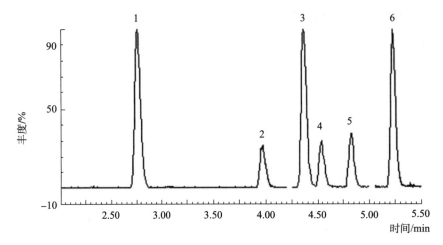

标引序号说明：

1——灭草松，2.75 min；          4——甲萘威，4.54 min；

2——2,4-滴，3.96 min；          5——莠去津，4.82 min；

3——呋喃丹，4.36 min；          6——五氯酚，5.22 min。

图 3-9-2　各待测物多反应监测质量色谱图

质谱参考条件：质谱配有电喷雾离子源，正离子和负离子模式，毛细管电压为 3.0 kV，源温度为 105 ℃，脱溶剂气温度为 350 ℃，脱溶剂气流量为 500 L/h。质谱采集参数为多反应离子监测模式，质谱采集参数见表 3-9-3。

表 3-9-3　质谱采集参数

| 化合物 | 电离方式 | 母离子（$m/z$） | 子离子（$m/z$） | 锥孔电压/V | 碰撞能量/eV | 采集时间段/min |
|---|---|---|---|---|---|---|
| 灭草松 | ESI— | 239.2 | 197.2<br>132.1[a] | 30 | 20 | 2.0～4.2 |
| 2,4-滴 | | 219.1 | 161.0[a]<br>125.0 | 15 | 10<br>25 | |

表 3-9-3（续）

| 化合物 | 电离方式 | 母离子（m/z） | 子离子（m/z） | 锥孔电压/V | 碰撞能量/eV | 采集时间段/min |
|---|---|---|---|---|---|---|
| 呋喃丹 | | 222.1 | 165.1ª<br>123.0 | 20 | 12 | 4.2～5.0 |
| 甲萘威 | ESI＋ | 202.1 | 145.1ª<br>127.1 | 15 | 6<br>25 | |
| 莠去津 | | 216.1 | 174.0ª<br>132.0 | 30 | 18<br>25 | |
| 五氯酚 | ESI－ | 263.0<br>265.0<br>267.0<br>269.0 | 263.0<br>265.0ª<br>267.0<br>269.0 | 30 | 1 | 5.0～5.5 |

ª 定量子离子。

4. 结果处理

采用基质匹配外标法定量。取实验纯水进行样品处理，以固相萃取柱富集 10 倍后进样为例，用所得的样品溶液将混合标准使用溶液逐级稀释得到 5 μg/L、20 μg/L、50 μg/L、200 μg/L、500 μg/L 的标准工作液系列，以峰面积为纵坐标，质量浓度为横坐标，绘制标准曲线。按公式（3-9-2）计算水样中待测物的质量浓度。

$$\rho = \rho_1 \times \frac{V_1}{V_2 \times 1\,000} \tag{3-9-2}$$

式中：

$\rho$——水样中待测物的质量浓度，单位为毫克每升（mg/L）；

$\rho_1$——从标准曲线上得到的待测物质量浓度，单位为微克每升（μg/L）；

$V_1$——样品溶液上机前定容体积，单位为毫升（mL）；

$V_2$——样品溶液所代表试样的体积，数值在 1～200，单位为毫升（mL）；

1 000——毫克每升与微克每升的换算系数。

5. 精密度和准确度

4 家实验室进行加标测定，在质量浓度为 0.000 5 mg/L、0.005 mg/L 和 0.05 mg/L 时，固相萃取法相对标准偏差为 1.5%～9.6%，平均回收率为 75%～114%；直接进样法相对标准偏差为 1.6%～4.8%，平均回收率为 94%～104%。

## （四）溴氰菊酯的高效液相色谱法

1. 方法原理

水样经 0.45 μm 滤膜过滤，滤液用高效液相色谱仪分离测定。根据拟除虫菊酯（甲氰菊酯、氯氟氰菊酯、溴氰菊酯、氰戊菊酯和氯菊酯）的保留时间定性（当拟除虫菊酯色谱峰强度合适时，可用其对应的紫外光谱图进一步确证），外标法定量。

**2. 样品处理**

使用具塞的磨口玻璃瓶采集水样。样品应尽快分析，如不能立刻测定，需置于 0 ℃～4 ℃条件下冷藏保存。取水样 10 mL，用 0.45 $\mu$m 水系滤膜过滤，滤液用于高效液相色谱测定。

**3. 仪器参考条件**

使用配有二极管阵列检测器的高效液相色谱仪进行定性和定量分析。色谱柱为 $C_{18}$ 柱（250 mm×4.6 mm，5 $\mu$m）或其他等效色谱柱。检测波长为 205 nm。流动相为乙腈＋超纯水＝78＋22，高效液相色谱分析前，经 0.45 $\mu$m 滤膜过滤及脱气处理。流量为 1.0 mL/min。进样体积为 100 $\mu$L。

**4. 结果处理**

采用外标法进行定量分析。使用纯度大于或等于 98.0% 的拟除虫菊酯（甲氰菊酯、氯氟氰菊酯、溴氰菊酯、氰戊菊酯和氯菊酯）配制的标准储备溶液或直接使用有证标准物质溶液，用纯水稀释为标准使用溶液，再取不同体积的标准使用溶液用纯水配制成质量浓度分别为 0.02 mg/L、0.05 mg/L、0.10 mg/L、0.50 mg/L、1.00 mg/L、2.50 mg/L 和 5.00 mg/L 的标准系列溶液，现用现配。以峰面积为纵坐标，相对应的质量浓度为横坐标，绘制标准曲线。

100 $\mu$L 进样，进行高效液相色谱分析。根据保留时间定性，当拟除虫菊酯色谱峰强度合适时，可用其对应的紫外光谱图进一步确证。根据峰面积从标准曲线上得到相应物质的质量浓度。拟除虫菊酯类农药的标准物质色谱图如图 3-9-3 所示，拟除虫菊酯类农药的标准紫外光谱图如图 3-9-4 所示。

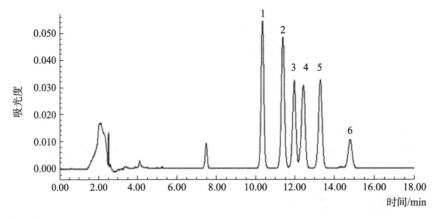

标引序号说明：

| 1——甲氰菊酯； | 3——溴氰菊酯； | 5——氯菊酯（顺式）； |
|---|---|---|
| 2——氯氟氰菊酯； | 4——氰戊菊酯； | 6——氯菊酯（反式）。 |

**图 3-9-3　拟除虫菊酯类农药的标准物质色谱图**

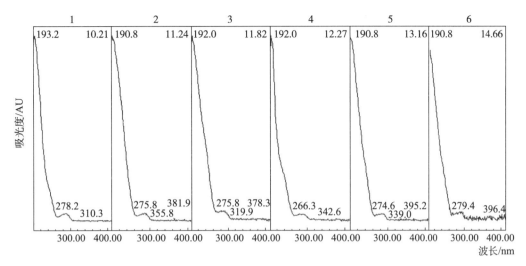

标引序号说明:

1——甲氰菊酯;　　　　3——溴氰菊酯;　　　　5——氯菊酯(顺式);

2——氯氟氰菊酯;　　　4——氰戊菊酯;　　　　6——氯菊酯(反式)。

**图 3-9-4　拟除虫菊酯类农药的标准紫外光谱图**

5. 精密度和准确度

4 家实验室对 5 种拟除虫菊酯质量浓度为 0.05 mg/L～5 mg/L 的加标水样进行测定和加标回收试验,相对标准偏差为 0.2%～0.6%,回收率为 95.0%～105%。

## (五)草甘膦的离子色谱法

### 1. 方法原理

水样中草甘膦和氨甲基膦酸以及其他阴离子随氢氧根体系(氢氧化钾或氢氧化钠)淋洗液进入离子交换柱系统(由保护柱和分离柱组成),根据分析柱对各离子的亲和力不同进行分离,已分离的草甘膦和氨甲基膦酸经抑制器系统转换成高电导率的离子型化合物,而淋洗液则转化成低电导率的水,由电导检测器测量各种组分的电导率,以保留时间定性,以峰面积或峰高定量。

### 2. 样品处理

草甘膦在矿物和玻璃表面有强吸附性,因此使用聚丙烯容器进行水样采集。草甘膦可在含氯消毒剂消毒过程中降解,采样时需向每升含氯水样中加入 0.02 g 抗坏血酸,以去除余氯。水样采集后于 0 ℃～4 ℃条件下冷藏避光保存。为了防止分析柱和保护柱以及管路堵塞,样品需经过 0.22 μm 滤膜过滤后上机测定。

### 3. 仪器参考条件

离子色谱仪配有进样系统、阴离子抑制器、电导检测器及色谱工作站。分析柱为具有烷醇季铵官能团的分析柱，填充材料为大孔苯乙烯/二乙烯基苯高聚合物（250 mm×4 mm）或其他等效分析柱。保护柱为具有烷醇季铵官能团的保护柱，填充材料为大孔苯乙烯/二乙烯基苯高聚合物（50 mm×4 mm）或其他等效保护柱。柱温为 25 ℃。抑制电流为 75 mA。淋洗液以 1.00 mL/min 的流速进行梯度洗脱：小于或等于 25min，氢氧化钾浓度为 12 mmol/L；25 min（不含）～40min，氢氧化钾浓度为 30 mmol/L；大于 40min，氢氧化钾浓度为 12 mmol/L。进样体积为 100 μL。

4. 结果处理

采用外标法进行定量分析。使用草甘膦和氨甲基膦酸混合标准使用溶液或直接使用有证标准物质溶液，采用逐级稀释的方式配制质量浓度为 0.30 mg/L、0.60 mg/L、0.90 mg/L、1.20 mg/L、1.50 mg/L 和 2.00 mg/L 的草甘膦和氨甲基膦酸标准系列溶液，现用现配。按浓度从低到高的顺序，吸取标准系列溶液注入离子色谱仪进样测定，以峰高或峰面积对草甘膦和氨甲基膦酸的质量浓度绘制标准曲线。进样体积为 100 μL 时，最低检测质量浓度分别为：草甘膦，0.15 mg/L；氨甲基膦酸，0.18 mg/L。

样品测定时，将水样经 0.22 μm 一次性水系针头滤器过滤除去浑浊物质后，取滤液注入离子色谱仪测定，以保留时间定性，以峰面积或峰高定量。由于电导检测器本身固有的性质，在测定大批样品时，每 10 个样品需测定 1 个标准样品，以消除检测器的误差。若结果为阳性，需用高效液相色谱法进行验证。

5. 精密度和准确度

5 家实验室对低、中、高浓度草甘膦标准溶液（质量浓度范围 0.15 mg/L～1.50 mg/L）进行重复测定，相对标准偏差分别为 0.87%～3.4%、0.14%～1.7%、0.51%～1.6%；对低、中、高浓度氨甲基膦酸标准溶液（质量浓度范围 0.18 mg/L～1.20 mg/L）进行重复测定，相对标准偏差分别为 0.74%～7.9%、0.35%～5.4%、0.18%～5.7%。

5 家实验室对实际样品进行低、中、高浓度加标重复测定，草甘膦的加标质量浓度为 0.20 mg/L～1.0 mg/L，相对标准偏差分别为 0.54%～6.2%、0.47%～5.7%、0.63%～5.0%；氨甲基膦酸的加标质量浓度为 0.20 mg/L～1.0 mg/L，相对标准偏差分别为 0.53%～12%、0.14%～2.7%、1.62%～2.9%。

5 家实验室对实际样品进行低、中、高浓度的加标回收试验，草甘膦和氨甲基膦酸的加标质量浓度为 0.20 mg/L～1.0 mg/L，测得草甘膦低、中、高浓度的回收率分别为 92.5%～101%、86.3%～100%、96.3%～102%，氨甲基膦酸低、中、高浓度的回收率分别为 81.3%～98.9%、96.5%～103%、97.9%～109%。

### （六）氟苯脲的液相色谱串联质谱法

1. 方法原理

分析水样经微孔滤膜过滤后，采用液相色谱分离，根据苯基脲素类农药中含有氟、氯等强电负性基团，选择串联质谱的电喷雾负模式，在强电场下产生带电液滴，通过离子蒸发使待测组分离子化，按二级碎片离子的质荷比分离，在质谱检测器中测量各组分谱峰的强度，外标法定量。

2. 样品处理

使用棕色磨口玻璃采样瓶采集水样，采集自来水时先打开水龙头放水 1 min，将水样沿瓶壁缓慢导入瓶中，瓶中不留顶上空间和气泡，加盖密封。采集的水样于 0 ℃～4 ℃条件下冷藏避光保存，48 h 内测定。准确量取 10 mL 水样于离心管中，5 000 r/min 离心，取上清液作为待测液，过 0.22 $\mu$m 微孔滤膜，上机测定。

3. 仪器参考条件

使用超高效液相色谱三重四极杆串联质谱仪对目标化合物进行定性和定量分析。

液相色谱仪参考条件：液相色谱柱为 $C_{18}$ 柱（2.1 mm×100 mm，1.7 $\mu$m）或等效色谱柱，柱温为 40 ℃，流速为 250 $\mu$L/min，进样体积为 10 $\mu$L。液相色谱的有机流动相（流动相 A）为甲醇，水相流动相（流动相 B）为乙酸铵溶液 [$c(CH_3COONH_4)$ = 5 mmol/L]，采用梯度洗脱程序对目标分析物进行液相分离，梯度洗脱条件见表 3-9-4。

11 种苯基脲素类农药的总离子流图如图 3-9-5 所示。

表 3-9-4　梯度洗脱条件

| 时间/min | 流动相 A/% | 流动相 B/% |
|---|---|---|
| 0 | 40 | 60 |
| 5 | 90 | 10 |
| 8 | 90 | 10 |
| 12 | 40 | 60 |

质谱仪参考条件：离子化方式为电喷雾电离负离子模式，检测方式为多反应监测，碰撞气为 55.16 kPa（8 psi），气帘气为 172.38 kPa（25 psi），雾化气为 344.75 kPa（50 psi），加热气为 344.75 kPa（50 psi），喷雾电压为 －4 500 V，去溶剂温度为 600 ℃，扫描时间为 50 ms。11 种苯基脲素类农药的保留时间、离子对、去簇电压和碰撞能量见表 3-9-5。

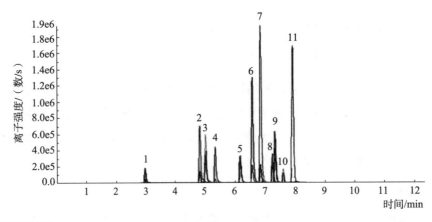

标引序号说明：

1——甲氧隆，3.01 min；　　　　5——除虫脲，6.16 min；　　　　9——氟苯脲，7.33 min；

2——敌草隆，4.82 min；　　　　6——杀铃脲，6.55 min；　　　　10——氟虫脲，7.61 min；

3——氯虫苯甲酰胺，5.02 min；　7——氟铃脲，6.85 min；　　　　11——氟啶脲，7.92 min。

4——利谷隆，5.32 min；　　　　8——氟丙氧脲，7.25 min；

图 3-9-5　11 种苯基脲素类农药的总离子流图

表 3-9-5　11 种苯基脲素类农药的保留时间、离子对、去簇电压和碰撞能量

| 化合物 | 保留时间/min | 离子对（m/z） | 去簇电压/V | 碰撞能量/eV |
|---|---|---|---|---|
| 甲氧隆 | 3.01 | 227/212.0ᵃ/168 | 57 | 17/25 |
| 敌草隆 | 4.82 | 230.9/186ᵃ/150.0 | 45 | 24/32 |
| 氯虫苯甲酰胺 | 5.02 | 482.0/204ᵃ/202.0 | 36 | 20/27 |
| 利谷隆 | 5.32 | 246.8/159.8ᵃ/231.9 | 35 | 16/18 |
| 除虫脲 | 6.16 | 308.9/288.9ᵃ/156.0 | 45 | 9/13 |
| 杀铃脲 | 6.55 | 356.8/154.3ᵃ/84.0 | 60 | 18/55 |
| 氟铃脲 | 6.82 | 459.1/439.0ᵃ/403.1 | 40 | 20/20 |
| 氟丙氧脲 | 7.21 | 509.1/325.9ᵃ/175.0 | 45 | 27/50 |
| 氟苯脲 | 7.30 | 379.1/195.9ᵃ/358.8 | 35 | 29/9 |
| 氟虫脲 | 7.61 | 487.0/156.3ᵃ/467.0 | 45 | 21/9 |
| 氟啶脲 | 7.87 | 539.9/520.1ᵃ/356.6 | 60 | 17/30 |
| ᵃ 为定量离子，其余为定性离子。 | | | | |

4. 结果处理

采用外标法进行定量分析。使用甲醇溶液定容配制 11 种苯基脲素类农药的标准储备溶液或使用有证标准物质溶液。用甲醇定容配制混合标准使用溶液，再用超纯水逐级稀释配制质量浓度分别为 0.00 μg/L、0.50 μg/L、1.00 μg/L、5.00 μg/L、10.0 μg/L、

50.0 μg/L 和 200 μg/L 的标准系列溶液。分别取标准系列溶液 10 μL 进样测定，以峰高或峰面积为纵坐标，质量浓度为横坐标，绘制标准曲线。取 10 μL 样品溶液进样测定，记录峰高或峰面积。根据各目标分析物的保留时间和离子丰度比，确定被测组分的名称。根据记录的峰高或峰面积，在标准曲线上查出待测组分的质量浓度。

5. 精密度和准确度

4 家实验室对水样进行 11 种苯基脲素类农药加标回收测定（加标质量浓度为 1.00 μg/L～100 μg/L），重复测定 6 次，相对标准偏差小于 6.5%，回收率为 93.2%～109%。

### （七）氯硝柳胺的萃取-反萃取分光光度法

1. 方法原理

氯硝柳胺在酸性条件下溶于乙酸丁酯＋石油醚（1＋9）混合萃取溶剂，再在碱性条件下，反萃取有机相中的氯硝柳胺，用分光光度法测定。

2. 样品处理

氯硝柳胺可在含氯消毒剂消毒过的水中降解，采样时先加 0.01 g～0.02 g 抗坏血酸或 0.05 g～0.10 g 硫代硫酸钠于棕色玻璃磨口瓶中，取水至满瓶，密封。保存时间为 24 h。

3. 结果处理

配制氯硝柳胺质量浓度为 0 mg/L、0.04 mg/L、0.06 mg/L、0.08 mg/L、0.10 mg/L 和 0.20 mg/L 的标准系列溶液，与样品采用同样萃取方式萃取后，于 380 nm 波长，用 1 cm 比色皿，以纯水为参比，测量吸光度并绘制标准曲线，从曲线上查出样品管中氯硝柳胺的含量。

4. 精密度和准确度

4 家实验室测定含氯硝柳胺质量浓度为 0.02 mg/L、0.10 mg/L、0.20 mg/L 的水样，重复测定 6 次，相对标准偏差小于 7.1%，回收率为 98.8%～103%。

### （八）氯硝柳胺的高效液相色谱法

1. 方法原理

水中的氯硝柳胺在酸性条件下，经有机溶剂萃取浓缩后，用高效液相色谱柱分离，根据保留时间定性，外标法定量。

2. 样品处理

使用棕色磨口玻璃瓶采集水样，每升含氯水样中加入 0.01 g～0.02 g 抗坏血酸或

0.05 g～0.10 g 硫代硫酸钠以消除余氯干扰，样品保存时间为 24 h。氯硝柳胺可在含氯消毒剂消毒过的水中降解，样品应尽快用溶剂萃取测定。萃取液于 0 ℃～4 ℃条件下冷藏保存，尽快分析。

取 200 mL 水样于 500 mL 分液漏斗中，加入 5.0 g 氯化钠，振摇溶解，再加入盐酸 2 mL，摇匀，用 20 mL 二氯甲烷分两次萃取，每次振摇约 2 min，静置分层后弃去水层，合并两次萃取液，于 45 ℃～50 ℃水浴，氮吹浓缩至干，用甲醇定容至 1 mL，经 0.45 $\mu$m 滤膜过滤，供高效液相色谱分离测定用。

3. 仪器参考条件

使用配有二极管阵列检测器的高效液相色谱仪进行定性和定量分析。色谱柱为 $C_{18}$ 柱（4.6 mm×250 mm，5 $\mu$m）或其他等效色谱柱，检测波长为 330 nm，流动相为甲醇＋纯水＝85＋15，流速为 1.0 mL/min，柱温为 30 ℃，进样体积为 10 $\mu$L。

4. 结果处理

采用外标法进行定量分析。使用纯度大于或等于 98.0% 的氯硝柳胺配制的标准储备溶液或直接使用有证标准物质溶液，取不同体积标准储备溶液用甲醇配制成质量浓度分别为 0.20 $\mu$g/mL、1.00 $\mu$g/mL、5.00 $\mu$g/mL 和 25.0 $\mu$g/mL 的标准系列溶液，现用现配。以峰高或峰面积为纵坐标，质量浓度为横坐标，绘制标准曲线。

10 $\mu$L 进样，进行高效液相色谱分析。根据保留时间定性，根据峰面积从标准曲线上得到相应物质的质量浓度。氯硝柳胺标准物质色谱图如图 3-9-6 所示。

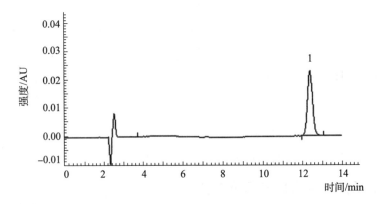

标引序号说明：

1——氯硝柳胺。

图 3-9-6　氯硝柳胺标准物质色谱图

5. 精密度和准确度

4 家实验室对质量浓度范围为 0.01 mg/L～1.25 mg/L 的加标水样重复测定 6 次，

其相对标准偏差均小于 5%，加标回收率为 95.0%～104%。

### （九）乙草胺的气相色谱质谱法

**1. 方法原理**

水样中乙草胺通过以聚合物为吸附剂的大体积固相萃取柱吸附萃取，用乙酸乙酯洗脱，洗脱液经浓缩定容后，用气相色谱-质谱联用仪分离测定。根据待测物的保留时间和特征离子定性，外标法定量。

**2. 样品处理**

使用具有聚四氟乙烯瓶垫的棕色玻璃瓶采集水样。采样时，每升水样中加入约 100 mg 抗坏血酸以去除余氯，取水至满瓶，采集后密封，于 0 ℃～4 ℃条件下冷藏保存，保存时间为 24 h。取出水样放置室温，如水样较为浑浊，则水样中的颗粒物质会堵塞固相萃取柱，降低萃取速率，可使用 0.45 $\mu$m 水系滤膜过滤水样。固相萃取柱依次用 5 mL 二氯甲烷、5 mL 乙酸乙酯以大约 3 mL/min 的流速缓慢过柱，加压或抽真空尽量让溶剂流干（约半分钟）；再依次用 10 mL 甲醇、10 mL 纯水过柱活化，此过程不能让吸附剂暴露在空气中。准确量取 500 mL 水样，以约 15 mL/min 的流速过固相萃取柱。用氮吹或真空抽吸固相萃取柱至干，以去除水分。将 3 mL 乙酸乙酯加入固相萃取柱，稍做静置，以大约 3 mL/min 的流速缓慢收集洗脱液。在室温下用氮气将洗脱液浓缩并定容至 1.0 mL，待测。如样品浑浊则使用 0.45 $\mu$m 有机系滤膜过滤。

**3. 仪器参考条件**

使用气相色谱-质谱联用仪进行定性和定量分析。

色谱参考条件：进样口温度为 280 ℃；柱温初始温度为 85 ℃，以 20 ℃/min 的速率升温至 165 ℃，保持 2 min，以 5 ℃/min 的速率升温至 220 ℃，再以 50 ℃/min 的速率升温至 280 ℃；柱流量为 1.0 mL/min，不分流；进样体积为 1 $\mu$L。

质谱参考条件：质谱扫描范围为 45 u～350 u；离子源温度为 230 ℃；传输线温度为 280 ℃；扫描时间为 0.45 s 或更少，每个峰有 8 次扫描；扫描模式选择离子检测，定量离子（$m/z$）为 146，定性离子（$m/z$）为 162、174。

**4. 结果处理**

采用外标法进行定量分析。使用乙草胺标准使用溶液或直接使用有证标准物质溶液，采用逐级稀释的方式配制质量浓度分别为 10 $\mu$g/L、25 $\mu$g/L、50 $\mu$g/L、100 $\mu$g/L、150 $\mu$g/L、200 $\mu$g/L、250 $\mu$g/L 的标准系列溶液，各取 1 $\mu$L 溶液经气相色谱-质谱联用仪分析。以峰面积为纵坐标，质量浓度为横坐标，绘制标准曲线。乙草胺的定量离子色谱图（200 $\mu$g/L）如图 3-9-7 所示。

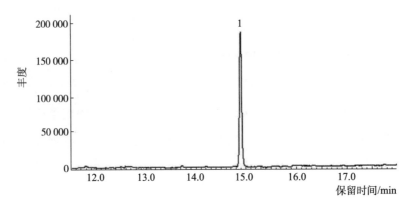

标引序号说明:

1——乙草胺。

**图 3-9-7　乙草胺的定量离子色谱图（200 μg/L）**

样品中的待测物色谱峰保留时间与相应标准色谱峰的保留时间一致,变化范围应在±2.5%之内,样品中待测物的两个定性离子的相对丰度与浓度相当的标准溶液相比,其允许的相对偏差不超过表 3-9-6 规定的范围。

**表 3-9-6　定性判定相对离子丰度的最大允许相对偏差**

| 相对离子丰度/% | 相对偏差/% |
| --- | --- |
| >50 | ±20 |
| >20～50 | ±25 |
| >10～20 | ±30 |
| ≤10 | ±50 |

水样中乙草胺的含量以 $\rho$ 表示,按照公式（3-9-3）计算。

$$\rho = \frac{\rho_1 \times V_1}{V_2} \tag{3-9-3}$$

式中:

$\rho$——水样中乙草胺的质量浓度,单位为微克每升（μg/L）;

$\rho_1$——从标准曲线上查得的乙草胺的质量浓度,单位为微克每升（μg/L）;

$V_1$——样品定容体积,单位为毫升（mL）;

$V_2$——被富集的水样体积,单位为毫升（mL）。

5. 精密度和准确度

6 家实验室测定添加乙草胺标准的水样（乙草胺质量浓度为 0.02 μg/L～0.5 μg/L）,其相对标准偏差为 3.6%～4.4%,回收率为 79%～94%。在重复性条件下获得的两次独立测定结果的绝对差值不超过算术平均值的 20%。

## 二、删除方法

GB/T 5750.9　2023 中删除了 5 个检验方法：滴滴涕的填充柱气相色谱法、对硫磷的填充柱气相色谱法、百菌清的气相色谱法、溴氰菊酯的气相色谱法和高压液相色谱法。这些方法均采用填充柱法，操作烦琐且目前均有其他方法代替，因此，在本次修订中予以删除。

# 第十节　消毒副产物指标（GB/T 5750.10—2023）

GB/T 5750.10—2023《生活饮用水标准检验方法　第 10 部分：消毒副产物指标》描述了生活饮用水中三氯甲烷、三溴甲烷、二氯一溴甲烷、一氯二溴甲烷、二溴甲烷、氯溴甲烷、氯化氰、甲醛、乙醛、三氯乙醛、一氯乙酸、二氯乙酸、三氯乙酸、一溴乙酸、二溴乙酸、2,4,6-三氯酚、亚氯酸盐、氯酸盐、溴酸盐、亚硝基二甲胺和水源水中三氯甲烷（毛细管柱气相色谱法）、甲醛、乙醛、三氯乙醛（顶空气相色谱法）、一氯乙酸（液液萃取衍生气相色谱法）、二氯乙酸（液液萃取衍生气相色谱法）、三氯乙酸（液液萃取衍生气相色谱法）、2,4,6-三氯酚（衍生化气相色谱法）、亚氯酸盐（离子色谱法）、氯酸盐（离子色谱法）、溴酸盐（离子色谱法－氢氧根系统淋洗液、离子色谱法－碳酸盐系统淋洗液）、亚硝基二甲胺（固相萃取气相色谱质谱法）的测定方法。具体修订内容如下。

## 一、新增方法

GB/T 5750.10—2023 中增加了 6 个检验方法：三氯乙醛的液液萃取气相色谱法，一氯乙酸的离子色谱-电导检测法，二氯乙酸的高效液相色谱串联质谱法，亚硝基二甲胺的固相萃取气相色谱质谱法、液液萃取气相色谱质谱法和固相萃取气相色谱串联质谱法。

### （一）三氯乙醛的液液萃取气相色谱法

1. 方法原理

使用甲基叔丁基醚［$CH_3OC(CH_3)_3$］作为萃取溶剂，氯化钠（NaCl）为盐析剂萃取水中的三氯乙醛（$C_2HCl_3O$），利用气相色谱电子捕获检测器测定，保留时间定性，外标法定量。

2. 样品处理

使用硬质磨口棕色玻璃瓶采集样品，样品采集后按照 200 mL 水样加入 0.025 g～

0.1 g 抗坏血酸去除余氯，然后用 2 mol/L 的硫酸调节水样 pH 范围为 4.0～6.5。如水样中不含余氯，可直接调 pH。样品应充满样品瓶并加盖密封，采样后样品需在 0 ℃～4 ℃条件下冷藏避光运输和保存。应在 7 d 内对样品进行萃取，分析测定。准确取 10 mL 样品于 50 mL 分液漏斗或 50 mL 离心管中，加入 5.0 g 氯化钠，溶液过饱和后，准确加入 5.0 mL 甲基叔丁基醚提取，振荡萃取 4 min（或涡旋振荡 1 min），静置 3 min，水和甲基叔丁基醚层分层后，萃取液甲基叔丁基醚经无水硫酸钠脱水后，转移至进样小瓶待进样分析。

3. 仪器参考条件

使用配有电子捕获检测器的气相色谱仪进行定性和定量分析。进样口温度为 200 ℃；柱温为程序升温，初始温度为 40 ℃，保持 5 min，以 10 ℃/min 的速率升至 180 ℃；检测器温度为 300 ℃；氮气流速为 1.0 mL/min，尾吹流量为 60 mL/min；进样方式为不分流进样，进样体积为 1 μL。

4. 结果处理

采用外标法进行定量分析。使用三氯乙醛标准储备溶液或直接使用有证标准物质溶液，以甲基叔丁基醚逐级稀释配制成质量浓度为 1 μg/L、5 μg/L、10 μg/L、20 μg/L、50 μg/L 的标准系列溶液。取各标准系列溶液 1 μL 进样，测得三氯乙醛的峰面积，以峰面积为纵坐标，质量浓度为横坐标，绘制标准曲线。标准曲线的系列浓度点也可根据实际样品中三氯乙醛的质量浓度来调整。根据保留时间定性，三氯乙醛及 6 种消毒副产物色谱图（质量浓度 10 μg/L）如图 3-10-1 所示。

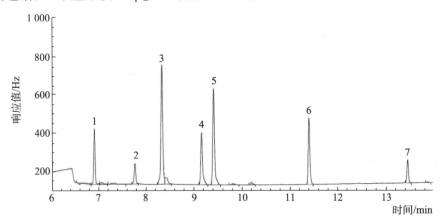

标引序号说明：

1——三氯甲烷；　　　　　　　4——二氯一溴甲烷；　　　　　　　7——三溴甲烷。

2——1,1,1-三氯乙烷；　　　　5——三氯乙醛；

3——四氯化碳；　　　　　　　6——一氯二溴甲烷；

图 3-10-1　三氯乙醛及 6 种消毒副产物色谱图（质量浓度 10 μg/L）

记录目标物峰面积，标准曲线外标法定量，按公式（3-10-1）计算样品中三氯乙醛的质量浓度。

$$\rho(\mathrm{C_2HCl_3O}) = \frac{\rho_1 \times V_1}{V \times 1\,000} \tag{3-10-1}$$

式中：

$\rho(\mathrm{C_2HCl_3O})$——水样中三氯乙醛的质量浓度，单位为毫克每升（mg/L）；

$\rho_1$——从标准曲线上查得的萃取液中三氯乙醛的质量浓度，单位为微克每升（μg/L）；

$V_1$——萃取液体积，单位为毫升（mL）；

$V$——水样体积，单位为毫升（mL）。

### 5. 精密度和准确度

5 家实验室在 1.0 μg/L～20 μg/L 质量浓度范围，选择低、中、高浓度分别对生活饮用水进行 6 次加标回收试验，测定的相对标准偏差为 0.6%～7.4%，加标回收率为 84.0%～105%。

## （二）一氯乙酸的离子色谱-电导检测法

### 1. 方法原理

水中一氯乙酸（MCAA）、二氯乙酸（DCAA）、三氯乙酸（TCAA）、一溴乙酸（MBAA）和二溴乙酸（DBAA）等卤乙酸以及其他阴离子随氢氧化物体系（氢氧化钾或氢氧化钠）淋洗液进入阴离子交换分离系统（包括保护柱和分析柱），根据离子交换分离机理，利用各离子在分析柱上的亲和力不同进行分离。再经过抑制器对本底的抑制作用，提高被测物质的检测灵敏度。由电导检测器测量各种阴离子组分的电导值，经色谱工作站进行数据采集和处理，以保留时间定性，以峰高或峰面积定量。

### 2. 样品处理

使用棕色螺口玻璃瓶作为采样容器，经超纯水冲洗后晾干备用。水样采集后于 0 ℃～4 ℃条件下冷藏保存，保存时间为 7 d。为去除水中 $\mathrm{Cl^-}$ 和 $\mathrm{SO_4^{2-}}$ 对二氯乙酸等离子的干扰，可将水样依次通过 Ba/Ag/H 柱和 0.2 μm 微孔滤膜进行过滤。具体步骤为：先注入 15 mL 纯水活化 Ba/Ag/H 柱，放置 0.5 h 后使用。将水样以 2 mL/min 的速度依次通过 Ba/Ag/H 柱和 0.2 μm 微孔滤膜过滤器，前 6 mL 滤液弃掉后，取 2 mL～5 mL 的滤液进行色谱分析。此法可去除水中 90%以上的 $\mathrm{Cl^-}$ 和 80%以上的 $\mathrm{SO_4^{2-}}$。

### 3. 仪器参考条件

使用配有高压泵、自动进样器、电导检测器和色谱工作站的离子色谱仪进行定性和定量分析。阴离子保护柱为具有烷醇季铵官能团的保护柱，填充材料为大孔苯乙烯/二乙烯基苯高聚合物（50 mm×4 mm），或相当的保护柱。阴离子分析柱为具有烷醇季铵官能团的分析柱，填充材料为大孔苯乙烯/二乙烯基苯高聚合物（250 mm×4 mm），或相当的分析柱。采用二氧化碳去除装置去除样品中的二氧化碳对三氯乙酸的干扰。柱温为 25 ℃，检测器温度为 30 ℃，抑制器电流为 90 mA，流速为 1.0 mL/min，进样体积为 500 μL。在线阴离子捕获器可改善梯度淋洗基线的稳定性，淋洗液梯度淋洗参考程序见表 3-10-1。

标准物质色谱图如图 3-10-2 所示。

表 3-10-1　淋洗液梯度淋洗参考程序

| 时间/min | 氢氧化钾淋洗液浓度/（mmol/L） |
| --- | --- |
| 0.0 | 8 |
| 15.0 | 8 |
| 30.0 | 40 |
| 30.1 | 8 |
| 35.0 | 8 |

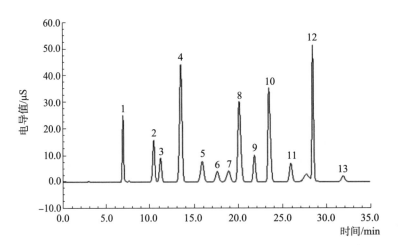

标引序号说明：

1——F⁻（1 mg/L）；　　　6——$NO_2^-$（0.5 mg/L）；　　11——三氯乙酸（5 mg/L）；

2——一氯乙酸（5 mg/L）；　7——二溴乙酸（5 mg/L）；　12——$SO_4^{2-}$（5 mg/L）；

3——一溴乙酸（5 mg/L）；　8——$ClO_3^-$（10 mg/L）；　13——三溴乙酸（5 mg/L）。

4——Cl⁻（5 mg/L）；　　　9——Br⁻（2.5 mg/L）；

5——二氯乙酸（5 mg/L）；　10——$NO_3^-$（6.6 mg/L）；

图 3-10-2　标准物质色谱图

4. 结果处理

使用纯度大于 99% 的一氯乙酸、二氯乙酸和三氯乙酸及纯度大于 98% 的一溴乙酸和二溴乙酸，或使用有证标准物质，配制混合标准溶液，再逐级稀释配制标准系列溶液，此标准系列溶液中 5 种卤乙酸的质量浓度分别为 0 μg/L、10.0 μg/L、20.0 μg/L、50.0 μg/L、100.0 μg/L 和 200.0 μg/L，现用现配。分别吸取相应体积的标准系列溶液注入离子色谱仪测定，记录 5 种卤乙酸的峰面积或峰高。以卤乙酸的峰面积或峰高对卤乙酸的质量浓度绘制标准曲线，并计算回归方程。

5. 精密度和准确度

4 家实验室配制 5 种卤乙酸混合标准溶液，一氯乙酸、一溴乙酸、二氯乙酸、二溴乙酸和三氯乙酸的质量浓度分别为 0.02 mg/L、0.02 mg/L、0.04 mg/L、0.04 mg/L 和 0.05 mg/L，重复 6 次分析，得到 5 种卤乙酸的相对标准偏差在 1.1%～6.9%。

4 家实验室选择自来水样和纯净水，进行低、中、高浓度的加标回收试验，5 种卤乙酸的加标质量浓度分别为 0.01 mg/L、0.1 mg/L、0.5 mg/L，得到 5 种卤乙酸的回收率为 77%～105%，其中二氯乙酸和三氯乙酸的回收率为 80%～102%。

## (三) 二氯乙酸的高效液相色谱串联质谱法

1. 方法原理

水中二氯乙酸、三氯乙酸、溴酸盐、氯酸盐和亚氯酸盐经季胺型离子交换柱分离，质谱检测器检测，同位素内标法定量。

2. 样品处理

使用 500 mL 棕色玻璃瓶采集用于测定氯酸盐、亚氯酸盐和溴酸盐的水样。对于用二氧化氯或臭氧消毒的水样，采样后，需在水样中通入氮气 10 min，流量为 1.0 L/min。向水样中加入乙二胺溶液至其质量浓度为 50 mg/L，密封，摇匀，于 0 ℃～4 ℃ 条件下冷藏保存。使用 50 mL 具塞玻璃瓶采集用于测定二氯乙酸和三氯乙酸的水样。采样前先将 5 mg 氯化铵置于玻璃瓶中，对于高氯化的水样需要增加氯化铵的量。采集自来水样品时，先打开水龙头，使水流中不含气泡，3 min～5 min 后开始采集，满瓶采样，采样过程中避免水溢出，盖好塞子，上下翻转振摇使氯化铵溶解。于 0 ℃～4 ℃ 条件下冷藏保存，保存时间为 7 d。水样经 0.22 μm 膜过滤后直接进行测定。

3. 仪器参考条件

使用高效液相色谱-三重四级杆质谱联用仪进行定性和定量分析。色谱柱为季胺型离子色谱柱（2 mm×250 mm，9 μm）或其他等效色谱柱。流速为 0.3 mL/min，进样体积为 25 μL，柱温为室温。流动相为乙腈：0.7 mol/L 甲胺溶液＝70：30。质谱离子源为电喷雾离子源，多反应监测模式，负离子模式扫描，喷雾电压为-4 500 V，离子源温度为450 ℃，气帘气设置为0.207 MPa（30 psi），雾化气为0.276 MPa（40 psi），辅助气为0.276 MPa（40 psi）。采用内标法定量，二氯乙酸和三氯乙酸对应的内标为二氯乙酸-$^{13}$C，溴酸盐、氯酸盐和亚氯酸盐对应的内标为氯酸盐-$^{18}$O$_3$。

目标化合物的质谱参数见表3-10-2，标准物质色谱图如图3-10-3所示。

表3-10-2  目标化合物的质谱参数

| 组分 | 母离子（m/z） | 子离子（m/z） | 碰撞能量/eV | 去簇电压/V |
|---|---|---|---|---|
| 二氯乙酸 | 126.8 | 82.9[a] | -13 | -20 |
| | 126.8 | 34.8 | -22 | -20 |
| 三氯乙酸 | 117.0 | 34.8[a] | -19 | -20 |
| | 161.0 | 117.0 | -11 | -20 |
| 溴酸盐 | 128.7 | 112.8[a] | -29 | -60 |
| | 126.8 | 110.8 | -29 | -60 |
| 氯酸盐 | 82.6 | 66.7[a] | -31 | -60 |
| | 84.6 | 68.7 | -31 | -60 |
| 亚氯酸盐 | 66.8 | 50.8[a] | -18 | -83 |
| | 66.8 | 35.1 | -25 | -83 |
| 二氯乙酸-$^{13}$C | 129.9 | 85.0 | -13.9 | -40 |
| 氯酸盐-$^{18}$O$_3$ | 88.9 | 70.9 | -28.8 | -93 |
| [a] 定量离子。 | | | | |

4. 结果处理

使用二氯乙酸、三氯乙酸、溴酸钠、氯酸钠、亚氯酸钠标准物质或有证标准物质配制标准系列溶液，其中，二氯乙酸和三氯乙酸的质量浓度为0 μg/L、10 μg/L、20 μg/L、40 μg/L、80 μg/L、120 μg/L，氯酸盐（以ClO$_3^-$计）和亚氯酸盐（以ClO$_2^-$计）的质量浓度为0 μg/L、20 μg/L、40 μg/L、80 μg/L、160 μg/L、240 μg/L，溴酸盐（以BrO$_3^-$计）的质量浓度为0 μg/L、2.5 μg/L、5 μg/L、10 μg/L、20 μg/L、30 μg/L，各标准点内标的质量浓度均为20 μg/L。

以标准与内标的质谱定量离子峰面积的比值为纵坐标，对应标准的质量浓度为横坐标，绘制标准曲线。根据色谱图组分的保留时间和特征离子对的丰度比确定被测组分，从标准曲线上查出水样中二氯乙酸、三氯乙酸、溴酸盐、氯酸盐和亚氯酸盐的质量浓度。

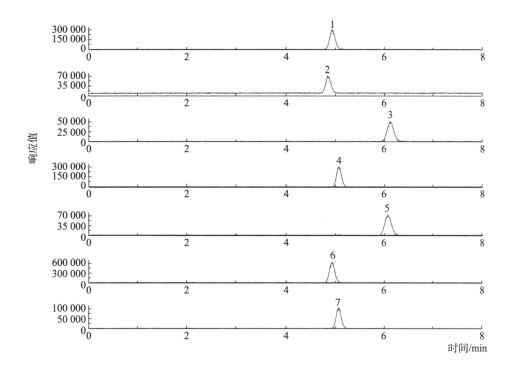

标引序号说明：

1——二氯乙酸，4.86 min；　　4——氯酸盐，5.13 min；　　7——氯酸盐-$^{18}O_3$，5.11 min。

2——三氯乙酸，4.77 min；　　5——亚氯酸盐，6.14 min；

3——溴酸盐，6.21 min；　　　6——二氯乙酸-$^{13}C$，4.84 min；

**图 3-10-3　标准物质色谱图**

5. 精密度和准确度

根据全国 6 家实验室对本方法的验证结果，二氯乙酸在生活饮用水中低、中、高浓度（20 μg/L、40 μg/L 和 80 μg/L）条件下，回收率为 95.8%～115%、88.4%～116% 和 84.9%～102%，相对标准偏差为 1.1%～5.4%、0.4%～4.2% 和 0.6%～2.8%；三氯乙酸在生活饮用水中低、中、高浓度（20 μg/L、40 μg/L 和 80 μg/L）条件下，回收率为 87.6%～113%、89.3%～118% 和 89.7%～113%，相对标准偏差为 1.6%～9.3%、0.7%～3.7% 和 0.9%～3.9%；溴酸盐（以 $BrO_3^-$ 计）在生活饮用水中低、中、高浓度（5 μg/L、10 μg/L 和 20 μg/L）条件下，回收率为 84.7%～109%、83.5%～119% 和 84.4%～113%，相对标准偏差为 0.9%～3.5%、0.8%～4.1% 和 1.0%～3.3%；氯酸盐（以 $ClO_3^-$ 计）在生活饮用水中低、中、高浓度（40 μg/L、80 μg/L 和 160 μg/L）条件下，回收率为 91.4%～111%、86.5%～102% 和 84.7%～109%，相对标准偏差为 1.0%～4.0%、0.5%～7.2% 和 0.4%～7.8%；亚氯酸盐（以 $ClO_2^-$ 计）在生活饮用水中低、中、高浓度（40 μg/L、80 μg/L 和 160 μg/L）条件

下，回收率为 82.4%~108%、80.6%~110% 和 84.0%~109%，相对标准偏差为 1.4%~4.1%、0.4%~5.7%和0.6%~5.1%。

## （四）亚硝基二甲胺的固相萃取气相色谱质谱法

### 1. 方法原理

被测水样中的亚硝基二甲胺等8种亚硝胺类化合物及加入的内标化合物，经椰壳炭固相萃取柱吸附后，由二氯甲烷洗脱，洗脱液浓缩后，经气相色谱毛细管色谱柱分离后，用四极杆质谱检测器检测，对各目标物进行分析。

通过目标组分的质谱图和保留时间，与标准谱图中的质谱图和保留时间对照进行定性，每个目标组分的浓度取决于其定量离子与内标物定量离子的质谱响应值之比。每个样品中含有已知浓度的内标化合物，用内标校正程序进行定量。

### 2. 样品处理

所有采样设备中均不应含有塑料或橡胶，用硬质磨口玻璃瓶或具聚四氟乙烯材质盖垫的螺纹口玻璃瓶采集样品1 L。采样时，使水样在瓶中溢出而不留气泡，对于不含余氯的样品，采样后直接加盖密封，对于含余氯的样品，采样后在每升水样中加入80 mg~100 mg硫代硫酸钠脱氯后加盖密封，于0 ℃~4 ℃条件下冷藏避光保存和运输，保存时间为7 d。

检测前样品需进行如下前处理：

（1）样品检测当天，将样品取出并放至室温，使用量筒准确量取500 mL水样，并转移至500 mL棕色玻璃瓶中，加入5.0 μL内标使用溶液（$\rho=5.0$ mg/L），充分混匀后备用。

（2）浑浊水样的预处理：如果水样较为浑浊，可使用滤膜以负压抽滤的方式过滤水样后备用。

（3）固相萃取柱的活化与除去杂质：固相萃取柱依次使用 6 mL 二氯甲烷、6 mL 甲醇除去杂质，以大约 3 mL/min 的流速缓慢通过萃取柱，加压或抽真空以使溶剂流干；然后再依次使用6 mL甲醇、9 mL纯水活化，此过程需保持固相萃取柱填料始终处于浸润状态。

（4）上样吸附：取用经预处理的水样上样。适度调节真空泵，使样品以10 mL/min的流速通过固相萃取柱，此过程需保持固相萃取柱填料处于浸润状态。

（5）脱水干燥：用真空抽吸固相萃取柱 10 min，以去除水分。

（6）样品洗脱：首先加入 3 mL 二氯甲烷，在低真空度条件下，将二氯甲烷溶剂抽入固相萃取柱填料中，封闭端口浸泡填料 1 min。然后打开端口，将二氯甲烷以滴状方式通过固相萃取柱，再加入 7 mL 二氯甲烷洗脱，并用锥形玻璃收集管合并收集洗脱液。

（7）洗脱液浓缩：氮吹将洗脱液浓缩至约 500 μL，转移至 1.5 mL 聚丙烯锥形离心试管中。使用 500 μL 二氯甲烷润洗锥形玻璃收集管内壁，合并二氯甲烷洗脱液。再次氮吹将洗脱液浓缩定容至 0.2 mL，转移至样品进样瓶中，密封备用。

（8）每批次样品分析前，需开展实验室纯水空白对照实验和纯水加标实验，使用相同的样品处理方法，并定量检测，检测可能由试验试剂和材料带入的污染。样品采集和处理过程中，需避免使用橡胶材质的物品，使用塑料材料时，需选择聚四氟乙烯和聚丙烯材质。

（9）进样溶液保存：进样溶液于−20 ℃密封、避光条件下可保存 7 d。

**3. 仪器参考条件**

使用气相色谱质谱仪进行定性和定量分析。

色谱参考条件：气化室温度为 250 ℃；初始柱温为 50 ℃，保持 8 min，以 8 ℃/min 的速率升温至 170 ℃，再以 15 ℃/min 的速率升温至 250 ℃，保持 1 min；柱流量为 1.8 mL/min，恒流模式。

质谱参考条件：使用电子电离源方式离子化，离子化能量为70 eV；溶剂延迟时间为 10 min；传输线温度为 250 ℃，离子源温度为 250 ℃，四极杆温度为 150 ℃；选择离子扫描模式，进样体积为 1 μL，进样模式为分流进样，分流比为 5∶1。

8 种亚硝胺目标物的混合标准溶液测定选择离子色谱图如图 3-10-4 所示。

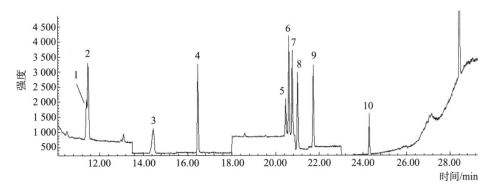

标引序号说明：

1——氘代亚硝基二甲胺（NDMA-D$_6$）；　　6——N-二丙基亚硝胺（NDPA）；

2——亚硝基二甲胺（NDMA）；　　7——N-亚硝基吗啉（NMOR）；

3——N-甲基乙基亚硝胺（NMEA）；　　8——N-亚硝基吡咯烷（NPYR）；

4——N-二乙基亚硝胺（NDEA）；　　9——N-亚硝基哌啶（NPIP）；

5——氘代 N-二丙基亚硝胺（NDPA-D$_{14}$）；　　10 —— N-二丁基亚硝胺（NDBA）。

**图 3-10-4　8 种亚硝胺目标物的混合标准溶液测定选择离子色谱图**

4. 结果处理

采用内标法进行定量分析。取 6 个 10 mL 容量瓶，加入 2.0 mL 二氯甲烷，分别加入 5.0 μL、10.0 μL、25.0 μL、50.0 μL、75.0 μL、125.0 μL 标准使用溶液（$\rho = 50$ mg/L），和 25.0 μL 内标使用溶液（$\rho = 50$ mg/L）至容量瓶中，再加入二氯甲烷溶剂至刻度，配制成质量浓度分别为 25 μg/L、50 μg/L、125 μg/L、250 μg/L、375 μg/L、625 μg/L，内标质量浓度为 125 μg/L 的标准系列溶液。各取 1 μL 分别注入气相色谱质谱仪，得到不同目标物的标准色谱图。以亚硝胺目标物定量离子峰面积与对应内标物定量离子峰面积的比值为纵坐标，亚硝胺目标物质量浓度与对应内标物质量浓度的比值为横坐标，绘制标准曲线。每批（20 个）样品分析后，以标准曲线中间浓度的标准溶液进行校准。各亚硝胺目标物浓度的测定值应控制在标准值的±20%范围内。

本方法中测定的各亚硝胺目标物的定性鉴定，是根据保留时间和扣除背景后的样品质谱图与标准色谱图中的特征离子比较完成的。样品中符合表 3-10-3 要求的特征离子相对离子强度范围，需控制在标准色谱图相对离子强度的±50%范围内。

表 3-10-3 亚硝胺目标物及内标物的定量及定性离子

| 组分 | 内标化合物 | 保留时间/min | 定量离子（m/z） | 定性离子（m/z） |
|---|---|---|---|---|
| 氘代亚硝基二甲胺 | — | 11.4 | 80 | 46，48 |
| 亚硝基二甲胺 | 氘代亚硝基二甲胺 | 11.5 | 74 | 42，43 |
| N-甲基乙基亚硝胺 | 氘代亚硝基二甲胺 | 14.4 | 88 | 56，73 |
| N-二乙基亚硝胺 | 氘代亚硝基二甲胺 | 16.5 | 102 | 56，57 |
| 氘代 N-二丙基亚硝胺 | — | 20.4 | 144 | 78，126 |
| N-二丙基亚硝胺 | 氘代 N-二丙基亚硝胺 | 20.5 | 130 | 70，113 |
| N-亚硝基吗啉 | 氘代 N-二丙基亚硝胺 | 20.8 | 116 | 56，86 |
| N-亚硝基吡咯烷 | 氘代 N-二丙基亚硝胺 | 21.0 | 100 | 41，68 |
| N-亚硝基哌啶 | 氘代 N-二丙基亚硝胺 | 21.7 | 114 | 55，84 |
| N-二丁基亚硝胺 | 氘代 N-二丙基亚硝胺 | 24.2 | 116 | 141，158 |

样品进样后测得亚硝胺目标物定量离子峰面积与内标物定量离子峰面积的比值，由标准曲线得到进样溶液中亚硝胺目标物的质量浓度，根据公式（3-10-2）计算水样中亚硝胺目标物的质量浓度。计算结果保留至小数点后一位小数。

$$\rho = \frac{\rho_1 \times V_1}{V} \times 1\,000 \qquad (3\text{-}10\text{-}2)$$

式中：

$\rho$——水样中亚硝胺目标物的质量浓度，单位为纳克每升（ng/L）；

$\rho_1$——由标准曲线得到的进样溶液中亚硝胺目标物的质量浓度，单位为微克每升（$\mu$g/L）；

$V_1$——固相萃取浓缩液体积，单位为毫升（mL）；

$V$——水样体积，单位为毫升（mL）。

5. 精密度和准确度

6 家实验室对各亚硝胺组分在纯水、生活饮用水和水源水中，分别进行不同浓度的加标回收试验。实验室内日间测定结果（$n=6$）和实验室间测定结果的平均回收率及相对标准偏差结果见表 3-10-4 和表 3-10-5。

表 3-10-4　实验室内方法日间精密度和准确度（$n=6$）

| 组分 | 加标质量浓度/(ng/L) | 纯水 | | 生活饮用水 | | 水源水 | |
|---|---|---|---|---|---|---|---|
| | | 平均回收率/% | 相对标准偏差/% | 平均回收率/% | 相对标准偏差/% | 平均回收率/% | 相对标准偏差/% |
| 亚硝基二甲胺 | 10 | 92.9～102 | 3.6 | 93.1～102 | 3.4 | 104～108 | 1.6 |
| | 100 | 97.4～104 | 2.3 | 95.7～102 | 2.0 | 97.7～103 | 2.0 |
| | 200 | 96.8～100 | 1.4 | 94.0～98.4 | 1.7 | 98.7～102 | 1.2 |
| N-甲基乙基亚硝胺 | 10 | 92.3～110 | 6.0 | 94.2～107 | 4.7 | 94.6～107 | 4.3 |
| | 100 | 104～107 | 1.4 | 95.7～104 | 3.2 | 98.6～107 | 3.4 |
| | 200 | 101～107 | 2.0 | 98.3～102 | 1.5 | 95.4～102 | 2.6 |
| N-二乙基亚硝胺 | 10 | 102～117 | 5.1 | 100～106 | 2.2 | 101～109 | 2.9 |
| | 100 | 98.6～102 | 1.3 | 100～103 | 1.2 | 94.4～100 | 2.4 |
| | 200 | 97.8～106 | 3.0 | 96.0～100 | 1.6 | 92.8～98.5 | 2.2 |
| N-二丙基亚硝胺 | 10 | 95.5～106 | 3.8 | 92.3～108 | 5.8 | 89.8～110 | 8.4 |
| | 100 | 89.2～101 | 5.2 | 91.9～101 | 2.9 | 88.3～107 | 8.3 |
| | 200 | 91.6～100 | 3.1 | 89.4～98.6 | 3.2 | 89.8～104 | 5.1 |
| N-亚硝基吗啉 | 10 | 94.1～109 | 4.9 | 97.3～108 | 3.9 | 104～111 | 2.7 |
| | 100 | 94.4～109 | 5.5 | 107～110 | 1.5 | 105～113 | 2.4 |
| | 200 | 90.3～105 | 5.2 | 105～108 | 1.2 | 100～107 | 2.2 |
| N-亚硝基吡咯烷 | 10 | 90.7～95.5 | 1.9 | 102～109 | 3.0 | 99.7～108 | 3.1 |
| | 100 | 97.3～107 | 3.9 | 108～116 | 3.0 | 102～110 | 2.7 |
| | 200 | 95.6～108 | 4.5 | 106～111 | 1.4 | 100～111 | 3.5 |

表 3-10-4（续）

| 组分 | 加标质量浓度/(ng/L) | 纯水 | | 生活饮用水 | | 水源水 | |
|---|---|---|---|---|---|---|---|
| | | 平均回收率/% | 相对标准偏差/% | 平均回收率/% | 相对标准偏差/% | 平均回收率/% | 相对标准偏差/% |
| N-亚硝基哌啶 | 10 | 114～121 | 2.1 | 85.7～119 | 12.3 | 90.6～112 | 7.6 |
| | 100 | 95.5～106 | 4.8 | 104～115 | 3.7 | 100～112 | 3.8 |
| | 200 | 98.7～105 | 2.3 | 105～110 | 1.5 | 96.1～107 | 3.5 |
| N-二丁基亚硝胺 | 10 | 107～120 | 4.0 | 90.5～110 | 6.5 | 94.9～103 | 3.0 |
| | 100 | 95.4～108 | 5.1 | 105～111 | 2.5 | 99.1～104 | 1.6 |
| | 200 | 103～106 | 1.0 | 106～112 | 2.2 | 85.3～99.8 | 5.4 |

表 3-10-5 实验室间方法精密度和准确度

| 组分 | 加标质量浓度/(ng/L) | 纯水 | | 生活饮用水 | | 水源水 | |
|---|---|---|---|---|---|---|---|
| | | 平均回收率/% | 相对标准偏差/% | 平均回收率/% | 相对标准偏差/% | 平均回收率/% | 相对标准偏差/% |
| 亚硝基二甲胺 | 10 | 97.0～112 | 3.6～5.8 | 92.4～113 | 2.6～7.8 | 84.2～106 | 1.6～8.1 |
| | 100 | 87.0～99.8 | 2.3～5.1 | 92.7～110 | 2.0～6.7 | 87.6～110 | 2.0～6.8 |
| | 200 | 92.5～98.3 | 1.4～3.1 | 89.9～113 | 1.7～5.2 | 86.9～104 | 1.2～4.7 |
| N-甲基乙基亚硝胺 | 10 | 90.3～114 | 3.3～7.3 | 87.5～112 | 2.6～6.2 | 95.6～112 | 4.3～8.6 |
| | 100 | 101～105 | 1.4～6.6 | 98.6～115 | 2.6～7.1 | 102～112 | 3.4～6.7 |
| | 200 | 91.8～112 | 2.0～3.2 | 91.6～111 | 1.5～5.6 | 98.7～113 | 2.6～5.5 |
| N-二乙基亚硝胺 | 10 | 92.8～116 | 2.9～8.8 | 84.0～115 | 1.7～8.6 | 86.6～105 | 2.9～8.7 |
| | 100 | 100～108 | 1.3～4.9 | 100～116 | 1.2～9.1 | 97.0～115 | 2.4～5.8 |
| | 200 | 90.9～109 | 3.0～5.1 | 90.4～112 | 1.6～7.0 | 94.6～113 | 2.2～4.9 |
| N-二丙基亚硝胺 | 10 | 102～110 | 3.4～6.3 | 88.1～106 | 1.4～8.6 | 82.8～101 | 2.3～8.4 |
| | 100 | 86.5～101 | 2.2～5.7 | 85.9～100 | 1.4～7.9 | 90.4～107 | 2.3～8.3 |
| | 200 | 89.8～97.7 | 1.3～5.2 | 84.3～106 | 1.8～6.2 | 88.3～105 | 2.0～5.4 |
| N-亚硝基吗啉 | 10 | 87.4～103 | 4.7～14.1 | 96.1～112 | 2.0～7.2 | 86.8～108 | 2.7～7.5 |
| | 100 | 87.6～103 | 3.5～6.2 | 86.0～109 | 1.5～7.5 | 84.4～112 | 2.4～4.8 |
| | 200 | 92.4～100 | 2.7～5.2 | 88.8～106 | 1.2～7.4 | 85.0～108 | 2.2～4.8 |
| N-亚硝基吡咯烷 | 10 | 85.6～104 | 1.9～13.3 | 83.8～109 | 3.0～7.7 | 86.4～115 | 2.5～6.1 |
| | 100 | 86.4～103 | 1.3～5.4 | 83.0～112 | 1.8～8.8 | 82.9～107 | 2.6～8.0 |
| | 200 | 89.6～104 | 0.6～4.6 | 86.5～109 | 1.3～5.4 | 82.2～106 | 0.8～6.4 |

表 3-10-5（续）

| 组分 | 加标质量浓度/(ng/L) | 纯水 | | 生活饮用水 | | 水源水 | |
|---|---|---|---|---|---|---|---|
| | | 平均回收率/% | 相对标准偏差/% | 平均回收率/% | 相对标准偏差/% | 平均回收率/% | 相对标准偏差/% |
| N-亚硝基哌啶 | 10 | 86.1~118 | 2.1~8.2 | 87.6~109 | 4.4~12.3 | 87.8~110 | 2.2~7.8 |
| | 100 | 89.6~102 | 1.3~9.4 | 84.7~112 | 1.4~7.4 | 88.3~108 | 3.8~8.2 |
| | 200 | 80.6~102 | 0.5~6.5 | 83.5~107 | 1.5~6.7 | 88.8~104 | 3.5~5.6 |
| N-二丁基亚硝胺 | 10 | 100~114 | 4.0~11.4 | 83.7~111 | 2.5~14.8 | 84.2~107 | 3.0~8.7 |
| | 100 | 84.9~104 | 2.4~5.1 | 84.2~109 | 1.9~7.2 | 85.1~112 | 1.6~6.6 |
| | 200 | 88.6~104 | 1.0~4.5 | 87.3~109 | 1.8~6.0 | 88.2~112 | 1.6~5.4 |

## （五）亚硝基二甲胺的液液萃取气相色谱质谱法

### 1. 方法原理

水中的亚硝基二甲胺在 pH 7.5~8.0 范围内，用二氯甲烷萃取，经脱水和浓缩定容后，气相色谱分离，质谱定性，内标法定量。

### 2. 样品处理

所有采样设备中均不应含有塑料或橡胶，用硬质磨口玻璃瓶或具聚四氟乙烯材质盖垫的螺纹口玻璃瓶采集样品 1 L。采样时，使水样在瓶中溢出而不留气泡，对于不含余氯的样品，采样后直接加盖密封，对于含余氯的样品，采样后在每升水样中加入 80 mg~100 mg 硫代硫酸钠脱氯后加盖密封，于 0 ℃~4 ℃条件下冷藏避光保存和运输，保存时间为 7 d。

### 3. 仪器参考条件

使用气相色谱-质谱仪进行定性和定量分析。

气相条件：柱温为 45 ℃，以 5 ℃/min 的速率升温至 150 ℃；分流/不分流进样口温度为 200 ℃，分流比为 10∶1，流速为 1.5 mL/min，载气为氦气；进样体积为 2.0 μL。

质谱仪条件：配有电子离子源，电子能量为 70 eV；离子源温度为 230 ℃；传输线温度为 250 ℃；采集方式为选择离子模式；溶剂延迟为 2.0 min。根据仪器的灵敏度设定增益因子，满足方法检出限需求。亚硝基二甲胺及其同位素内标的质谱采集条件参考表 3-10-6。

表 3-10-6  亚硝基二甲胺及其同位素内标的质谱采集条件

| 组分 | 定量离子（$m/z$） | 定性离子（$m/z$） |
|---|---|---|
| 氘代亚硝基二甲胺（同位素内标） | 80 | 46，48 |
| 亚硝基二甲胺 | 74 | 42，43 |

4. 结果处理

采用内标法进行定量分析。准确移取亚硝基二甲胺标准使用液 25 μL、50 μL、100 μL、150 μL、200 μL、250 μL 至 10 mL 容量瓶中，同时移取亚硝基二甲胺-D$_6$ 同位素内标使用液 250 μL 至 10 mL 容量瓶中，用二氯甲烷定容，配制成质量浓度为 0.025 mg/L、0.050 mg/L、0.10 mg/L、0.15 mg/L、0.20 mg/L、0.25 mg/L 的标准系列溶液，各标准点的内标质量浓度均为 1 mg/L。在上述仪器参考条件下测定，以标准与内标的质谱定量离子峰面积或峰高的比值为纵坐标，对应亚硝基二甲胺的质量浓度为横坐标，绘制标准曲线。每批次样品跟一个标准系列溶液中间点以校准标准曲线的准确性，当响应值与上一次响应值偏差大于 20% 时，应重新做标准曲线。

亚硝基二甲胺标准定量离子色谱图如图 3-10-5 所示，同位素内标亚硝基二甲胺-D$_6$ 标准定量离子色谱图如图 3-10-6 所示。

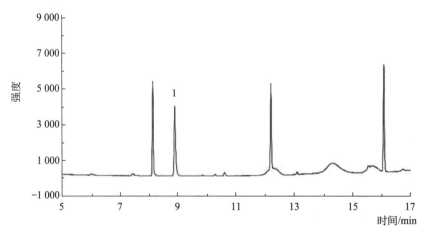

标引序号说明：

1——亚硝基二甲胺。

图 3-10-5  亚硝基二甲胺标准定量离子色谱图

以保留时间及特征离子定性。亚硝基二甲胺保留时间为 8.91 min。样品测定条件同标准曲线，测得样品和内标的定量离子峰面积或峰高的比值，根据标准曲线查出亚硝基二甲胺的质量浓度，按公式（3-10-3）计算出水样中亚硝基二甲胺的质量浓度。

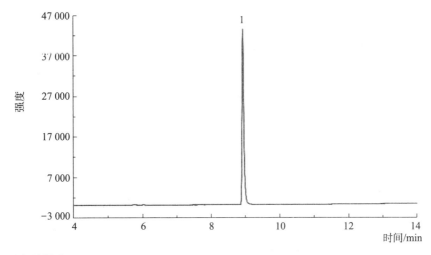

标引序号说明：

1——亚硝基二甲胺-$D_6$。

**图 3-10-6 同位素内标亚硝基二甲胺-$D_6$ 标准定量离子色谱图**

$$\rho(C_2H_6N_2O) = \frac{\rho_1 \times V_1}{V} \qquad (3\text{-}10\text{-}3)$$

式中：

$\rho(C_2H_6N_2O)$ ——水样中亚硝基二甲胺的质量浓度，单位为毫克每升（mg/L）；

$\rho_1$ ——从标准曲线查得的上机溶液中亚硝基二甲胺的质量浓度，单位为毫克每升（mg/L）；

$V_1$ ——水样萃取液定容体积，单位为毫升（mL）；

$V$ ——所取水样体积，单位为毫升（mL）。

计算结果需扣除空白值，测定结果用平行测定的算术平均值表示。

5. 精密度和准确度

5 家实验室对亚硝基二甲胺质量浓度范围为 0.025 μg/L～0.20 μg/L 的生活饮用水重复测定 6 次，其相对标准偏差低浓度为 1.67%～7.20%，中浓度为 0.52%～11.98%，高浓度为 0.74%～9.49%；其回收率低浓度为 92.5%～102.2%，中浓度为 95.0%～115.0%，高浓度为 96.0%～110.7%。

### （六）亚硝基二甲胺的固相萃取气相色谱串联质谱法

1. 方法原理

采用椰壳活性炭固相萃取小柱富集水中亚硝基二甲胺，二氯甲烷洗脱，洗脱液氮吹浓缩后经气相色谱分离，三重四极杆质谱检测，保留时间和离子对双重定性，外标法定量。

### 2. 样品处理

所有采样设备中均不应含有塑料或橡胶，用硬质磨口玻璃瓶或具聚四氟乙烯材质盖垫的螺纹口玻璃瓶采集样品 1 L。采样时，使水样在瓶中溢出而不留气泡，对于不含余氯的样品，采样后直接加盖密封，对于含余氯的样品，采样后在每升水样中加入 80 mg～100 mg硫代硫酸钠脱氯后加盖密封，于 0 ℃～4 ℃条件下冷藏避光保存和运输，保存时间为 7 d。

检测前样品需进行如下前处理：

（1）用 6 mL 二氯甲烷冲洗椰壳活性炭固相萃取小柱，吹/抽干小柱。依次用 6 mL 甲醇、15 mL 纯水活化平衡小柱，活化平衡过程应连续进行并保证小柱液面不干。将 1.0 L 水样以 15 mL/min 的速率通过小柱，上样结束后将小柱吹/抽干 10 min。然后用10 mL 二氯甲烷分两次（每次 5 mL）洗脱小柱，洗脱液至收集管，洗脱液脱水可采用高速离心（转速 10 000 r/min）使水层与二氯甲烷层分离或者加入适量无水硫酸钠进行脱水，弃去水层或硫酸钠固体，洗脱液用二氯甲烷补至 10 mL。

（2）取 4.0 mL 洗脱液，在 25 ℃～30 ℃下用氮气流缓缓吹至 0.5 mL～1.0 mL，用二氯甲烷补至 1.0 mL，样品提取液上机分析。

（3）每批次样品分析前采集实验室纯水做空白对照，同水样一起进行前处理，避免由试验试剂和材料带入污染。

### 3. 仪器参考条件

使用气相色谱三重四极杆质谱联用仪进行定性和定量分析。

气相色谱条件：载气为氦气，柱流量为 1.0 mL/min。色谱柱程序升温条件：50 ℃保持1.0 min，以 10 ℃/min 的速率升温至 110 ℃，然后再以 15 ℃/min 的速率升温至 200 ℃，最后以 50 ℃/min 的速率升温至 250 ℃。进样口温度为 250 ℃，不分流进样。

质谱条件：传输线温度为 250 ℃，离子源温度为 280 ℃，电子电离源，电离电压为 70 eV，溶剂延迟时间为 5.0 min。亚硝基二甲胺的质谱参数见表 3-10-7 所示。

表 3-10-7　亚硝基二甲胺质谱参数

| 组分 | 母离子（m/z） | 子离子（m/z） | 碰撞电压/eV | 丰度/% |
|---|---|---|---|---|
| 亚硝基二甲胺 | 74.0 | 44.1[a] | 7 | 100 |
| | 74.0 | 42.1 | 18 | 53 |
| [a] 为定量离子。 | | | | |

### 4. 结果处理

采用外标法进行定量分析。分别移取 0.0 μL、15.0 μL、30.0 μL、60.0 μL、

150.0 μL、300.0 μL、600.0 μL 标准使用溶液［$\rho$（$C_2H_6N_2O$）＝1 000 μg/L］至
10.0 mL 容量瓶中，二氯甲烷定容至刻度，得到质量浓度为 0.0 μg/L、1.5 μg/L、
3.0 μg/L、6.0 μg/L、15.0 μg/L、30.0 μg/L、60.0 μg/L 的标准系列溶液。标准系列
溶液质量浓度配制表见表 3-10-8。对标准系列溶液分别测定，以亚硝基二甲胺质量浓度
为横坐标，每个质量浓度响应的峰面积为纵坐标，绘制标准曲线。每一批样品跟一个
标准系列溶液中间点，响应值与上一次响应偏差大于 20% 时，应重新做线性校准。

表 3-10-8  标准系列溶液质量浓度配制表

| 序号 | 1 | 2 | 3 | 4 | 5 | 6 | 7 |
|---|---|---|---|---|---|---|---|
| 标准使用<br>溶液体积/μL | 0 | 15.0 | 30.0 | 60.0 | 150.0 | 300.0 | 600.0 |
| 标准系列溶液<br>质量浓度/(μg/L) | 0 | 1.5 | 3.0 | 6.0 | 15.0 | 30.0 | 60.0 |

亚硝基二甲胺色谱图（质量浓度为 10 μg/L）如图 3-10-7 所示。

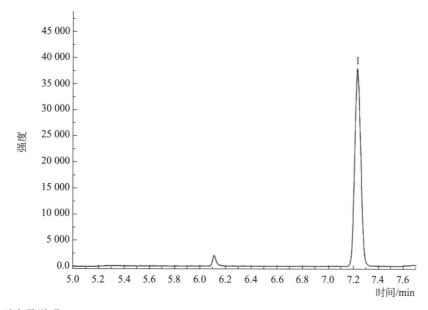

标引序号说明：

1——亚硝基二甲胺。

图 3-10-7  亚硝基二甲胺色谱图（质量浓度为 10 μg/L）

亚硝基二甲胺保留时间为 7.230 min。在相同试验条件下，测定样品提取液中亚硝
基二甲胺的保留时间与标准溶液一致（允许偏差±0.05 min），且试样定性离子的相对
丰度与浓度相当的标准溶液中定性离子相对丰度偏差不超过表 3-10-9 规定的范围。

表 3-10-9　定性离子相对丰度的最大允许相对偏差

| 相对离子丰度 | ＞50% | 20%～50% | 10%～20% | ≤10% |
|---|---|---|---|---|
| 允许的相对偏差 | ±20% | ±25% | ±30% | ±50% |

仪器测得样品提取液中亚硝基二甲胺峰面积，依据标准曲线计算样品提取液中亚硝基二甲胺的质量浓度。水样中亚硝基二甲胺的质量浓度按照公式（3-10-4）计算。

$$\rho(C_2H_6N_2O) = \frac{\rho \times V_1}{n \times V_0} \tag{3-10-4}$$

式中：

$\rho$（$C_2H_6N_2O$）——水样中亚硝基二甲胺的质量浓度，单位为纳克每升（ng/L）；

$\rho$——由标准曲线查得的样品提取液中亚硝基二甲胺的质量浓度，单位为微克每升（μg/L）；

$V_1$——固相萃取洗脱液体积，单位为毫升（mL）；

$n$——洗脱液浓缩倍数，取洗脱液 4 mL 浓缩到 1 mL，浓缩倍数为 4；

$V_0$——水样体积，单位为升（L）。

样品测定结果保留小数点后 1 位。在重复条件下获得的两次独立测定结果的绝对差值不应超过算术平均值的 20%。

**5. 精密度和准确度**

5 家实验室选择低、中、高浓度分别对生活饮用水进行 6 次加标回收试验，加标质量浓度为 4.0 ng/L 时，测定的相对标准偏差为 2.3%～8.3%，加标回收率为 88.3%～115%；加标质量浓度为 20.0 ng/L 时，测定的相对标准偏差为 3.6%～7.4%，加标回收率为 94.8%～101%；加标质量浓度为 100.0 ng/L 时，测定的相对标准偏差为 3.8%～8.3%，加标回收率为 77.2%～115%。

## 二、删除方法

由于二氯甲烷的顶空气相色谱法采用填充柱法，操作烦琐且目前有其他方法代替，因此，在本次修订中予以删除，并将该指标调整至 GB/T 5750.8—2023 的第 49 章中。

# 第十一节　消毒剂指标（GB/T 5750.11—2023）

GB/T 5750.11—2023《生活饮用水标准检验方法　第 11 部分：消毒剂指标》描述

了生活饮用水中游离氯、总氯、氯胺、二氧化氯、臭氧的测定方法和水源水中游离氯 $[N,N$-二乙基对苯二胺（DPD）分光光度法、$3,3',5,5'$-四甲基联苯胺比色法]、总氯（$3,3',5,5'$-四甲基联苯胺比色法）、氯胺的测定方法，以及含氯消毒剂中有效氯的测定方法。具体修订内容如下。

## 一、新增方法

GB/T 5750.11—2023 中增加了 2 个检验方法：游离氯的现场 $N,N$-二乙基对苯二胺（DPD）法、总氯的现场 $N,N$-二乙基对苯二胺（DPD）法。

### （一）游离氯的现场 $N,N$-二乙基对苯二胺（DPD）法

#### 1. 方法原理

$N,N$-二乙基对苯二胺（DPD）与水中游离氯迅速反应产生红色。在一定范围内，游离氯浓度越高，反应产生的红色越深，于特定波长下比色定量。

#### 2. 样品处理

本方法适用于经含氯消毒剂消毒后的生活饮用水中游离氯的测定，游离氯在水中稳定性差，应在现场取样后立即测定。碘、溴、二氧化氯、臭氧、过氧化物均对测定有干扰，氯胺、有机氯胺可能存在干扰。当样品中含有干扰物时，应先按照不同厂家不同型号仪器的说明书中游离氯检测的干扰消除方法，进行现场检测时干扰的去除。

#### 3. 结果处理

按仪器测试程序所示，检验处理过的样品。质量浓度为 0.02 mg/L～10.0 mg/L 的水样直接测定。低量程 0.02 mg/L～2.0 mg/L，高量程 0.1 mg/L～10 mg/L，超出此范围的水样经稀释后，会造成水中游离氯损失。

#### 4. 精密度和准确度

4 家实验室分别对含有游离氯低、中、高 3 个不同质量浓度的水样进行了精密度试验。低浓度（0.05 mg/L）精密度测定结果的相对标准偏差为 8.9%～12%，中浓度（1.00 mg/L）精密度测定结果的相对标准偏差为 4.5%～8.0%，高浓度（5.00 mg/L）精密度测定结果的相对标准偏差为 2.9%～4.9%。

### （二）总氯的现场 $N,N$-二乙基对苯二胺（DPD）法

#### 1. 方法原理

$N,N$-二乙基对苯二胺（DPD）与水中游离氯迅速反应产生红色，在碘的催化下各种形态的化合氯（一氯胺、二氯胺、三氯胺等）也能与该试剂反应显色。在一定范围

内，总氯浓度越大，反应产生的红色越深，于特定波长下比色定量。

2. 样品处理

本方法适用于经含氯消毒剂消毒后的生活饮用水中总氯的测定，总氯在水中稳定性差，应在现场取样后立即测定。碘、溴、二氧化氯、臭氧、过氧化物均对测定有干扰，氯胺、有机氯胺可能存在干扰。当样品中含有干扰物时，应先按照不同厂家不同型号仪器的说明书中游离氯检测的干扰消除方法，进行现场检测时干扰的去除。

3. 结果处理

按仪器测试程序所示，检验处理过的样品。质量浓度为 0.02 mg/L～2.00 mg/L 的水样直接测定，超出此范围的水样稀释后会造成水中总氯损失。

4. 精密度和准确度

4 家实验室分别对含有总氯低、中、高 3 个不同质量浓度的样品进行了精密度实验。低浓度（0.05 mg/L）精密度测定结果的相对标准偏差为 12%～14%，中浓度（0.40 mg/L）精密度测定结果的相对标准偏差为 4.0%～5.0%，高浓度（1.00 mg/L）精密度测定结果的相对标准偏差为 3.8%～5.7%。

## 二、修订方法

GB/T 5750.11—2023 将"游离余氯"名称更改为"游离氯"，并对其 $N,N$-二乙基对苯二胺（DPD）分光光度法进行了修订。

（1）原"试验数据处理"部分，根据游离氯和各种氯胺存在的情况进行计算的表格是分"不含三氯胺的水样"和"含三氯胺的水样"。根据《水和废水标准检验方法（第 23 版）》中介绍的 DPD 法，同时综合考虑对标准使用者的便利性，将原表格的两列合并成一列，这种表达方式符合方法原理，同时在计算时更加清晰简便，如表 3-11-1 所示。

表 3-11-1　游离氯和各种氯胺

| 读　数 | 水样 |
|---|---|
| $A$ | 游离氯 |
| $B-A$ | 一氯胺 |
| $C-B$ | 二氯胺＋50%三氯胺 |
| $N$ | 游离氯＋50%三氯胺＋一氯胺 |
| $2(N-B)$ | 三氯胺 |
| $C-N$ | 二氯胺 |

（2）于表格下添加了注释："在极少数情况下一氯胺与三氯胺共存。"

（3）原"试验步骤"中，各步骤均为先加入水样，再加入试剂。根据《水和废水标准检验方法（第 23 版）》中介绍的 DPD 法，以及多篇文献的研究显示，直接将缓冲溶液和 DPD 加入量取好的水样中，水中的次氯酸会迅速将还未分散的部分显色剂氧化至无色，影响显色效果，因此将试验步骤改为先加入试剂再加入水样。

# 第十二节　微生物指标（GB/T 5750.12—2023）

GB/T 5750.12—2023《生活饮用水标准检验方法　第 12 部分：微生物指标》描述了生活饮用水和水源水中菌落总数、总大肠菌群、耐热大肠菌群、大肠埃希氏菌、贾第鞭毛虫、隐孢子虫、肠球菌和产气荚膜梭状芽孢杆菌的测定方法。

GB/T 5750.12—2023 中增加了菌落总数的酶底物法、贾第鞭毛虫的滤膜浓缩/密度梯度分离荧光抗体法、隐孢子虫的滤膜浓缩/密度梯度分离荧光抗体法、肠球菌的多管发酵法和滤膜法、产气荚膜梭状芽孢杆菌的滤膜法。具体修订内容如下。

## （一）菌落总数的酶底物法

### 1. 方法原理

利用复合酶技术，在培养基中加入多种独特的酶底物，每一种酶底物都针对不同的细菌酶设计，且包含最常见的介水传播的细菌，所有的酶底物在被分解时均产生相同的信号。水样检测过程中，水样中存在的细菌分解一种或者多种酶底物，之后产生一个相同的信号，在检测菌落总数时，这个信号即为在波长 366 nm 紫外灯下所产生的荧光。使用基于复合酶底物技术的培养基，其中酶底物被微生物的酶水解，在 36 ℃±1 ℃下培养 48 h 后能够最大限度地释放 4-甲基伞形酮，4-甲基伞形酮在 366 nm 紫外灯照射下发出蓝色荧光，对呈现蓝色荧光的培养盘孔槽计数并查阅最可能数（MPN）表，可以确定原始水样中最可能的菌落总数。本方法未稀释水样的检测范围为小于 738 MPN/mL。

### 2. 试验步骤

（1）水样稀释：检测所需水样为 1 mL。若水样污染严重，可对水样进行稀释。以无菌操作方法用无菌吸管或移液器吸取 1 mL 充分混匀的水样，注入盛有 9 mL 无菌生理盐水的试管中，充分振荡混匀后取 1 mL 进行检测，必要时可加大稀释度，以 10 倍逐级稀释。

（2）接种培养：向一无菌试管中加入 9 mL 制备好的液体培养基；如选用成品培养基，则向装有 0.1 g 培养基的试管中加入 9 mL 无菌生理盐水。取 1 mL 水样加入上述试管中，涡旋振荡混匀。将混匀后的水样倒入培养盘中心位置，将培养盘盖好，放置在水平桌面上，紧贴桌面顺时针轻柔晃动培养盘，将待测水样分配到培养盘的所有孔槽中。将培养盘 90 °～120 °竖起，使多余的水样由盘内海绵条吸收，将培养盘缓慢翻转过来，倒置放于 36 ℃±1 ℃培养箱中，培养 48 h。可叠放培养，不宜超过 10 层。

（3）结果计数：将培养后的培养盘取出，倒置于暗处或紫外灯箱内，在 6 W 366 nm 紫外灯下约 13 cm 处观察，记录产生蓝色荧光的孔数。如未放置在紫外灯箱内，观察时需佩戴防紫外线的护目镜。培养盘中的 84 个孔，无论荧光强弱，只要呈现蓝色荧光即为阳性，但海绵条的荧光不计入结果。

3. 结果报告

根据显蓝色荧光的孔数，查出孔数对应的每毫升样品中的菌落总数的 MPN 值。如果样品进行了稀释，读取的结果应乘以稀释倍数并报告之，结果以 MPN/mL 表示。如果所有孔均未显荧光，则可报告为菌落总数未检出。

4. 质量控制

（1）阳性对照：每新购或新配制一批培养基，都应做阳性对照，可选用有证的菌落总数质控标样，按其标准证书要求配制标准样品。计数结果与标样的标准值相比，生长率应大于或等于 0.7。

（2）阴性对照：每新购或新配制一批培养基，都应做阴性对照，用 1 mL 无菌水代替实际水样。如无荧光产生则为阴性。

**（二）贾第鞭毛虫和隐孢子虫的滤膜浓缩/密度梯度分离荧光抗体法**

1. 方法原理

首先通过微孔滤膜法过滤水样浓缩样品或加入氯化钙溶液和碳酸氢钠溶液形成碳酸钙沉淀浓缩样品，将浓缩后的样品通过密度梯度离心进行分离纯化，然后将纯化后的样品经免疫荧光染色，通过荧光显微镜对贾第鞭毛虫孢囊（隐孢子虫卵囊）进行定性分析和定量检测。具有高藻、高有机质和高絮凝剂含量的水源水样本应先进行前期处理。

2. 样品处理

根据水样类型不同，采集不同体积水样，水源水宜采集 10 L，生活饮用水宜采集 50 L。样品采集后若不能立即处理，可于 1 ℃～10 ℃条件下冷藏保存，在 72 h 内进行浓缩处理。浑浊度小于 20 NTU 的水样利用微孔滤膜过滤法进行浓缩，浑浊度大于或等于 20 NTU 的水样利用碳酸钙沉淀法进行浓缩。利用 Percoll-蔗糖溶液进行两次分离纯化。

3. 检测要求

用免疫组化笔在醋酸纤维滤膜的外周画圆圈，再用镊子将滤膜平移至纯水液面上，使其反面湿润。操作时滤膜不要浸入液面。将纯化后的混合液逐滴加到圆圈内进行抽滤，抽滤过程中，滤膜上要保持有一薄层液面，以防止滤膜干燥后破损。进行免疫荧光染色和 4′6-二脒基-2-苯基吲哚（DAPI）染色后做成观察样片，做好的观察样片应于 0 ℃～4 ℃条件下冷藏避光保存，保存期为 7 d。

4. 结果处理

镜检时先在 200 倍的荧光模式下对滤膜上圆圈内的样品进行全扫描查找，再依次在 400 倍的蓝光激发（FITC 模式）、400 倍的紫外激发（DAPI 模式）下进一步证实。若 DAPI 染色结果不能确认时，可以使用 DIC 模式观察孢囊内部结构进行确认。对滤膜圆圈内全部样品进行计数。再按照换算公式报告每 10 L 样本中的孢囊数（个）或卵囊数（个）。

## （三）肠球菌的多管发酵法

### 1. 方法原理

多管发酵法计数基于泊松分布的 MPN 理论，用于估算出样品单位体积中细菌数的 MPN 值。本试验中选择使用肠球菌肉汤，因其中含有叠氮化钠，有利于肠球菌生长的同时抑制革兰氏阴性菌的繁殖。

### 2. 样品处理

用无菌采样袋（瓶）采集样本量 500 mL，内含有适量硫代硫酸钠以去除余氯。冷藏运送至实验室，4 h 内开始检验活动，以尽量保证样品中可能存在的微生物状态与数量不会发生变化。

### 3. 检测要求

将水样接种在肠球菌肉汤培养液中，经 35 ℃±2 ℃培养 24 h±2 h。若肠球菌肉汤无明显黑色沉淀，则可报告肠球菌未检出。如肠球菌肉汤呈现明显黑色沉淀，则将带黑色沉淀的肠球菌肉汤增菌液接种于肠球菌琼脂平板，于 35 ℃±2 ℃培养 24 h±2 h，然后挑取有棕色菌环的棕黑色大菌落同时接种脑心浸液肉汤（BHIB）和脑心浸萃琼脂（BHIA）平板，BHIB 置于 35 ℃±0.5 ℃培养 24 h±2 h，BHIA 平板置于 35 ℃±0.5 ℃培养 48 h±2 h。纯培养后 BHIB 分别接种胆汁七叶苷琼脂培养基（BEA）平板、6.5%氯化钠 BHIB 和 BHIB。将 BEA 平板和 6.5%氯化钠 BHIB 置于 35 ℃±0.5 ℃培养 48 h±2 h；BHIB 置于 45 ℃±0.5 ℃培养 48 h±2 h，观察细菌生长情况。挑取 BHIA 平板上生长的菌落进行革兰氏染色。

4. 结果处理

染色镜检为革兰氏染色阳性球菌；BEA 平板上生长并水解七叶苷（形成黑色或棕色沉淀）；6.5%氯化钠的 BHIB 肉汤 35 ℃±0.5 ℃生长良好；BHIB 肉汤 45 ℃±0.5 ℃生长；具备以上特征的典型菌落可证实为肠球菌，查 MPN 表计算每 100 mL 水样中的最大可能菌落数。

### （四）产气荚膜梭状芽孢杆菌和肠球菌的滤膜法

1. 方法原理

（1）产气荚膜梭状芽孢杆菌：采用滤膜过滤器，用孔径为 0.45 $\mu$m 的滤膜过滤水样，细菌被阻留在膜上，将滤膜的截留面朝下贴在亚硫酸盐-多黏菌素-磺胺嘧啶（SPS）培养基上，36 ℃厌氧培养 18 h～24 h 后，计数黑色菌落数，挑选 5 个可疑菌落进行证实试验。产气荚膜梭状芽孢杆菌是能够分解乳糖产酸产气，产卵磷脂酶，分解卵黄中的卵磷脂，无动力，能将硝酸盐还原为亚硝酸盐的革兰氏阳性杆菌，结合证实试验结果与计数结果，计算得到 100 mL 样品中产气荚膜梭状芽孢杆菌数的方法。

（2）肠球菌：用孔径为 0.45 $\mu$m 的滤膜过滤水样后，将滤膜置于 CATC 培养基上培养，计数滤膜表面上培养出的红色小菌落数。根据证实试验计算每 100 mL 样品中含有的肠球菌数。

2. 样品处理

用无菌采样袋（瓶）采集样本量 500 mL，内含有适量硫代硫酸钠以去除余氯。冷藏运送至实验室，4 h 内开始检验活动，以尽量保证样品中可能存在的微生物状态与数量不会发生变化。

3. 检测要求

滤膜法是将一定量的水样注入装有灭菌的微孔滤膜的滤器中，经过真空抽滤，细菌被截留在滤膜上，将过滤面朝上或朝下贴于培养基表面，细菌通过微孔或直接吸收培养基营养生长成单个菌落。经过计数和鉴定，计算每 100 mL 水样中的菌量。

（1）产气荚膜梭状芽孢杆菌滤膜法计数：使水样通过孔径为 0.45 $\mu$m 的滤膜过滤，细菌被阻留在膜上，将滤膜的截留面朝下贴在 SPS 培养基上，36 ℃±1 ℃厌氧培养 18 h～24 h 后，利用 SPS 培养基在厌氧环境下分离培养出典型黑色菌落并计数，挑取 5 个典型菌落进行证实试验，包括镜检形态、动力-硝酸盐试验、牛奶发酵试验和卵磷脂分解试验，最后结合证实试验结果，按比例计算出样品中产气荚膜梭状芽孢杆菌的数量。

（2）肠球菌滤膜法计数：使水样通过孔径为 0.45 $\mu m$ 的滤膜过滤，细菌被阻留在膜上，将滤膜的截留面朝上贴在 CATC 琼脂平板上，35 ℃±2 ℃培养 48 h±2 h 后，挑取 10 个典型菌落进行证实试验，包括镜检形态、水解七叶苷、6.5%氯化钠的 BHIB 35 ℃±0.5 ℃生长良好、BHIB 45 ℃±0.5 ℃生长；最后结合证实试验结果，按比例计算出样品中肠球菌的数量。

4. 结果处理

（1）产气荚膜梭状芽孢杆菌：产气荚膜梭状芽孢杆菌阳性的标本涂片可观察到大量革兰氏阳性粗大杆菌，37℃厌氧培养 24 h～48 h 后，血琼脂平板上形成灰白色、圆形、边缘呈锯齿状的大菌落，多数菌株菌落周围有双溶血环，内环是由 θ 毒素引起的完全溶血，外环是由 α 毒素引起的不完全溶血。在含铁牛乳培养基中形成"暴烈发酵"现象；在卵黄琼脂培养基上产气荚膜梭状芽孢杆菌水解卵磷脂，在菌落周围形成乳白色的混浊带；产气荚膜梭状芽孢杆菌无动力，能将硝酸盐还原为亚硝酸盐。但该种方法灵敏度较差。有研究人员利用双套管法定量检测产气荚膜梭状芽孢杆菌，发现厌氧亚硫酸盐还原梭菌与产气荚膜梭状芽孢杆菌浓度呈正相关（$P<0.05$）。

（2）肠球菌：在 CATC 琼脂上生长的红色小菌落染色镜检为革兰氏阳性球菌，BEA 平板上生长并水解七叶苷（形成黑色或棕色沉淀），6.5%氯化钠的 BHIB 35 ℃±0.5 ℃生产良好，BHIB 45 ℃±0.5 ℃生长，具备以上特征的典型菌落即为肠球菌。

# 第十三节　放射性指标（GB/T 5750.13—2023）

GB/T 5750.13—2023《生活饮用水标准检验方法　第 13 部分：放射性指标》描述了生活饮用水和/或水源水中总 α 放射性的活度浓度、总 β 放射性的活度浓度、铀的质量浓度、$^{226}$Ra 的活度浓度测定方法。具体修订内容如下。

## 一、新增方法

GB/T 5750.13—2023 中增加了 3 个检验方法：生活饮用水中铀的紫外荧光法，生活饮用水中$^{226}$Ra 的射气法和液体闪烁计数法。

### （一）生活饮用水中铀的紫外荧光法

1. 方法原理

水样中加入铀荧光增强剂，其与水样中铀酰离子形成稳定的络合物，在紫外脉冲光源照射下，可被激发产生荧光，其荧光强度在一定范围内与铀质量浓度成正比，通过测量水样和加入铀标准溶液后水样的荧光强度，计算获得水样中铀的质量浓度。

本方法的探测下限取决于水样所含铁离子浓度、锰离子浓度、仪器检出限等多种因素。本方法的测量范围为 0.03 μg/L～20 μg/L，探测下限约为 0.03 μg/L。

2. 样品处理

将水样静置后取上清液，如水样有悬浮物，需用孔径 0.45 μm 的过滤器过滤，待测水样 pH 为 3～8。

3. 测定要求

开启仪器至仪器稳定。用移液器移取 5.00 mL 去离子水于石英比色皿中，加入 0.50 mL 荧光增强剂，充分混匀，加入铀标准溶液。依次测定一系列不同质量浓度铀标准溶液的荧光强度。以荧光强度为纵坐标，铀质量浓度为横坐标，绘制标准曲线，确定荧光强度-铀质量浓度的线性范围，要求线性范围内，线性相关系数大于 0.995。实际水样采用标准加入法进行测量，应在线性范围内进行。

按照仪器操作规程开机至仪器稳定，并确定仪器使用状态正常。移取 5.00 mL 待测水样于石英比色皿中，置于微量铀分析仪测量室内，测定并记录读数 $N_0$。向水样内加入 0.50 mL 铀荧光增强剂，充分混匀，测定记录荧光强度 $N_1$。如产生沉淀，则该水样作废。应将被测水样稀释或进行其他方法处理，直至无沉淀产生，方可进入测量步骤。再向水样内加入 50 μL 铀标准溶液 B（铀含量较高时，加入 50 μL 铀标准溶液 A），充分混匀，测定记录荧光强度 $N_2$。检查 $N_2$ 应处于标准曲线线性范围内，如超出线性范围，应将水样稀释后重新测定。

4. 结果处理

水样中铀质量浓度按公式（3-13-1）计算。

$$\rho_{(U)} = \frac{(N_1 - N_0) \times \rho_1 V_1 J}{(N_2 - N_1) \times V_0} \times 1\,000 \qquad (3\text{-}13\text{-}1)$$

式中：

$\rho(U)$ ——水样中的铀质量浓度，单位为微克每升（μg/L）；

$N_1$ ——加入荧光增强剂后测得的荧光强度；

$N_0$ ——未加入荧光增强剂前测得的荧光强度；

$\rho_1$ ——加入铀标准溶液的浓度，单位为微克每毫升（μg/mL）；

$V_1$ ——加入铀标准溶液的体积，单位为毫升（mL）；

$J$ ——水样稀释倍数；

$N_2$ ——加入铀标准溶液后测得的荧光强度；

$V_0$——分析用水样的体积，单位为毫升（mL）；

1 000——体积转换系数。

## （二）生活饮用水中$^{226}$Ra 的射气法

### 1. 方法原理

当$^{226}$Ra 与其子体核素$^{222}$Rn 达到平衡时，两者放射性活度相等。$^{222}$Rn 的放射性活度可用射气闪烁法测定，从而间接测定水中$^{226}$Ra 的活度浓度。本方法以硫酸钡作载体，共沉淀水样中的镭，以碱性 Na$_2$EDTA 溶解沉淀，封闭于扩散器中积累$^{222}$Rn。达到放射性平衡后，将$^{222}$Rn 转入闪烁室。闪烁室内壁涂有硫化锌荧光体，其原子受$^{222}$Rn 及其子体核素产生的射线激发产生闪烁荧光，经光电倍增管转换，形成电脉冲输出。单位时间内产生的脉冲数与$^{222}$Rn 的放射性活度成正比。

本方法的探测下限取决于仪器的计数效率、本底计数率、计数时间等多种因素。本方法的探测下限约为 0.003 Bq/L。

### 2. 分析步骤

检查仪器处于正常状态，保证探测器与闪烁室连接部位不得漏光，闪烁室及其进气系统不得漏气。

（1）测定闪烁室本底值：在选定的工作条件下，分别测量各待用的闪烁室的本底计数率，取多次测量的平均值。

（2）测定闪烁室校正因子：将装有$^{226}$Ra 标准溶液的扩散器，用真空泵抽真空 10 min，驱尽其内部的氡气（$^{222}$Rn），旋紧其两口的螺旋夹，积累$^{222}$Rn。记录镭标准溶液的放射性活度和封闭时间。积累时间依$^{226}$Ra 放射性活度而定，大于 20 Bq，积累 1 d～2 d；1 Bq～20 Bq，积累 3 d～8 d；小于 1 Bq，积累 10 d～15 d。将积累的氡气送入已知本底的闪烁室内，测量计数率。

闪烁室的校正因子（$K$）用公式（3-13-2）计算。

$$K = \frac{A\ (1 - e^{-\lambda t})}{n - n_0} \tag{3-13-2}$$

式中：

$K$——闪烁室的校正因子，单位为贝可秒（Bq·s）；

$A$——$^{226}$Ra 标准溶液的放射性活度，单位为贝可（Bq）；

$1 - e^{-\lambda t}$——氡的积累函数；

$e$——自然对数的底；

$\lambda$——氡的衰变常数，单位为每小时（h$^{-1}$），其值为 0.007 54 h$^{-1}$；

$t$——氡的积累时间，单位为小时（h）；

$\overline{n}$——测得的 $^{226}$Ra 标准溶液的平均计数率，单位为计数每秒（计数/s）；

$\overline{n}_0$——闪烁室本底平均计数率，单位为计数每秒（计数/s）。

（3）样品的预处理：取 1 L～5 L 澄清水样于烧杯中，加热近沸，加入 1.00 mL～1.50 mL 氯化钡溶液，在不断搅拌下，滴加 5.00 mL 硫酸溶液，放置过夜。虹吸去上层清液。沿烧杯壁加入 30 mL 碱性 $Na_2$EDTA 溶液，加热溶解沉淀物，使之成为透明液体。蒸发浓缩至 30 mL 左右，冷却至室温。

（4）封样：将浓缩液通过小漏斗转入扩散器中，用少量去离子水洗涤烧杯和小漏斗 3 次，洗涤液并入同一扩散器。控制溶液体积为扩散器的三分之一左右。将扩散器的一端通入氮气或抽真空（控制速度，不可使溶液溢出）15 min～20 min，用氮气或空气洗带法清除扩散器中原有的氡气。之后将扩散器两端封闭，积累氡 20 d～30 d，记录封闭时间和扩散器编号。

（5）送气：用真空泵将闪烁室 A 和干燥管 B 抽真空 10 min，旋紧螺丝夹 1、2 和 3，按图 3-13-1 所示与已封闭好的装有样品的扩散器 C 连接，向闪烁室送气。首先打开螺丝夹 1 和 3，使扩散器中所积累的氡及其子体进入闪烁室。然后打开螺丝夹 4，使进气速度为每分钟 100 个～120 个气泡。进气 5 min～10 min 后，加快进气速度，在15 min 内全部进气完毕。旋紧螺丝夹 1 和 3，记录进气时间和闪烁室编号。扩散器中 $^{222}$Rn 的积累时间为封闭时起至进气结束时止的时间间隔。

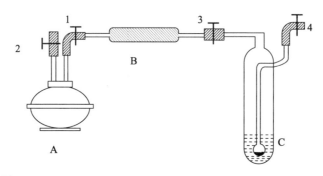

标引序号说明：

1～4——螺丝夹；A——闪烁室；B——干燥管；C——扩散器。

**图 3-13-1　进气系统连接图**

（6）测量：进气完毕后，放置 3 h 进行测量。测量时取 5 次读数。根据 $^{226}$Ra 的放射性活度确定每次计数的持续时间，一般为 5 min～10 min。单次测量值（计数率）$n_i$ 应符合 $n_i \leqslant \overline{n} \pm 2/\sqrt{n}$，否则将其视为离群值舍去。弃去离群值后取其平均值。

**3. 结果处理**

水样中 $^{226}$Ra 的放射性活度浓度用公式（3-13-3）计算。

$$A_{Ra} = \frac{K\ (\bar{n} - \bar{n}_0)}{F\ (1 - e^{-\lambda t})\ V} \tag{3-13-3}$$

式中:

$A_{Ra}$——水样中$^{226}$Ra 的放射性活度浓度,单位为贝可每升(Bq/L);

$K$——闪烁室的校正因子,单位为贝可秒(Bq·s);

$\bar{n}$——水样的平均计数率,单位为计数每秒(计数/s);

$\bar{n}_0$——闪烁室本底平均计数率,单位为计数每秒(计数/s);

$F$——$^{226}$Ra 的回收率;

$1 - e^{-\lambda t}$——氡的积累函数;

$\lambda$——氡的衰变常数,单位为每小时(h$^{-1}$),其值为 0.007 54 h$^{-1}$;

$t$——氡的积累时间,单位为小时(h);

$V$——水样的体积,单位为升(L)。

### (三)生活饮用水中$^{226}$Ra 的液体闪烁计数法

1. 方法原理

以硫酸钡作载体,共沉淀水样中的镭。纯化沉淀后,Na$_2$EDTA 溶液与硫酸钡镭沉淀形成稳定悬浮液体系,加入闪烁液后,悬浮液中的$^{226}$Ra 射线能量激发闪烁液,发出一定能量范围的荧光光子,通过液体闪烁谱仪中的光电倍增管转换,形成电脉冲输出。单位时间内产生的脉冲数与$^{226}$Ra 的放射性活度成正比,测量计算获得水样中$^{226}$Ra 的活度浓度。

本方法的探测下限取决于水样体积、方法的总效率、本底计数率、计数时间等多种因素。本方法的探测下限约为 0.01 Bq/L。

2. 分析步骤

(1)水样制备:取 0.5 L 澄清水样至烧杯中(对于钡含量超过 50 mg 的样品,则需减小样品体积进行分析),加入 2.00 mL 铅载体溶液和 2.00 mL 钡载体溶液,再依次加入 5 g 硫酸铵固体和 4.00 mL 硫酸溶液后,搅拌至固体全部溶解,静置过夜。

小心倒掉上清液,确保剩余浑浊液不少于 30 mL,将其转移至 100 mL 离心管中。用硫酸溶液($c = 0.1$ mol/L)洗涤烧杯,一并转入离心管中。3 500 r/min 离心 6 min 后,弃去上清液。

在离心管沉淀中加入 10.00 mL Na$_2$EDTA 热溶液和 3.00 mL 氨水,摇荡至沉淀完全溶解(若不能完全溶解,需水浴加热直至溶液澄清)。加入 5.00 mL 硫酸铵溶液后,用冰醋酸调节 pH 至 4.2 ~ 4.5 重新生成沉淀,80 ℃水浴加热 2 min,冷却,3 500 r/min 离心 6 min 后,弃去上清液。

在离心管沉淀中加入 10.00 mL Na₂EDTA 热溶液，摇荡沉淀至无明显肉眼可见的细颗粒物为止，加入 3.00 mL 硫酸铵溶液，摇匀，3 500 r/min 离心 6 min，小心倒掉全部上清液。

用 20 mL 蒸馏水洗沉淀 2 次，摇匀，3 500 r/min 离心 6 min，弃掉上清液。离心管中加入 4.00 mL Na₂EDTA 热溶液，摇荡使沉淀分散均匀，倒入低钾玻璃瓶中，再用 1.00 mL Na₂EDTA 热溶液清洗离心管，并全部转移到低钾玻璃瓶内。

将低钾玻璃瓶放置于 40 ℃恒温水浴振荡器中振荡至少 30 min，至无明显可见的颗粒物为止。

立即加入 15.00 mL 闪烁液，密封，摇荡低钾玻璃瓶，使瓶内物质混合均匀。

用无水乙醇擦拭低钾玻璃瓶外部以消除静电干扰。设置仪器参数，上机测量，每个样品测量 60 min。

（2）α/β 甄别因子设置的标准样品制备：分别在两个 50 mL 的离心管中依次加入 2.00 mL 钡载体溶液、5 g 硫酸铵固体和 4.00 mL 硫酸溶液，搅拌至离心管内固体全部溶解，静置过夜。按照 GB/T 5750.13—2023 中 7.2.5.1.2～7.2.5.1.5 操作，获得硫酸钡镭沉淀。在两份沉淀中，一份加入 10 Bq～50 Bq 的 α 标准溶液，另一份加入 10 Bq～50 Bq 的 β 标准溶液。按照 GB/T 5750.13—2023 中 7.2.5.1.6～7.2.5.1.7 操作并用无水乙醇擦拭低钾玻璃瓶外部，制备成用于低本底液体闪烁谱仪 α/β 甄别因子设置的标准样品。

（3）α/β 甄别因子设置：标准样品在一系列的甄别因子设置中单独计数，每个标准样品在所选定范围内的甄别因子下测量 60 min，以甄别因子为横坐标，分别以 α 误分到 β 通道的百分比和 β 误分到 α 通道的百分比为纵坐标作图，选择交叉点对应的甄别因子作为最优甄别因子值。不同型号的仪器，甄别因子有所不同，因此每台仪器都应确定最佳甄别因子。

（4）²²⁶Ra 关注区的设定：利用总效率测定中使用的加标水样设置 ²²⁶Ra 关注区的道址范围。不同型号的仪器，此关注区的上限和下限有区别，需预先设定此关注区。

（5）总效率的测定：通过分析已知 ²²⁶Ra 活度（0.5 Bq～1 Bq）的加标水样和本底水样，测定 ²²⁶Ra 的总效率。用公式（3-13-4）计算 ²²⁶Ra 的总效率。

$$\varepsilon_{all} = \frac{n_s - n_0}{A_s \times 60} \tag{3-13-4}$$

式中：

$\varepsilon_{all}$——²²⁶Ra 的总效率，单位为计数每秒贝可［计数/（s·Bq）］；

$n_s$——加标水样对应关注区计数率，单位为计数每分（计数/min）；

$n_0$——空白水样对应关注区计数率，单位为计数每分（计数/min）；

$A_s$——$^{226}$Ra 标准溶液的活度，单位为贝可（Bq）；

60——计数/min 转化为计数/s 的转换系数。

（6）$^{226}$Ra 活度浓度测定：使用带有 α/β 甄别测量模式的液体闪烁谱仪对待测水样进行计数时，应先检查谱峰是否有合理的 α 峰分辨率和任何可见的猝灭（谱峰在关注区域以外的移动），如果加标水样与待测水样淬灭指数差值小于 50，则认为淬灭水平相当，谱峰不会发生明显偏移。为了保证质量，每个待测水样均应与加标水样和本底水样同时分析。

3. 结果处理

水样中 $^{226}$Ra 活度浓度按公式（3-13-5）计算。

$$A_{Ra} = \frac{n_x - n_0}{\varepsilon_{all} V \times 60} \tag{3-13-5}$$

式中：

$A_{Ra}$——水中 $^{226}$Ra 活度浓度，单位为贝可每升（Bq/L）；

$n_x$——待测水样计数率，单位为计数每分（计数/min）；

$n_0$——仪器本底计数率，单位为计数每分（计数/min）；

$\varepsilon_{all}$——$^{226}$Ra 的总效率，单位为计数每秒贝可［计数/（s·Bq）］；

$V$——水样体积，单位为升（L）；

60——计数/min 转化为计数/s 的转换系数。

## 二、修订方法

GB/T 5750.13—2023 中对总 α 放射性和总 β 放射性的测定方法进行了修订。